생태유기농업

생태유기농업 (개정판)

초판 1쇄 펴낸날　2004년 10월 20일
개정판 1쇄 펴낸날　2022년 7월 31일

지은이　이효원
발행인　고성환
출판위원장　박지호
편집　마윤희 · 신경진

펴낸곳　한국방송통신대학교출판문화원
　　　　출판등록 1982. 6. 7. 제1- 491호
　　　　주소 서울특별시 종로구 이화장길 54 (03088)
　　　　대표전화 1644-1232
　　　　팩스 (02) 741-4570
　　　　홈페이지 https://press.knou.ac.kr

ⓒ 이효원, 2004, 2022
ISBN 978-89-20-04386-4　93520

생태유기농업

ECO-ORGANIC FARMING

이효원 지음

에피스테메
EPISTEME

생태유기농업 개정판 1쇄에 부쳐

생태유기농업이 세상에 나온 지도 벌써 18년이 지났다. 그간 유기농업의 지형에도 많은 변화가 있었다. 세계유기농업대회 유치를 계기로 유기농산물이 건강한 먹거리, 안심·안전한 식재료로 국민들의 머릿속에 각인되었다. 이러한 행사의 준비와 진행을 통해 학회도 회원이 크게 늘었고 논문의 양과 질도 가일층 충실해졌다. 유기농업의 중흥기를 경험한 것이다. 그 후에 몇 번의 시행착오 끝에 유기농업도 친환경농업의 일부로 편입되고 작물은 유기와 무농약, 축산분야는 유기와 무항생제 축산물로 구분되어 생산하기에 이르렀다.

이러한 격변기에 독자의 사랑으로 본서가 8쇄를 거듭하며 스테디셀러가 되었다. 이는 모두 독자들의 성원 덕분이다. 20여 년의 기간 사이에 제도와 법령이 바뀌고 이를 반영시킬 필요가 있던 차 방송대출판문화원의 협조로 데이터를 최신의 것으로 바꾸고 정책이나 제도도 현실에 맞게 내용을 수정하여 생태유기농업 개정판을 출간하게 되었다.

유기농업을 단지 농약, 화학물질, 유전자 조작 종자를 사용하지 않는 농산물이라는 고정관념을 넘어서 자연 순환계의 한 축으로 바라보고 이를 실천하고자 하는 이들에게 필요한 내용으로 엮었다. 농업을 생태적 관점에서 조망하고, 관행농업의 틀에서 벗어나 새로운 각도로 생각고자 하는 이들에게 일독을 권한다.

2022년 7월
저자 이효원

차례

제3장　유기농업의 현황과 전망

제4장　유기농업의 기초

제 1 장

관행농업의 문제점과 대안농업의 대두

개 관

　　이 장에서는 현대농업의 문제점과 그 대안에 대하여 기술하기로 한다. 고투입과 대량생산 그리고 최대의 이익으로 대변되는 현대농업은 여러 가지 문제점을 안고 있다. 따라서 현대농업이 어떤 특징을 가지고 있는가를 알아보고, 또 효율성과 이익 창출에만 초점을 맞춘 현대농업은 한계가 있다고 생각하는데, 그 한계성은 어디에서부터 출발하는가를 몇 가지 관점에서 살펴보기로 한다.

　　또한 여러 가지 문제를 가지고 있는 이러한 농업을 지속적으로 유지하기 위한 대안이 있다면 어떤 것이 있을까? 그 대안을 몇 가지 제시함으로써 우리 농업의 미래를 조망할 수 있을 것이다. 특히 시장개방으로 인한 여러 가지 농촌문제를 야기하는 현재 상황에서 우리에게 주는 시사점은 무엇인가를 생각하면서 일독하기 바란다.

1. 관행농업의 특징

지난 반세기 동안 녹색혁명(green revolution)을 통한 식량증산에 힘쓴 결과 기아에서 벗어나 더 이상 굶주림에 시달림을 받지 않게 되었다. 또 사람들은 배고픔에서 해방되어 먹고사는 일에만 매달리지 않아도 되었으나 동시에 여러 가지 새로운 위험이 표출되고 있다. 그 위험은 크게 네 가지로 나눌 수 있는데, 첫째는 환경 위기, 둘째는 에너지 위기, 셋째는 식량자급 위기, 넷째는 식품안전성 위기이다.

19세기 후반의 식량증산 요구는 육종과 화학비료 그리고 재배기술의 개발을 통하여 주곡(staple crops)을 획기적으로 증수할 수 있었다. 그 결과 곡물 가격이 하락되고 증산이 인구증가를 상회하여 만성적 기아는 사라지게 되었다. 이러한 식량증산은 신품종의 육성, 비료와 농약의 사용, 관개를 위한 각종 수리시설의 개선을 통하여 달성할 수 있었다. 또 기술혁신은 생산성 향상에 결정적인 기여를 하였으나 그간 농업이 의존하고 있던 자연자원, 즉 토양, 수자원 그리고 유전자원의 다양성을 악화시키는 결과를 초래하였다. 결국 현대농업은 재생이 불가능한 화석연료 의존을 강화시켰고, 영농에 기본이 되는 농부의 노동력보다 적게 이용하는 식량증산체계에 전적으로 매달리게 되었다. 현대농업은 비지속적이고 장기간 인류를 지탱해 줄 식량생산 토대를 약화시켰다.

관행농업방식은 생산을 최대로 하면서 그 이익을 극대화시키는 방향으로 진행되어 왔는데, 이는 농업의 생태적 동태를 무시하는 것으로서 지난 반세기 동안 이러한 경작방식을 계속해 왔다. 현대농업의 특징 중 대표적인 방법은 다음의 여섯 가지로 요약된다. 집약적 재배, 단파, 관개, 화학비료의 과용, 농약의 남용, 유전자 조작이 바로 그것이다. 현대농업은 식물이나 동물 생산을 축소된 생산공장에서 물품을 생산하는 방식으로 발전시켰다. 또 생산성 제고라는 이름 아래 적당한 투자와 유전자 조작 종자를 개발하였고, 토양을 식물의 뿌리가 뻗어 있는 배양기 정도로 인식하게 되었다.

미래농업의 핵심은 어떻게 응용된 생태적 개념과 원칙을 식량생산의 계획 및 경영체제에 적용시킬 것인가에 있다. 이에 대한 해답은 생태농업의 원칙을 적용시켜 식량생산을 보다 안정적으로 생산할 수 있는가에 있다.

관행농업의 문제점은 관행농법에 의한 환경파괴, 화학비료에 의한 병충해 발생 등으로 요약하기도 한다(西尾, 1997). 또 전 등(2000)은 수질, 화학비료, 농약오염을 핵심적인 문제로 제기한 바 있다. 글리스맨(2000)은 다음과 같이 몇 가지로 나누어 지적하고 있다.

(1) 완전경운법 이용

현대농업의 특징은 집약적 농업으로 규칙적인 경운이 주가 된다. 채소를 재배하는 경우 경운 없이 노지에 이식하거나 종자를 뿌리는 일은 거의 없다. 이러한 경운의 목적은 여러 가지가 있으나 야초를 제거하고, 토양의 보수력과 통기성을 향상시키며, 표토에 남아 있는 식물의 잔재를 땅 속에 묻는 것이 주 목적이라고 할 수 있다. 완전경운법(complete plowing method)을 하기 때문에 어린 종자의 정착을 도와주는 측면이 있다. 그러나 이러한 작업이 연간 수차례 이루어진다. 이는 곧 무거운 트랙터로 포장을 답압하는 결과를 초

[그림 1-1] 완전경운한 경지

래하기 때문에 작물생육에 오히려 나쁜 결과를 초래할 수도 있다.

특히 집약경운을 함으로써 토양침식(soil erosion)이 발생할 소지가 있다. 즉 바람과 강우에 의한 토양유실이 일어난다. 일시적으로는 작물의 생장을 돕고 생산량을 증대시킬 수 있으나, 장기적으로 볼 때 전농토를 1년에 수차례 경운하는 방법이 생태적으로 가장 이상적이라고는 말할 수 없다.

(2) 동일한 작물의 계속재배

단작(momoculture)이란 동일 토양에 동일 작물을 매해 계속해서 재배하는 경작기술로서 인류가 수세기 동안 해왔던 영농방식이다. 이 방식은 1950년대 이후 무기질 비료의 시용증가와 함께 생산성이 높은 작물의 육종으로 보다 많은 비료를 요구하는 작물에서 일반화되었다. 화학비료의 대량생산으로 윤작이나 구비의 필요성이 감소되고, 기계화로 작업속도를 높일 수 있게 되었다. 한 가지 작목을 한 필지의 농토에 파종하게 됨에 따라 농기계를 이용

[그림 1-2] 대관령 지대 경작체계의 변화(고령지 시험장)

1960년대: 화전농업 → 1970년대: 복합영농 태동(경종, 축산)

1980년대: 상업농 태동 → 1990년대 이후: 상업화 전업농

하여 경작, 파종, 잡초방제 그리고 수확의 효율성을 높일 수 있게 되었다. 물론 이러한 농기계의 이용은 노동효과를 높일 수 있는 장점도 있다. 종래의 비옥도를 높이기 위해 윤작을 통한 자급농업 대신 단작하여 그 작물을 수출하는 방식의 농업으로 바뀌게 되었다. 이는 곧 재배작물의 단순화를 의미하며, 지역적 또는 농장 모두 어떤 특정한 작물만을 재배하는 특화작물 중심의 농업으로 변모하게 되었다.

이러한 단작은 집약재배가 중심이 되고, 무기질비료를 사용하며, 관개를 하고, 또 농약을 사용한 병충해 방제기술이 동원되며, 작물에서도 보다 많은 양분투입을 필요로 하는 유전자 변형 고수량 작물이 육종된 결과이다.

(3) 화학비료의 과용

비료는 크게 유기질비료와 화학비료로 나눌 수 있는데, 비료는 사전적으로 볼 때 '식물에 영양을 주거나 식물의 재배를 돕기 위하여 토양의 화학적 변화와 식물에 영양을 주기 위한 물질'로 정의하고 있다. 최초의 비료는 1843년 영국에서 생산된 과인산석회이다. 근대에 들어와 1908년 독일에서 암모늄이, 다시 1917년에 황산암모늄이 생산된 것이 시초이다. 우리나라는 1910년 황산암모늄을 소량 생산하였고, 그 뒤 1930년 흥남에서 그리고 광복 후에는 1961년 충주비료공장의 건설을 시작으로 남해화학의 건설로 오늘에 이르게 되었다. 우리나라의 헥타르(ha)당 시비량은 90년대 458kg였고 최근 거의 절반 수준으로 감소했지만 대신 비료성분 중 질소가 차지하는 비율이 높아 질소비료가 남용되고 있는 실정이다.

세계적으로 볼 때 화학비료의 사용은 제2차 세계대전 후 급격히 증가하였는데, 1950년에 1,400만 톤의 생산량이 1980년에는 1억 1,300만 톤, 그리고 1990년에는 1억 3,726만 톤에 이르게 되어 급격한 생산량 증가를 나타내었다.

현재는 비교적 저렴한 화석연료와 광물질비료를 시용하여 작물의 단기간의 영양소 요구량을 충족시켜 줄 수 있으나, 반면 장기간에 걸친 토양비옥도는 무시하고 있다. 앞의 비료에 대한 정의에서 언급한 대로, 비료란 식물이

[그림 1-3] 비료사용량과 농약시용량

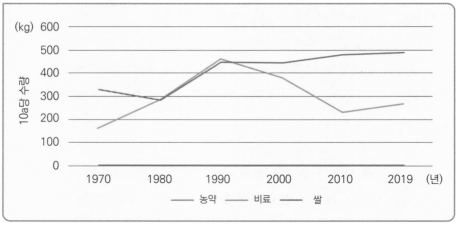

(통계청, 2020)

뿌리를 내리고 있는 토양과 식물에 영양소를 공급하는 것으로, 특히 토양에 대한 장기간에 걸친 영향은 무시한 채 사용되는 경우가 많다. 합성비료(synthetic fertilizer)는 용이하게 토양에서 용탈된다. 이러한 성분은 결국 시냇물과 호수 그리고 강으로 유입되어 부영양화(eutrophication)의 원인물질이 되고 있다. 가을이면 남동해에 나타나는 적조현상도 과다한 비료나 퇴비의 사용에서 유래된 용탈물질이 일조하는 것으로 보고 있다.

(4) 인공 관개

관개란 작물의 생육을 촉진하기 위하여 물을 대주는 것을 말하는데, 모든 전답(fields)에 실시할 수 있다. 벼 재배의 경우 보온, 비료공급, 잡초방제, 중경제초를 편리하게 하는 등의 이점이 있고, 밭에 있어서는 수량 증수를 꼽는다. 밭벼에서는 30%, 콩에는 150~200%, 그리고 방목지에서는 약 17% 정도의 증수효과가 있는 것으로 나타났다.

관개는 보통 지하수를 이용하는데, 우리나라는 최근 공업화, 축산폐수 등이 하천과 지하수에 유입되어 수질오염이 심각해져 사회적 문제로 대두되고 있다. 세계적으로 볼 때 전농경지의 16%가 관개되고, 여기에서 세계 식

[그림 1-4] 초지에서의 인공 관개(덴마크 중앙농업시험장)

량생산의 40%를 차지하고 있다. 지하수를 이용한 관개를 강우에 의해 공급되는 양보다 더 많이 이용할 때 문제가 된다. 과도한 지하수의 탈취는 지상부가 침몰되고 해변에서는 해수가 유입되는 결과를 초래할 수 있다. 지하수의 남용은 결국 미래의 용수를 차용하는 것이기 때문에 관개에 의존하는 농업은 지속적일 수 없다. 뿐만 아니라 오염된 지하수를 사용하여 관개하는 경우, 역으로 이들이 다시 하천과 강을 오염시키기 때문에 환경을 재오염시키는 악순환이 계속된다. 우리나라는 약 80만 개의 관정이 개발되어 있는 것으로 알려졌다(차 등, 2021).

(5) 농약의 오·남용

농약이란 작물의 재배시뿐만 아니라 그 후의 농산물 저장 및 가공품 보호를 목적으로 사용하는 제제를 말한다. 물론 화학적으로 합성된 농약이 출시되기 이전에는 천연물 또는 무기물이 사용되었다. 담배분말 또는 추출물, 제충국 꽃 및 분말 데리스 뿌리는 대표적인 식물성 방제제였다. 농약으로 이용된 무기물은 황, 보르도액, 비산연이나 비산석회와 같은 비소화합물이 살충제로 사용된 바가 있다.

현대적 의미의 농약을 사용하기 시작한 것은 1940년대 이후 유기인제의 제조부터였다. 즉 1938년 뮐러가 개발한 DDT를 시초로 유기인계, 카바메이트계 살충제, 유기수은제와 유기황제와 같은 살균제, 2.4-D를 대표로 하는 제초제의 개발이 그 핵심내용이다. 그러나 이러한 농약들이 생태계에 악영향을 미친다는 점이 사회적 문제로 대두되어 오늘날에는 잔류성이 긴 유기염소계와 유기수은제는 사용이 금지되고, 대신 제3세대 농약이 개발되었다. 이들은 생략 생물체의 원리를 이용하는 것으로, 해충에는 해가 있으나 사람이나 가축에는 피해가 없는 농약이다.

우리나라에서 농약의 사용으로 증수되는 비율은 약 11.2%로 발표된 바 있으나, 만약 사용을 중지한다면 당년에는 24~37%, 그리고 3년째에는 45~67%의 수량감소를 예견한 바 있다(류 등, 2002). 그러나 우리나라에서 사용하는 농약의 양은 경제협력개발기구(OECD) 중에서도 많은 편에 속하는 ha당 16.5kg이다. 최고로 많이 사용했던 2000년의 26.1kg에 비하면 10kg 정도 적게 사용하지만, 여전히 많은 농약을 사용하고 있어 관행농업에서 증수는 농약과 비료 때문이라는 것을 알 수 있다. 일본의 19.2kg보다는 낮으나 벨기에의 13.5kg, 이탈리아의 15.3kg보다는 높다는 것을 알 수 있다.

결국 이러한 농약 사용은 일시적으로 해충의 수가 감소하게 되나 다시 그 수가 많아질 수도 있다. 따라서 더 많은 농약을 사용하는 악순환이 계속될 수 있고, 또 해충은 저항성이 높아져 농약 사용량이 증가되거나 다른 종류의 농약을 사용할 수밖에 없는 상황을 초래하게 될 것이다. 현재 우리나라에서 사용하는 농약의 수는 약 900여 가지로 알려져 있는데, 이런 농약이 환경은 물론 인간의 건강에 치명적인 영향을 미치는 것은 주지의 사실이다. 뿐

〈표 1-1〉 우리나라 농약 사용량

구분	1970	1980	1990	2000	2010	2019
농약사용량(M/T)	3.7	16.1	25.1	26.1	20.4	16.5
경지면적(천ha)	2,298	2,196	2109	1,889	1,715	1,581

(통계청, 2020)

만 아니라 토양에 유실된 농약은 지표수나 지하수에 유입되어 토양에 서식하는 생물에 영향을 미치고, 최종적으로는 먹이사슬의 최상위에 있는 인간이나 맹수류에 흡수되어 건강에 막대한 영향을 미치게 된다. 이러한 식물연쇄(food chain)로 이어지는 피해는 군체의 단계에서 그 수에 영향을 미치고, 이러한 것은 수세기에 걸쳐 나타날 수 있다. 가장 극명한 예는 유기수은제인 DDT의 영향으로 매나 솔개 등 맹금류가 급격하게 감소했던 역사에서 찾아볼 수 있다.

(6) 유전자 변형작물의 이용

지금까지의 식량증산은 재배면적 확대와 품종개량 및 병충해 방제를 통해 달성되었다고 볼 수 있다. 이 중에서 가장 큰 기여를 한 것은 품종개량인데, 주로 다른 품종이나 종을 서로 교잡하였을 때 새롭게 창출된 새로운 품종은 세포 내의 염색체가 바뀌고, 그 결과 유전인자가 재구성되는 원리를 이용하여 왔다. 그런데 같은 유전적 성질을 가진 것을 교잡하면 유전자의 구성이 유사하여 형질변형의 효과를 기대할 수 없다. 따라서 그 특성이 다른 유전자원을 많이 확보하고 특성이 다른 것을 교잡하는 것이 필요하며, 그래서 다양성이 요구되는 것이다. 전통적인 품종개량은 이렇게 유전적 변이가 큰 품종끼리 교잡할 때 전혀 예상치 못한 새로운 개체가 탄생되고, 그중 인류가 원하는 것을 취사선택하도록 고안된 방법이다. 이때 이용되었던 방법은 돌연변이, 인공교배, 염색체 배가 등이었다.

한편 어떤 식물의 특징이 그 자손에게 계속 같은 형태로 나타나는 것은 유전자의 기능 때문이다. 이러한 유전자에 대한 구체적 기능이 체계적으로 밝혀진 것은 멘델(Mendel)에 의해서이다.

이후 과학의 발달로 생물에서 유전이 되는 근원적인 조직은 세포의 DNA(deoxyribonucleic acid) 내에 존재한다는 것이 밝혀졌다. 그리고 이를 이용한 여러 가지 기술이 확립되었다. 이 DNA 정제기술이 개발됨에 따라 DNA를 재조합할 수 있게 되었는데, 이것이 바로 식물유전자 조작(manipulation of plant genomes)이다.

이러한 기술로 만들어진 것은 증수에 기여하여 녹색혁명의 기반이 되었다. 그러나 수량증가로 결국 다비와 농약 사용 그리고 상업적 종자의 이용이 수반되었다. 또한 유전자 조작의 비약적 발전으로 급기야는 여러 유기체의 유전자를 식물의 유전체에 주입할 수 있게 되었다.

유전공학기법을 이용하여 작출된 품종은 대규모로 재배되고, 단작에서 나타난 바와 같은 유전적 다양성을 훼손함으로써 복잡하고 다양한 생태계를 균일하고 단순하게 하여 생태계를 파괴할 수 있다. 또한 생산량 증가는 비료와 농약의 다량 투여를 수반하여야 하기 때문에 이 역시 환경을 파괴할 소지를 안고 있다고 할 것이다.

2. 관행농업 유지의 한계

이러한 유전공학적 기법을 이용하여 작출된 옥수수가 도입되면서, 그 결과로 몰락되어 가는 프랑스 농촌의 모습을 다음과 같이 묘사하고 있다(앙드레 뽀숑, 2002).

"전통적 농업의 가치를 대체할 대표적인 작물로 간주되었던 것은 옥수수이다. 프랑스의 경우 겨울철 엔실리지를 제조하여 급여할 수 있었으므로 가축의 생산성은 향상되어 신비의 작물로 간주되기도 하였다. 대대로 재배하였던 목초지는 옥수수 포장으로 변하여 파종, 농약의 살포, 엔실리지 제조에 보다 많은 농기구가 소용되었고, 따라서 비용증가도 수반되었다. 농업의 규모는 확대되었으며, 소농은 몰락하고 마을이 황폐화되어 결국은 농촌이 사라지는 결과를 초래하게 되었다. 뿐만 아니라 옥수수를 수확하고 난 포장은 그 이듬해 6월에 다시 파종할 때까지 나지로 있게 되어 여러 가지 부수적인 환경문제를 초래하게 되었다."

이러한 현대의 농업은 오늘의 생산성 제고를 위하여 미래의 생산 잠재력을 잠식시키고 있으며, 특히 토양의 침식 등에 대한 증거는 많이 포착되고

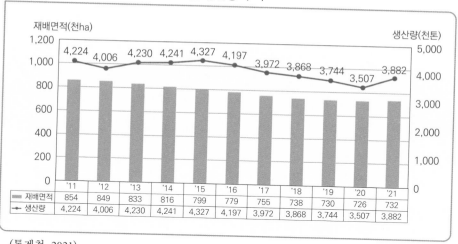

[그림 1-5] 연도별 벼 재배면적 및 쌀 생산량 추이

	'11	'12	'13	'14	'15	'16	'17	'18	'19	'20	'21
재배면적	854	849	833	816	799	779	755	738	730	726	732
생산량	4,224	4,006	4,230	4,241	4,327	4,197	3,972	3,868	3,744	3,507	3,882

(통계청, 2021)

있다. 지난 세기 동안 녹색혁명이 진행된 지대에서는 최근 연간 생산성이 저하되는 것을 경험하고 있다. 또 곡물증산을 위해서 비료의 다량 투입, 종자개량과 단파를 했던 곳에서 특히 곡물수량 저하를 경험하고 있다.

우리나라 총생산량 및 재배면적은 [그림 1-5]에서 보는 바와 같다. 생산량은 지난 10년간 답보상태에 머무르고 있음을 보여 준다. 이러한 것은 기상이변(한발) 등이 관여한 것으로 보이지만, 이는 품종개량, 시비관리의 한계를 보여 준 결과로 보아야 할 것이다.

결국 관행농업이 미래의 농업에 악영향을 미칠 수 있다는 가정은 충분히 그 가능성이 입증된 셈이다. 또한 영향을 줄 수 있는 요인으로는 토양, 관개수, 유전자원의 고갈 등을 들 수 있다. 그리고 마지막으로 지적할 수 있는 것은 자원보존에 대한 사회적 인식의 약화이다.

(1) 토양침식의 가속화

토양악화(soil degradation)를 유발시키는 요인은 여러 가지가 있으나 대표적인 것으로 염류집적, 침수, 답압, 비옥도 저하, 침식(erosion) 등을 들 수 있으며, 이 중 가장 심각한 것이 토양침식이다.

토양의 생성은 장기간의 풍화작용의 결과이며, 1년에 ha당 1톤 정도가 생성되는 것으로 보고 있다. 그러나 아프리카나 북아메리카는 ha당 5톤 정도가 침식되며, 아시아는 ha당 약 30톤 정도가 허실되는 것으로 보고되고 있다. 또 유엔 보고는 현재 경작지의 약 38%가 제2차 세계대전 이후에 손상(침식)을 경험하는 것으로 판단하고 있다. 표토는 생성에 수천 년이 걸리는 양질의 토양원이며, 강우나 관리소홀로 인한 손실은 눈에 보이지 않는 막대한 자원낭비이다.

이와 같은 토양침식은 우리나라에서도 많이 발생한다. 우리나라 밭 토양의 90%는 경사면에 존재하고, 강우가 6, 7, 8월에 60% 이상 집중되어 이 시기에 침식이 많이 일어난다. 특히 소위 고랭지라고 부르는 지역은 급경사지를 개간하여 무·배추 또는 감자를 재배하기 때문에 그 토양유실 정도는 상상 외로 크며, 이와 같은 결과는 〈표 1-2〉에 나타난 바와 같다.

〈표 1-2〉 고랭지 토양의 연간 토양유실량

구 분	정 선	평 창	무 주	진 안
토양유실량(T/ha)	77.1	33.1	48.2	227.0
토심감소(cm)	6.4	2.7	4.0	18.9

(류, 2002)

이 표에서 보는 바와 같이 ha당 최저 33톤에서 227톤이 유실되어 아시아 평균 30톤의 최고 10배에 이르는 토양유실을 나타내고 있다. 또 완만한 경사지에 있어서도 채소나 화곡류를 조파(drill seeding)하기 때문에 유실을 가속화시키고 있는데, 다른 시험의 결과는 〈표 1-3〉에서 보는 바와 같다.

〈표 1-3〉 토양보전처리에 따른 양분 및 토양유실량

양분유실(kg/ha)						토양유실(T/ha)	
보전처리구			관행구(조파 등)			보전처리구	관행구
NO_3-N	P_2O_5	K_2O	NO_3-N	P_2O_5	K_2O		
9.3(50.2)	6.1(25.5)	11.4(37.5)	18.5(100)	23.9(100)	30.4(100)	13.9(17.5)	79.6(100)

(류, 2002)

[그림 1-6] 경사지의 고랭지 채소(평창)

[그림 1-7] 토양이 잘 보존된 초지(평창)

　이러한 토양유실은 크게는 집약경작의 결과인데, 단작과 단윤작(short rotation)은 토양을 바람과 강우에 노출시켜 유실로 이어지게 한다. 이 과정에서 소실된 토양입자는 유기물이 풍부하고 생성에는 수많은 시간이 소요되는 것들이다. 그리고 자연강우와 함께 관개 또한 토양유실을 피할 수 없다.

　한편 관행농업의 생산성 유지는 화학비료의 추비에 의해 이루어진다고 할 수 있다. 그러나 화학비료는 일시적으로는 작물이 흡수한 영양소를 보충할 수 있으나 영구적으로 토양비옥도를 유지하고 토양건강을 재건시킬 수는 없

[그림 1-8] 고랭지에서 작목별 토양유실시험

다. 토양산성, 염류집적 등의 결과 토양은 계속해서 악화되기 때문에 지속가능한 토양이 아니므로 영구적인 농업은 사실상 불가능하다.

(2) 수자원의 낭비

세계적으로 볼 때 산업의 발달과 도시 확장으로 신선한 용수가 고갈되어가고 있다. 따라서 제한된 공급량에 산업간 경쟁이 유발되고 있다. 용수 확보를 위해 지하수를 이용하고 있으나 강우에 의한 자연보충량보다 더 많이 사용함으로써 점차 이용량이 제한받고 있다. 저수지의 이용도 중요한 농업용수원인데, 사용량의 증가로 습지생태계나 여기에서 생활터전을 두고 있는 야생동물에게 위협을 준다. 농업용수는 지구 전체 용수의 2/3를 차지하며, 농업용수로 사용된 양의 1/2은 허실되는데 이는 증발과 유실 때문이다. 농업용수의 유실을 방지하기 위해서는 최대 농업생산보다는 보존농업을 실시하는 것이 필요하다. 지표관개보다는 살수관개를, 그리고 작물윤작체계에서 벼와 같이 수분을 많이 요구하는 작물은 제외하는 등의 경작방법을 이용할 수 있다. 또한 현대농업은 지나치게 많은 용수를 사용할 뿐만 아니라 지상 저장수를 이용하는 체계로 물을 대륙에서 대양으로 이동하게 하는 농업

<표 1-4> 연도별 수자원 총량 및 이용현황 (단위: 억m³/년)

구분/연도	1990	1994	1998	2003	2007
수자원총량	1,267	1,267	1,276	1,240	1,297
총이용량	249	301	331	337	333
생활용수	42	62	73	76	75
공업용수	24	26	29	26	21
농업용수	147	149	158	160	159
유지용수	36	64	71	75	78

(국토해양부, 2011)

을 하고 있다. 한편 캐나다에서 이용되고 있는 연간 농업용수량은 158억m³로 공업용수의 29억m³에 비해 무려 5.5배나 더 많은 양이라고 한다.

앞으로 물에 대한 전망은 그리 밝지 않다. UN 세계수자원개발 보고서에 의하면, 세계인구 1인당 담수공급량은 20년 안에 1/3로 줄어들고, 2050년까지는 적게는 48개국 20억 명, 많게는 60개국 70억 명이 물 부족을 겪을 것으로 보고 있다. 더욱더 심각한 문제는 오염된 담수원 면적이 현재 관개용 수자원 면적의 9배에 달할 것이라는 점이다.

물 가용 가능량에 따른 국가별 분류는 크게 세 가지로 나누어 물 기근 국가군, 물 부족 국가군, 물 풍요 국가군으로 나눌 수 있는데, 우리나라는 물 부족 국가군으로 분류되어 있다. 수자원 부존량 및 이용현황 변화는 <표 1-4>에서 보는 바와 같다.

이를 보면 전체 용수 중 농업용수가 차지하는 비율은 1990년 59%에서 2007년 47%로 감소하였다. 그러나 전체 용수의 약 1/2 정도가 농업용수로 이용됨으로써 그 비율이 아직도 높다는 것을 알 수 있다. 이는 벼 재배 중심이기 때문인 것으로 생각된다.

(3) 환경오염 유발

환경오염은 보통 대기와 수질 그리고 토양오염으로 분류한다. 이 중 농업

분야에서 문제가 되는 것은 수질오염이다. 먼저 대기오염은 주로 공장이나 도시에서 발생되며, 그 발생단계에 따라 제1차 및 제2차 오염물질(primary air or secondary pollutants)로 나뉜다.

수질오염은 물론 광산, 산업폐수, 생활하수가 주가 되나, 농업적 오염원으로 거론되는 것은 농약, 제초제, 농업화합물, 비료, 염류이다. 이 중에서 우리나라 비료의 사용량이 특히 세계 상위권에 속한다는 것은 이미 지적한 바 있다. 농약의 사용량도 급격히 증가하여 1973년에서 1993년 사이에 약 4배 이상 크게 늘었으나, 그 후에는 증가폭이 둔화되어 사용량도 감소하는 추세지만 여전히 그 사용량이 많다. 농약과 제초제 사용으로 인해 익충(beneficial insects)과 야생동물이 사멸되며 때로는 농부의 농약중독 우려도 있다. 농약은 시내로 흘러들어 강으로 유입되고, 다시 호수를 거쳐 대양으로 합쳐지면서 수생생태계(aguatic ecosystem)에 비간접적으로 영향을 미친다. 특히 농약오염 어류를 섭생한 동물은 번식력이 저하되고, 이것은 곧 지구상 생태계에 영향을 미친다.

이러한 농약잔효가 생태계에 미치는 유명한 예는 DDT이며, 이 농약은 살충제로 사용되었으나 먹이연쇄 중독현상을 일으키는 것으로 유명하다. 즉 '모기 → 물고기 → 물새'로 이어지는 연쇄적 반응을 일으킨다.

포장에서 유실되거나 지하로 침하된 비료성분은 제초제보다는 위험성이 덜하지만 생태적으로는 더 나쁜 영향을 미친다. 그러나 이러한 비료성분, 특히 질소나 인은 육수 및 해양생태계에 나쁜 영향을 미쳐서 이끼나 해초의 과도성장을 유도하거나 부영양화(eutrophication)를 야기한다. 비료에서 유래한 질산염은 음수의 주 오염원이 되기도 한다.

(4) 축산공해의 발생

전업축산이 일반화됨에 따라서 축산농가당 배설물이 증가하고 있다. 적절한 처리를 유도하기 위한 각종 규제나 법령이 강화되고 있긴 하지만 농가의 노동력 부족 때문에 배설물을 축사 밖에 방치하는 일이 빈번해지고 있다. 이

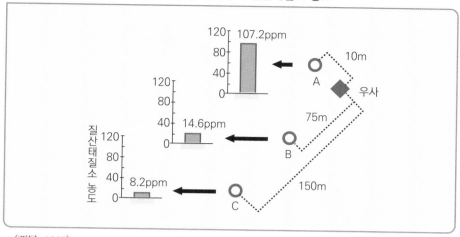

[그림 1-9] 우사를 중심으로 한 주변 지하수의 질산태질소 농도

(西尾, 1997)

때문에 악취가 발생하거나 수질이 오염되어 민원이 야기된 사례가 많다.

퇴구비를 방치하면 질소는 곧 질산태질소로 변하여 빗물에 의해 유실되어 지하수로 침투한다. 일본의 연구를 보면 비육우 우사 주변의 수질을 조사한 결과 우사에서 10m 떨어진 곳의 지하수는 질산태질소 농도가 107.2ppm, 75m 는 14.6ppm 그리고 150m 떨어진 곳은 8.2ppm이라는 보고가 있다(西尾, 1997).

축산의 규모화·대형화는 세계적 추세로 이는 소위 생산성 향상 때문이 며, 이를 위해서 목초생산량을 증가시키려는 노력의 일환으로 화학비료를 다량 시비하게 된다. 예를 들어 영국은 전체 평균이 ha당 190kg 전후이나, 200두 이상의 대규모 농장에서는 약 300kg 정도 사용하고 있다.

특히 유럽에서는 배설물에서 유래된 질산태질소에 의한 수질오염과 함께 암모니아에 의한 대기오염이 문제가 되고 있다. 저장 중 또는 슬러리를 토양 에 살포한 후 이것이 분해할 때 발생되어 휘발되는 암모니아가 문제가 된다. 특히 유럽에서 가축의 밀도가 높은 지역에서는 암모니아 휘발량이 많아 질 소로 환산할 때 ha당 43~53kg 정도가 되기도 한다. 또 뉴질랜드에서는 소위 초식가축의 수에 따라 '방귀세'를 물리는 법안의 입안을 고려하고 있다고 한 다. 메탄은 지구온난화에 관여하며, 반추가축 섭취에너지의 12%가 가스로 방출된다.

(5) 지나친 외부투입에 의존

현대농업은 고투입·대량생산 방식에 의존하고 있다. 이때의 투입은 관수, 비료, 농약, 에너지 교잡종 종자, 기계, 신농업자재 등이다. 이러한 것들은 외부로부터의 투입이며, 이들의 집약적 이용은 농가소득 증대를 비재생자원을 사용하는 방식에 의존하게 한다. 이런 방식의 농업을 계속적으로 유지하지 위해서는 더 많은 외부투입이 필요하게 됨을 의미한다. 그리고 이는 필연적으로 집약경작(intensive tillage)과 단작에 의존하게 되며, 이는 토양의 물리적·화학적 특성을 약화시킨다. 결과적으로 비옥도 유지를 위해서 화학비료를 사용하지 않으면 안 된다.

그러나 현대농업처럼 외부투입에 전적으로 의존하면 지속적 농업은 불가능하며, 계속적인 재생 불가능한 천연자원의 낭비는 국가 전체적으로 볼 때 지역 또는 전국적인 공급부족을 초래하게 될 것이다. 그러면 곧 시장변동이나 가격상승에 취약점이 노출되어 국가경쟁력이 저하될 것이다.

슬래저(1975)가 간접·직접적인 에너지 투입과 생산수량(단백질)을 조사한 것이 〈표 1-5〉에 제시되어 있다. 이 표에서 보는 바와 같이 집약작물의 생산은 ha당 2,000kg의 단백질을 생산하지만, 에너지 투입은 ha당 15~20억 줄(joule)이 투입되어 가장 많다는 것을 나타내고 있다. 반면 방목육우축산은

〈표 1-5〉 에너지(giga-joules) 밀도와 단백질 수량을 근거로 한 농업 분류

구 분	에너지 밀도(GJ/ha)	단백질 수량(kg/ha)
수렵자-채취자	0.0	0.0
안데스 마을(페루)	0.2	0.5
구릉지 면양축산(스코틀랜드)	0.6	1~1.5
한계지 농업	4.0	9
방목 육우축산	0.0	130
선진국 복합농업	12~15	500
집약화 작물 생산	15~20	2,000
비육장 축산	40	300

(Slesser, 1975)

에너지 투입이 0이지만 단백질 수량은 130kg/ha가 된다.

물론 에너지 효율에 있어서 집약농업은 200배, 방목육우축산은 130배로 집약농업이 더 높지만, 이때 투입된 에너지는 모두 재생 불가능한 석유에너지에 근거하고 있기 때문에 먼 장래를 생각하면 집약농업은 소비지향적이며 지속 불가능한 농업이 될 것이다.

(6) 유전적 다양성의 파괴

인류의 역사는 작물의 유전적 다양성(genetic diversity)을 확대하는 방향으로 진행되었다. 자연적으로 존재하는 다양한 식물의 종과 종을 교잡시켜 새로운 품종을 만들어 냈고, 아울러 양질의 야생종을 수집하여 이를 재배종으로 전환시켜 병충해에 대한 저항성을 높여 생산성 증대에 기여하였다.

그러나 20세기에 들어서면서 유전적 다양성이 감소하였고, 유전자원은 단일화되었다. 그 이유는 단기적 생산력 증가에 초점을 맞추고 육종하기 때문이다. 다양성 손실의 가장 비근한 예는 여섯 품종의 옥수수가 세계 옥수수 생산량의 70%를 차지한다는 사실에서 잘 보여 주고 있다.

다양성의 손실은 중국의 밀 품종 반감에서 잘 나타나고 있다. 즉 1949년 1만여 품종이 있었으나 1970년에는 1,000가지로 감소하였고, 미국 양배추 품종의 95%, 옥수수의 91%, 콩의 94%, 토마토의 81%가 소멸되었으며, 세계적으로 볼 때 농작물 품종의 75%가 멸종되었다는 세계식량농업기구의 보고에서 극명하게 드러난다(Gliessman, 2000).

작물간 유전적 동질성은 생산의 극대화와 작물관리의 표준화를 가능케 하여 농작업을 보다 편리하게 할 수 있게 하였다. 그러나 생산성이 낮은 품종도 바람직하고 유용한 유전능력은 있다. 같은 품종을 광범위한 면적에 재배하면 저항성이 약한 병충해가 발생했을 때 전 포장이 피해를 입게 된다. 미국에서 1968년 수수에 청색벌레가 발생하여 1억 달러에 이르는 피해를 주었고, 이듬해에 이를 방제하는 데 5,000만 달러가 소요되었다. 그 후 여러 품종 중에서 내성 청색벌레 품종을 개발하였다. 이러한 유전자를 찾아내기 위해서는 자생종을 이용해야 하는데, 만약 이러한 유전적 특성을 갖는 품종이 보존되지 않는다면 잠재적 가치가 있는 종은 지구상에서 영원히 사라지게 된다.

현대농업은 단기적 안목으로 생산성에만 초점을 맞춘 몇몇 다국적 육종회사의 종자에 의존함으로써 획일적 품종, 그리고 여기서 생산된 농산가공품마저도 세계적으로 균일하게 되어 유전자원뿐만 아니라 농산물의 다양성마저도 급속히 약화될 것이다.

(7) 국내 통제력 상실

농업 형태는 자급농에서 상업농으로 변화되는 시점에 와 있으며, 앞으로는 기업농 형태로 전환될 것으로 예상된다. 이는 농장의 규모가 확대되면서 다품종 소량생산에서 소품종 대량생산으로의 전환을 의미한다. 이에 따라 농가와 농민의 수가 급감하여 농가수는 1965년 251만 호에서 2021년에는 103만 호로 감소하였고, 농가인구도 1,422만 명에서 221만 명으로 급감하였다. 미국의 경우도 650만 호에서 200만 호로 감소하였고, 농가인구도 2% 미만으로 줄었다. 그 사이에 농사를 포기한 농민들은 산업지구로 이동하여 농촌에서 도시로 이주하게 되었다. 한편 다량으로 생산된 농산물은 도시로 판매된다. 따라서 다량생산된 농산물이 소량생산되는 농산물보다 경쟁에서 유리하기 때문에 소규모 농가는 자연히 도태되었다.

이러한 기업적 경영은 기계화와 외부자재의 투입이 필연적이다. 그리고 영농방식에서도 생태적 원칙이 무시되고 지속적 생산에 염두를 둔 작부방식은 더 이상 설득력을 갖지 못한다. 기업농이 보다 많은 자본과 화석에너지를 사용하는 대량투자 · 대량생산의 형태로 변하게 되었다.

따라서 소농은 상업농이나 기업농에 대항할 힘이 없고, 대농으로 성장하기 위한 장비도입이나 기술을 접목할 여력을 상실하였다. 또 저가 식료품 정책으로 식료품 가격 중 농산물이 차지하는 비중은 점차 줄어들었다. 따라서 대농이 소농의 경작지를 매입하거나 또는 대도시 주변의 지가상승으로 농업 대신 공장이나 아파트 용지로 편입되는 면적이 점점 증가하였다.

또 대규모 수출농업은 저개발국에 악영향을 미치게 되었는데, 과거에는 자작농민들은 잉여농산물(surplus agricultural product)을 시장에 판매할 수 있었으나 오늘날에는 농토를 포기하고 도시에 유입되어 오히려 식량을 다른 사람에 의존하게 되었다. 따라서 정부에서도 도시영세민을 위한 값싼 식량 수입이 불가피해졌다.

우리나라에서도 1965년에는 식량 자급률이 98%였으나 2000년에는 30%로 급락하였으며, 농촌인구도 1965년에 비해 1,049만 명이 감소하는 결과를 초래하였다. 특히 총취업인구 중 농업인구가 40%에서 16%로 감소하는 데 걸렸던 시간이 네덜란드가 95년이었는데, 우리나라는 14년밖에 소요되지 않아 인구의 도시집중에 따른 사회적 문제 및 외국의 식량에 의존하게 되는 결과를 초래하게 되었다.

이러한 결과는 세계경제를 활성화하기 위해서는 자원의 이용을 무제한 사용하기 위한 세계은행, IMF, GATT, 그리고 WTO 등의 영향을 크게 받았다. 그리하여 소위 무역자유화란 이름으로 선진국에서 값싼 농산물의 수입이 일반화되어 경제력을 상실한 많은 가족농의 도시유입으로 새로운 도시문제를 야기하는 악순환이 계속되고 있다.

3. 대안농업의 필요성 대두

우리나라의 수입에 소요되는 농산물은 약 252억 달러(2022년) 정도인데 국내에서 생산되는 농산물 중 쌀은 4~5배 비싼 것으로 추정되며 현장에 도착되는 가격을 기준으로 캘리포니아쌀은 1,439달러/톤, 태국산 인디카쌀은 448달러/톤이나 이 가격을 국내산 쌀과 직접 비교하기 곤란한 여러 요인이 있다. 쇠고기 값 역시 외국 10개국 평균보다 약 2.7배 비싸다. 결국 보다 싼 농산물을 국민에게 공급하기 위해서는 저가의 외국농산물을 수입할 수밖에 없게 되었다. 또 무역자유화로 외국농산물수입을 억제할 수 있는 대안도 마땅치 않은 것이 현실이다. 농업의 대외경쟁력의 결정요소는 몇 가지로 나누어 생각할 수 있는데, 농지가격, 자본이자, 노임, 기후풍토, 농업기술이라고 할 수 있다. 관행농업이 지속적이지 않을 뿐만 아니라 국제경쟁력마저 담보할 수 없게 되어 대안을 모색하지 않으면 안 되었다.

(1) 지속적 농업의 필요

농업이 단지 농산물의 생산이라는 측면만을 강조할 수만은 없다는 것을 앞에서 여러 번 지적한 바 있다. 그간 식량증산에 목적을 두고 토지확대와 생산성 증대를 꾀해 왔으나 장기적 관점에서 볼 때 부정적 결과를 초래할 수밖에 없다. 생산성 향상을 통해 농민의 소득을 증대시키는 것도 중요하지만, 과다한 자원의 투입에 의한 주위 환경오염을 방지하는 것이 필요하며, 또한 생산자와 소비자 모두가 호혜적인 상황하에서의 생산과 소비에 염두를 둔 새로운 농업이 필요하다. 그 대안으로 제시된 것이 지속적 농업(sustainable agriculture)이다. 이것은 장기간에 걸친 생산성 유지를 의미하며, 영속성 · 지속성인 농업을 의미한다. 이러한 농업의 조건으로는 토양비옥도의 재건, 토양침식의 방지, 토양의 생태적 건강이 유지되어야 한다. 또 주위의 환경에 미미한 부정적 영향을 미치며 환경에 어떤 독성을 주지 않으면서 대기, 지표수, 지하수에 해를 미치는 물질을 방출하지 않아야 한다. 환경과 인간이 필요에 상응하는 수자원의 사용, 그리고 가능한 한 농업생태계(agro-ecosystem) 내의 자원 이용과 더불어 외부투입은 물질 순환보존으로 대체하고 생물적 다양성을 견지하는 농업으로 발전시켜야 할 것이다. 이를 위해서 특히 윤작을 장려해야 하는데, 이에 대한 내용은 제4장에서 다룰 것이다. 그 핵심적인 내용은 윤작을 함으로써 유기물 생산과 지력을 유지하며, 토양을 재생시키고, 잠재양분을 유효화하며 양분을 조절할 수 있을 뿐만 아니라 잡초를 방제할 수 있다는 것이다(서, 1994).

(2) 지속적 농업의 실제

지속적 농업에 대한 해석은 다양하나 다음의 몇 가지로 요약할 수 있다. 농업이 생산적이면서 지속적이기 위해서 작물은 강우, 관개 그리고 토양 저장으로부터 수분 이용에 이르기까지 균형을 유지해야 한다. 그리고 작물 및 토양의 관리를 통해서만 이러한 목적을 달성할 수 있다. 농장 운영체제가 잘못되면 토양의 침식, 침수 그리고 해수유입 등이 발생한다. 한편 토양비옥도를 유지하기 위한 전략도 필요한데, 몇 가지 중요사항으로는 ① 토양, 농장관리, 토양비료원, 주어진 상황 등에서 가장 적합한 작물이 무엇인지를 밝히며, ② 토양으로부터 영양손실을 초래하는 일 없이 최초 및 최후 이용성을 진작시킬 수 있는 토양관리체계를 구축하고, ③ 각기 다른 관리체계하에서 토양영양 가용성을 증진시키기 위해 미생물군의 활동을 진작시킬 수 있는 기술을 개발하며, ④ 시비와 작물의 흡수를 일치시킬 수 있는 관리기술을 개발하고, ⑤ 토양축적 및 시비양분을 효과적으로 이용할 수 있는 활력 있는 윤작체계를 개발하는 것을 통하여 이러한 목적을 달성할 수 있다.

토양관리의 핵심은 토양유기물(soil organic matter)의 중요성을 이해하고 그 수준을 적절히 유지해 주는 일이다. 토양구조는 유기물 수준, 작물관리, 기후, 시간에 따라 영향을 받는 동적 특징이 있다. 적절한 토양유기물을 유지하는 토양은 침식이나 식물 생육에 잘 적응한다. 이는 생산성과 관련이 있기 때문에 중요한 관리 중 하나이다.

병해 방지는 소위 종합질병관리(integrated pest management)를 이용한 방제가 주가 되며, 이는 지속적 농업과 양립할 수 있는 기술이 될 것이다. 또한 이는 경제적·생태적 원칙에 기초를 둔 것이다. 공공의 건강과 환경적 안정이 중요한 정부의 정책으로 입안되고 있으며, 병충해 방지를 위한 지나친 개인적 방제는 규제받아야 할 것이다.

한편, 글리스맨(2000)은 지속적 농업은 최소한 다음의 요건을 충족시킬 수 있어야 한다고 하였다.

① 환경에 최소한의 부정적 영향을 미치며 대기, 지표수, 지하수에 어떤

독성 또는 해를 주는 물질을 방출하지 않고,

② 토양비옥도를 재생하고 보존하여 토양침식을 방지하고, 나아가 토양의 생태적 건강을 유지할 수 있으며,

③ 재충전될 수 있는 정도의 대수층(aquifers) 이용 및 환경과 인간의 필요를 충족시킬 수 있는 한도 내에서 용수 이용을 해야 하고,

④ 외부투입을 영양소 순환과 보존을 위해 대체로 인근지역을 포함하는 농업생태계 내의 자원에 주로 의존해야 하며,

⑤ 적절한 영농방식과 지식이나 기술에 동일하게 접근할 수 있도록 보장하고, 농업자원의 지역적 통제가 가능하도록 하여야 한다.

결국 지속적 농업은 농업을 생태적 관점으로 접근할 때만 가능하다. 농업과 생태학이 결합한 것을 농업생태학(agroecology)이라고 한다. 그리고 농업생태학은 환경적으로 건전하고, 다른 한편으로 생산성이 높아 경제성이 있는 농업의 개발에 필요한 방법론과 지식을 제공하는 것이라고 할 수 있기 때문에 지속적 농업의 학문적 토대를 이룬다고 하겠다.

(3) 지속적(유기) 농업과 관행농업의 차이

관행농업이 가지고 있는 여러 가지 문제점에 대해서는 앞부분에서 이미 논의하였다. 그리고 그 대안으로 제시된 것이 소위 지속적 농업이다. 지속적 (유기) 농업과 관행농업 그리고 생계농업(subsistence agriculture)을 비교해 봄으로써 이들의 차이가 좀더 극명하게 밝혀질 것이다.

생계농업은 우리나라의 1960, 1970년대 농업 또는 개발도상국에서 볼 수 있는 농업형태로 일종의 자급자족용 농업이라고 할 수 있다. 관행농업은 상업농(commercial agriculture)으로서 구매물자의 투입, 생산물의 판매, 그리고 교환수단으로 금전을 바꾸는 농업이다. 또한 생계형 농업과는 반대로 확장·성장 그리고 자연극복과 같은 특징을 보이며, 투자와 부채 그리고 현재 생산방식에 만족감을 나타내기 때문에 보다 지속적 농업방식에 대한 의지가 없는 농업이기도 하다.

〈표 1-6〉 세 가지 농업체계의 비교

비교 항목	생계농업(과거농)	상업농업(관행농)	지속적 농업(유기농)
사회적 개성	가족	자신	지역사회
세계 현실	과거	현재	미래
개인간 과정	투쟁	경쟁	협력
자연의 변화	조절 불가	조절	계획 또는 예측
자연과의 관계	재해	극복	조화
개인 상호관계	상호 불신	개인권리	지역사회 필요
자연자원	유한과 소비	개발과 소비	유한, 보존
동기적 욕구	안전과 보안	자기성취	지역사회 성취
정부역할	불안정	비개발 권리보호 권력층의 필요충족	협력 규제 방임
지식기반	전통	과학과 기술	심사숙고된 과학기술
기술개발	승계 또는 지지	문제해결로 믿고 우연한 발견	공동선을 위한 통제

한편, 지속적(유기) 농업은 보다 고차원적인 농업 형태로 지역사회와 미래를 위한 농업이다. 지속적 농업이 최대의 이윤만을 목적으로 하지 않기 때문에 자본주의적 모델이라기보다는 이상주의적 농업형태에 가깝다고 할 수 있다(Padgitt 등, 1994). 이들 세 농업의 비교는 〈표 1-6〉에서 보는 바와 같다.

이 표에서 보면 사회적 관점에서 지속적(유기) 농업은 미래의 농업이며, 공동의 선을 추구하기 위한 농업이라는 것을 알 수 있다. 그리고 이것은 유기농업이라는 소위 지속적 농업의 다른 이름으로서, 이에 대해서는 다음 장에서부터 본격적으로 자세히 논의할 것이다.

- 지금까지의 농업은 최대생산, 최대이익 창출이 목적이었다. 이러한 목적을 달성하기 위하여 집약재배, 단파, 관개, 화학비료의 사용, 농약 사용, 그리고 유전자 조작 종자의 파종을 하지 않으면 안 되었다.

- 토양을 완전히 갈아엎으면 잡초방제, 토양통기성 개선으로 인한 파종작물의 활력을 증가시켜 생산력을 높일 수는 있었으나 그 부작용으로 토양침식을 가져왔다.

- 화학비료의 시용 역시 생산성을 높이는 데 결정적 기여를 하였으나, 화학비료를 만들기 위한 재생 불가능한 화석원료의 사용과 함께 지나친 시용으로 하천과 바다가 오염되어 부영양화하는 데 일조하였다.

- 생산력을 높이기 위한 관개 역시 지나친 지하수의 남용으로 수자원을 고갈시키고 나아가 기후의 변화를 야기시켰다.

- 농약 사용 역시 생태계를 파괴하여 지구생태계를 위협하게 되었다. 유전자 조작도 농업생산성을 향상시키는 데 기여한 것은 틀림없지만, 이 역시 종의 다양성을 해치고 복잡한 생태계를 단순화시켜 결국은 생태계를 파괴하는 결과를 낳게 되었다.

- 현대농업의 특징 때문에 영구적으로 지속시키는 데는 한계가 있다. 즉 경운이나 단작으로 인한 토양침식의 가속화로 마침내 토지 생산성을 저하시켰다. 이러한 사정은 특히 대관령과 같은 지역에서 잘 볼 수 있는 현상이다.

- 생산성 증가를 위해서 지하수를 이용하는데, 이는 장차 수자원 고갈을 경험할 수도 있다.

- 농약이나 비료의 과다시용에 의한 환경오염문제가 야기될 수 있다. 익충이 죽고, 수생생태계가 파괴되며, 녹조나 적조의 원인 중 일부도 농업생태계에서 유입된 물질이 작용하는 것으로 볼 수 있다.

- 그 밖에 재생이 불가능한 자원을 외부에서 계속적으로 투입받게 되어 국가적으로는 물론 세계적인 문제점으로 대두될 수 있다. 이것은 기본적으로 석유가 중심이 되는데, 석유가 영구불멸한 것이 아니기 때문에 문제가 된다. 유전적 다양성 파괴, 국내 통제력 상실 등도 관행농업이 가지고 있는 한계점이다.

- 현대농업의 대안은 그리 많지 않다. 현실적으로 농가소득을 보장하면서 환경과 자원, 그리고 안전한 농산물을 생산할 수 있는 체계를 개발해야 할 것이다.

- 개방으로 인한 외국농산물의 수입은 필수불가결한 일이 되었다. 따라서 농가소득 보장 농

업의 개발이 필요하다. 작목으로 볼 때는 엽채류나 과채류가 그 가능성을 인정받고 있으나, 현재와 같은 고투입 농업으로는 농가소득을 보장받기 힘들다. 그러기 위해서는 지속적이면서 부가가치가 있는 농산물을 생산하는 것이 필요하다. 이를 위해서는 단작, 경운, 다농약, 화학비료방식을 버리고, 생태계를 보장하면서 지속적인 농업이 가능하도록 해야한다. 특히 소비자는 안전한 식품을 원하기 때문에 안전성을 보장하여 부가가치를 높이는 농업이 필요하다. 이러한 사실은 국내외의 조사보고를 통하여 확인되었다.

연구과제

1. 주위의 농업 형태를 경운 여부, 연간 경작횟수, 투자물질(농약, 비료)을 주안점으로 하여 조사해 보라.

2. 본서에서 언급한 것 이외에 우리나라 농업의 문제점을 파악하고, 그것을 보고해 보라.

참고문헌

· 국토해양부. 2011. 「수자원장기종합계획」. 국토해양부.
· 김창길,정학균,임영아,이혜진.김용규. 2016. 『친환경농업 육성 및 농업환경자원 관리 강화방안』. 농촌경제연구원.
· 김형욱 역(조이 타이비 저). 2002. 『농업생태학』. 제주대학교출판부.
· 서종호(역). 1994. 『작물윤작기술』. 광일문화사.
· 앙드레 뽀숑(김민경 역). 2002. 『분노의 대지』. 울력.
· 趙載英 · 李殷雄. 1999. 『栽培學汎論』. 鄕文社.
· 전대갑 등. 2000. 『환경농업』. 전남대학교출판부.
· 崔相鎭. 2000. 『人間 · 食糧 · 環境』. 先進文化社.
· 통계청. 2020. 「우리나라 농지면적 및 농약사용량」. 나라지표.
· 통계청. 2021. 2021 쌀 생산량 조사 결과 보도자료. 통계청.
· 통계청. 2021. 농림어업조사. 통계청.

- 한국방송통신대학교 평생교육원. 2001. 『친환경농업과 생명 · 환경교육』. 한국방송통신대학교 평생교육원.
- 한국수자원공사. 2003. 『물과 미래』. 한국수자원공사.
- 한원식 · 고복남 · 정호근. 2003. 『주요 농축산물의 경쟁력 평가 및 제고방향』. 2003 한국농업심포지엄. 한국농업과학협의회.
- 헬레나 노르베리-호지, 피터 고어링, 존 페이지(정영목 옮김). 2003. 『모든 것은 땅으로부터』. 시공사.
- 현윤정 · 차은지 · 이규상 · 정아영. 2021. 기후위기 시대 영농형태변화에 따른 농업용 지하수 관리전략 연구. 한국환경연구원.
- 西尾道德. 1997. 『有機栽培の基礎知識』. 農文協.
- Gliessman, Stephen R. 2000. *Agroecology*. Lewis publishers.
- Hatfield, J.L. and D.L. Karlen. 1994. *Sustainable Agriculture System*. Lewis Publisher.
- Pathak, P.K., M. Chander and A.K. Biswas. 2003. Organic meat : an Overview. *Asian-Aust. J. Anim. Sci. 16*(8):1230~1237.
- Padgitt, Steve and Petrzelka. 1994. Making Sustainable Agriculture the New Convention Agriculture: Social change and sustainablility. *Sustainable Agriculture System*. Lewis Publisher.
- Slesser, M., Lenihan, J. and W. Fletcher. 1975. Energy Requirement for Agriculture. Food, Agriculture and Environment. Blackie.

제 2 장

농업생태계와 유기농업

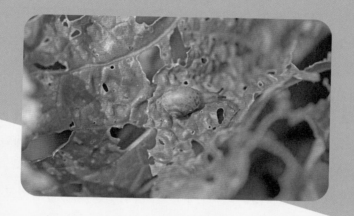

개 관

　생태계란 생물이 점거하고 살아가는 환경과 상호작용을 통해 일어나는 계층간·생
물간의 어떤 조직이나 체계를 말하는데, 이 장에서는 우리가 숲이나 하천이나 대양
에서 보는 자연생태계와는 다른 인공적 생태계를 유지하고 있는 농업생태계를 다룬
다. 특히 관행농업생태계와는 약간 다른 유기농업생태계와의 비교를 통하여 그 차이
점이 무엇인지를 설명한다. 유기농업생태계는 자연생태계와 관행농업생태계의 중간
적 위치를 차지하는 것으로, 그동안 수행해 왔던 현대농업과는 여러 가지 면에서 다
른 점이 많다.

　이 장에서는 농업생태계에서 물질이동, 특히 탄소나 질소와 같은 양분이 어떻게 합
성되고 소실되며, 나아가 생태계에 어떤 영향을 미치는지 설명하기로 한다.

1. 생태학의 개념

생태학(ecology)이란 원래 '가정'을 의미하는 희랍어의 'Oikos'에서 유래한 것이다. 가정이란 사회의 가장 기본적인 세포집단으로, 남녀가 짝을 이루어 자식을 낳고 다음 세대로 계속해서 이어 나가기 위한 기초집단이다. 그리고 이 기본단위들이 모여서 마을을 이루고, 마을이 모여 면, 면이 모여 군, 군ㆍ시ㆍ도가 모여 대한민국이 되고 세계가 되며, 마지막에는 우주가 되는 원리와 마찬가지이다.

결국 인간이 가정과 가정, 그리고 가정과 접하는 환경과의 교호작용을 통하여 반응하고 적응해 가는 것과 같이, 생태학도 결국은 생물과 생물을 둘러싸고 있는 환경과의 관계를 다루는 학문으로 정의할 수 있을 것이다. 즉 개체는 물론이고 이들이 모인 개체군과 나아가 군집이 어떻게 발전하고 소멸하며, 또는 번성과 쇠퇴를, 퇴화와 진화를 거듭하는가를 밝히는 것이 생태학이다. 뿐만 아니라 종과 종 사이, 군집과 다른 군집 사이, 혹은 개체와 이를 둘러싼 환경과의 상호작용을 다루는 학문이다.

생태학이라는 용어는 독일의 토레아우(1850)가 최초로 사용하였고, 우리가 사용하는 생태학은 일본의 미요시마나부가 1895년 식물생태학이라고 번역한 데서 유래하였다고 한다.

(1) 생태계의 구성성분

생태계는 크게 두 부분으로 분류할 수 있는데, 하나는 무생물적 요소(abiotic factor)이고, 다른 하나는 생물적 요소(biotic factor)이다. 이들 관계를 정리하면 〈표 2-1〉, 〈표 2-2〉와 같다.

자연생태계에서는 녹색식물이 햇빛을 이용하여 여기서 생산된 생산물인 풀, 곡류 등을 초식동물이 이용하여 자신의 성장에 이용한다. 그리고 이 초식동물들은 다시 육식동물에 의해 섭식되는 형태의 이용단계를 거친다.

〈표 2-1〉 농업생태계의 생물적 구성요소

생태계 요소	생산자·소비자	이용단계		최종 생산물
생물	생산	녹색식물(초원, 식물성 플랑크톤)		농산물
	소비	동물	초식(제1차 소비자)	야채
			육식(제2차 소비자)	육류
			잡식(제1차 소비자)	
	분해	박테리아		미량 영양소

〈표 2-2〉 농업생태계의 무생물적 구성요소

구 분	요 인
물리적	햇빛, 온도, 물, 바람, 수압, 방사선
화학적	질소, O_2, pH, 무기염류, 유기물

자연초원은 환경과 생물체들로써 이루어진 하나의 완전한 생태계이다. 이 생태계는 크게 두 가지 구성요소로 나눌 수 있는데, 무생물적 요소와 생물적 요소가 그것이다.

무생물적 요소는 생태계의 환경을 이루는 대기, 햇빛, 토양, 수분과 그들의 상호작용이다. 대기환경을 이루는 공기는 질소, 산소, 수소, 이산화탄소, 아르곤 등의 기체분자로 구성되고, 공기의 일광이나 수분의 영향을 받아 여러 가지 기상현상을 나타낸다. 바람, 기온, 비와 눈, 구름 등이 계절이나 매일의 변화를 만들며 지역에 따라 일정한 양상을 보여 준다. 토양에는 각종 무기성분과 유기물이 존재하고, 아울러 수분과 공기가 토양입자 사이를 채우며 식물과 미생물에 영향을 끼친다.

생물적 요소는 생태계에서 생활하는 생물의 종류로서 그들의 먹이에 따라 생산자, 소비자, 부패균으로 분류된다.

생산자는 초지에서 자라는 초생식물인데, 햇빛과 이산화탄소를 이용해 탄소동화작용을 통하여 유기물을 합성한다. 이때 식물은 생장에 사용하고 남는 유기물을 저장한다. 따라서 초지에서 최초로 태양에너지를 고정하여 유기물로 만들어 다른 생물에게 전달하여 주는 기본적인 역할을 맡고 있다.

소비자는 크게 제1차 소비자와 제2차 소비자로 나눌 수 있는데, 생산자인 풀을 먹고 사는 초식동물은 제1차 소비자이며, 이들 초식동물을 먹이로 하는 맹수들은 제2차 소비자이다. 사료작물을 재배하여 가축을 기르는 초지농업은 이러한 생산자와 소비자의 관계를 이용하는 것이다. 제1차 소비자에는 가축 이외에 식물에 기생하는 병원균, 곤충, 토양선충과 식물을 먹고 사는 조류가 있다. 제2차 소비자는 거미, 뱀, 인간을 포함한 육식동물이다.

부패균은 생태계에 존재하는 모든 생물의 죽은 조직과 유기물을 분해하여 무기물로 만드는 각종 미생물이다. 이러한 부패균이 토양에 존재하기 때문에 생태계 내에서 물질과 에너지가 순환될 수 있다.

(2) 조직의 단계

생태계는 구성부분을 조직분류체계(hierarchy)로 설명할 수 있다. 생태학에서는 이런 분류를 오덤(Odum, 1971)의 생물학적 조직의 스펙트럼을 이용하여 설명한다. 한 인간으로 말하면 분자-세포-조직-기관-기관계로 분석할 수 있는 것과 유사하다. 가장 기초적인 조직의 단계를 개체조직이라고 할 수 있으며, 이 조직의 단계 연구를 생리·생태학·개체학이라고 부른다. 개체생태학이란 개체가 환경요소에 적응하여 어떻게 반응하는가 또는 포용력을 가지고 있는가를 연구하는 학문이다(최, 1999).

예를 들면 벼는 물이 풍부한 곳에, 바나나는 습하고 더우며 일조량이 많은 곳에 적응하는 것을 알 수 있는데, 이런 것은 개체생물의 연구를 통하여 밝혀 낼 수 있다. 생태계 내에 같은 종의 집단이 모여 개체군(population)이 된다. 개체군은 개체군 생태학을 통하여 연구하는데, 개체군의 크기, 환경 등은 중요한 의미를 갖는다. 농업생태계에서는 개체의 배열, 고수확을 위한 밀도 등을 연구하기 위하여 개체군 생태학이 이용된다.

한편 생태계 내에서 다른 종의 개체군이 조직체 내에 발생하여 하나의 혼생집단을 형성하는데, 이것은 다른 종의 분포와 풍부(abundance)에 영향을 미친다. 이렇게 서로 다른 여러 개체군이 모여 있는 것을 군집(community)이

[그림 2-1] 생물학적 조직의 스펙트럼

생물적 요소	유전자 — 세포 — 기관 — 개체 — 개체군 — 군집
+	⇅ ⇅ ⇅ ⇅ ⇅ ⇅
비생물적 구성요소	물질 ≈≈≈≈≈≈≈≈≈≈≈ 에너지
=	‖ ‖ ‖ ‖ ‖
생물계	유전자계 — 세포계 — 기관계 — 개체계 — 개체군계 — 생태계

(Odum, 1971)

[그림 2-2] 농업생태계에서 나타나는 생태계 조직

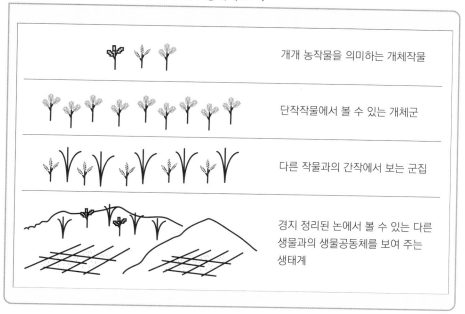

라고 한다.

군집은 서로 다른 종간의 경합, 또 포식자에 의한 생물의 방제 등에서 중요한 의미를 갖는다. 즉 조직 전체 수준에서 연구하는 것이 군체생태학이다. [그림 2-2]는 농업생태계에서 나타난 전형적인 생태계 조직을 보여 주고 있다(Gliessman, 2000).

(3) 생태계의 기능

군집은 구조적 특성상으로 볼 때 여러 가지 측면으로 설명할 수 있으나 크게 종다양성(species diversity), 우점, 식생구조 등으로 설명할 수 있다. 여기서 우점은 지역 내에서 어떤 식생은 번성하여 주식생으로 존재하는 것을 말한다. 식생구조는 수직적 또는 수평적 구조로 설명할 수 있는데, 두 구조를 분석함으로써 여타의 식물이 어떻게 구성되어 있는가를 유추할 수 있다.

영양구조(trophic structure)는 생태계의 기능이나 구조 등을 설명할 때 흔히 다루는 주제이다. 군집 내 각종 생물은 생존을 위한 영양소가 필요하다. 이때 중요한 것은 이러한 요구를 어떤 상대종에서 충족하느냐이며, 이를 군집영양구조(community trophic structure)라고 한다.

이것은 앞의 '(1) 생태계의 구성성분'에서 이미 설명한 것처럼 생산자(producer)와 소비자(consumer) 그리고 분해자(decomposer)로 구성되어 있다. 생산자는 녹색식물이며, 이들이 태양에너지를 흡수하여 광합성을 통해 생물자원(biomass)의 화학에너지 형태로 저장하는데, 이것이 다른 생물의 식량으로 이용된다. 그리고 식물은 다른 생물체의 도움 없이 스스로 필요한 영양물질을 만들어 내기 때문에 독립영양생물(autotrophs)이라고 한다.

한편 식물에 의해 생산된 생물자원은 군집 내의 다른 소비자가 이용하게 된다. 농업생태계에서 소비자는 곧 사람이나 가축이 되며, 이들은 생태학적 용어로 종속영양생물(heterotrophs)이라고 한다.

분해자는 동식물의 사체 또는 분뇨를 먹이로 이용하고, 이를 분해하여 다시 주위의 토양이나 환경에 배출하는데, 주로 미생물이 이러한 역할을 한다. 분해자 역시 유기물을 이용하여 생활한다는 점에서 종속영양생물임이 틀림없지만, 주로 유기물을 무기화한다는 점에서 다르다. 특히 유기농업생태계에서는 이들의 역할을 강조하고 있으며, 퇴구비 이용시 각종 미생물 제제의 사용에서 잘 나타낸다.

또 토양 내에서 서식하는 각종 생물은 분해자의 역할을 충실히 하고 있는데, 방목지에서 쇠똥구리의 활약과 음식물 쓰레기의 이용에서 지렁이는 분해하는 능력이 특히 뛰어나 중요한 생물로 각광을 받고 있다.

(4) 생태계별 순환경로

농업은 인간생활에 필요한 물질을 얻기 위해 토지에 작물을 재배하며 가축을 사육하는 산업으로, 크게 작물생산과 가축생산으로 구분할 수 있다. 그리고 어떤 작물생산에 있어서 작물은 그 작물을 둘러싸고 있는 여러 환경의 상호작용을 받게 된다. 작물이나 가축과 이를 둘러싸고 있는 환경관계의 모든 것이 농업생태학이다. 그리고 이것은 투입과 생산 그리고 각 부문간 연결을 포함하여 하나의 식품생산체계의 골격을 제공하는 개념으로 이해되어야 한다.

자연계의 생물상은 농경지에 비하여 동식물의 종류가 다양하고, 식물연쇄에 의하여 동식물의 밀도가 조절된다. 그러나 농업생태계의 생물상은 단일 작물만 재배되기 때문에 특정한 작물을 좋아하는 병충해가 발생하여 만연될 가능성이 있다. 그 이유는 단순한 생물상으로 병충해를 방어할 생물이 존재하지 않기 때문이다.

[그림 2-3] 자연계와 농경지의 생물상 차이

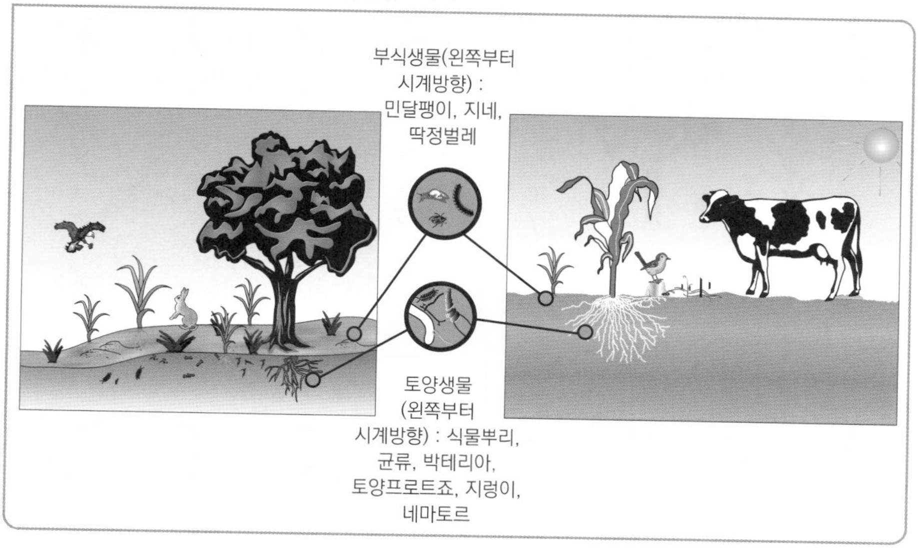

부식생물(왼쪽부터
시계방향) :
민달팽이, 지네,
딱정벌레

토양생물
(왼쪽부터
시계방향) : 식물뿌리,
균류, 박테리아,
토양프로트조, 지렁이,
네마토르

2. 자연 및 각종 농업생태계의 유형별 차이

(1) 자연생태계

자연생태계는 상당히 복잡하게 연결된 구조를 가지고 있다. 구성요소는 다양한 생물과 무생물로 되어 있으며, 이들 상호간의 관계도 복잡하다. 예를 들어, 육상생태계와 수생생태계를 비교할 때 필요한 먹이를 스스로 조달하는 것은 육지에서는 초본성 식물이지만 수상에서는 식물성 플랑크톤이다. 또 초식동물은 육지에서는 초본식물이지만 바다에서는 동물성 플랑크톤이 한다. 이들이 죽으면 분해되는데, 이러한 분해자의 역할은 육상에서는 지렁이와 같은 토양의 무척추동물이 하고, 바다에서는 바다의 무척추동물이 담당한다. 또한 육지에서 초식동물을 섭식하는 동물은 조류 및 기타 동물이지만, 수생에서는 어류가 이러한 일을 한다.

물론 이러한 수직적 관계만 존재하는 것이 아니고 서로 얽히고 설켜 있는 복잡한 양상을 띤다. 또 자연생태계에서는 서식하는 동식물의 종류가 다양

[그림 2-4] 육상 및 수상생태계의 차이

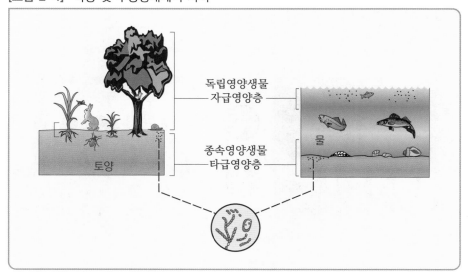

(안 등, 1995)

[그림 2-5] 자연생태계(완전순환계)

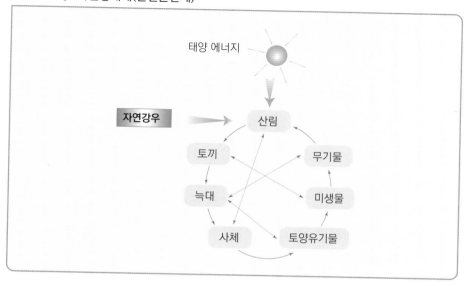

하고 그 수도 많다.

즉 생태계를 구성하는 3대 요소는 군집(community)과 에너지 흐름, 물질의 순환인데, 자연생태계에서는 이러한 모든 것이 비일률적·비직선적이며 마치 거미줄처럼 복잡하게 얽혀 있는 형상을 띠고 있다.

(2) 관행농업생태계

농업생태계는 호수, 산림, 해양 등에서 보는 바와 같은 자연을 주축으로 하는 자연생태계와는 여러 가지 면에서 다르다. 즉 태양에너지를 효율적으로 이용하기 위하여 인간은 직접적인 물자인 연료나 전기 등을 투입하거나 또는 간접적인 물자인 종자, 비료, 제초제, 농약, 기계, 관개수 등을 투여한다. 따라서 생산에 비효율적인 요소는 제거되며, 그 결과 몇몇 종만이 존재하게 된다. 이에 따라 단순한 품종이나 농작물만 남아 종의 다양성이 크게 감소한다.

그 결과 인간이 요구하는 특성을 갖는 품종만이 육종되고, 토지의 이용도도 높여 이에 따라 생산성이 높아진다. 또 생산된 식량(물질)의 이용도 보다 단순하고 획일적인 과정을 거치게 되어 먹이사슬의 영양단계가 2단계 또는 3단계로 단순화된다.

생산된 물질이 근방에서 소비되고 분해되는 자연생태계와는 달리 농업생태계는 먼 도시나 또는 다른 나라까지 이용한다. 따라서 물질을 생산하기 위해 고갈된 토양양분이 보충되지 않으면 농업생태계는 황폐화되고 만다.

작물의 단순화에 따라 그곳에서 생활하는 작물도 농작물만을 선호하는 생물군만 남게 된다. 따라서 특정 곤충이나 미생물만 번성하게 되고 다른 생물들은 사라져 버린다. 그러나 이러한 특정한 생물을 섭식하는 천적 수 또한 줄어들기 때문에, 도시나 가정의 정원에서 피해를 주는 흰불나방과 같은 특이한 생물군이 번성하게 된다. 산림에서 이런 곤충은 새나 다른 생물에 의해 포식되기 때문에 거의 문제가 되지 않는다.

관행농업생태계는 [그림 2-6]에서 보는 바와 같이 농약, 살충제, 비료 등이 투입되어 이들이 처리되지 않은 채 지하 또는 수계에 흘러들어 가서 하천이나 해양을 오염시킨다. 또한 생산물의 수량을 높이기 위해 많은 농자재를

[그림 2-6] 현대농업생태계와 자연순환계

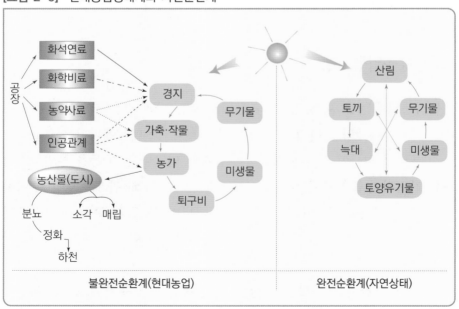

투입하게 된다. 생산된 농산물은 도시민을 위해 도시로 유통되고, 탈취된 양분의 보충을 위해 화학비료와 농약 등이 다량 살포된다. 가축도 방목보다는 축사 내에서 대규모로 사육되고, 사료공장에서 생산된 농후사료가 다량 급여된다. 이때 생산된 분뇨는 부식시켜 농토로 다시 순환되지 않고 하천이나 지하수에 유입되어 수질오염을 일으킨다. 작물이나 가축사육에 필요한 물은 지하수를 이용하거나 인공관개하기 때문에 이에 다량의 화석에너지가 소요될 뿐만 아니라 지하수 고갈이 수반된다. 따라서 물질의 순환이 제대로 이루어지지 않아 각종 공해의 원인이 된다.

(3) 유기농업생태계

유기농업생태계는 [그림 2-7]에서 보는 바와 같다. 관행농업과 다른 점은 각종 화학비료의 시용과 제초제를 비롯한 각종 농업용 제제의 사용이 원초적으로 사용되지 않고 대신 부숙된 유기물이 토양으로 환원된다. 병충해나 잡초방제는 생물학적 방제를 한다. 농약이 사용되지 않기 때문에 건강한 식

[그림 2-7] 유기농업생태계(불완전순환계)

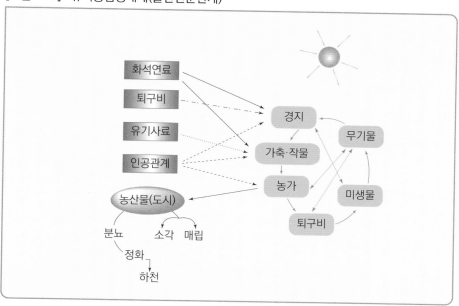

물체의 육성이 방제의 근간이 된다. 생산물은 자급자족하고 남은 잉여농산물이 시장에 판매되며, 상업농으로 발전하기 전의 단계이다. 한편 생산물은 도시로 이동되어 판매되지만, 이상적인 것은 농촌 근방에서 우선 소비되고 대도시로 이동되지 않는 것을 목표로 하고 있다. 영양소 이용의 관점에서 보면, 경지 → 생산물 → 농업 부산물(가축 분뇨 포함) → 퇴구비 → 경지로 다시 순환되는 형태가 유기농업생태계이다.

관행농업생태계에서 작물의 수확은 곧 토양양분의 반출을 의미하기 때문에 점점 토양이 척박해지고 생산성이 저하된다. 생산성 유지를 위해서는 관행농업이 화학비료를 중심으로 한 무기질비료를 시용하는 반면, 유기농업은 자체에서 퇴비나 구비로 보충하는 것이 특징이다. 즉 양분의 순환이 기본이며, 이때 양분은 그 농장 내에서 만들어진 퇴구비나 작물의 윤작을 통한 비옥도 증진이 기본이다. 유기농업생태계에서 농산물이 도시로 반출되는 것은 당연하지만, 현대농업에서 보는 바와 같은 대량반출은 아니다. 생산방식도 무기질 비료가 아닌 유기질 비료(가축 분뇨 등)를 이용한 생산이다. [그림 2-7]도 자연계처럼 지역 내의 완전한 순환은 아니다. 일부가 농산물로 도시 시장으로 판매되기 때문이다. 유기농업생태계는 관행농업생태계와 자연생태계의 중간에 해당하는 물질순환이 이루어진다.

자연과 관행 그리고 유기농업생태계를 비교하면 〈표 2-3〉과 같다. 먼저 경계선을 보면 자연계는 일정하지 않고 환경에 따라 변할 수 있다. 그러나 현대농업생태계는 각 농장의 경계구획에 따라 분명한 경계선을 가지고 있다. 반면에 유기농업생태계에서는 경계는 있으되 보다 개방되고, 가능하면 자연생태계에 가깝도록 노력한다. 에너지 유입에서 자연생태계는 그곳의 물질이 그곳에서 먹히고 소화되고 분해되는 폐쇄된 물질순환을 나타낸다. 반면 관행농업은 화석에너지가 투입되고, 생산된 농산물은 다시 도시로 판매되어 물질의 유입과 반출이 활발하게 이루어진다. 유기농업은 가능하면 폐쇄적인 순환계를 갖도록 하며, 부가가치가 높은 소량의 농산물만을 도시에 판매하고자 하여 대량생산과 대량판매를 목적으로 하는 관행농업과는 다르다. 한편 에너지원도 자연생태계는 태양에너지를, 관행농업(현대농업)생태계는 화석에너지를 이용하며, 유기농업생태계는 화석에너지를 가능하면 감소시키고 태양에너지의 이용을 높이려고 한다.

〈표 2-3〉 자연 및 관행 그리고 유기농업생태계의 비교

관 점	자연생태계	관행농업생태계	유기농업생태계
경 계	일정치 않고 변함.	분명하고 고정된 경계선	분명하나 토착동물에 대해 보다 개방된 경계선을 허용
투입과 산출, 개방 또는 폐쇄	폐쇄. 에너지는 출납이나 물질의 잔류나 유입은 거의 없음.	개방. 에너지는 공급되고 손실된 물질은 수입되고 수출됨.	유기농가는 가능하면 순환을 폐쇄. 부가가치로 보다 적은 물질의 유출에도 충분한 이익창출, 그러므로 관행보다 더 폐쇄됨.
에너지원	기본적으로 태양. 여기에 지열이 가해짐.	비재생산 화석연료가 비료, 병충해 방제, 일(트랙터)을 위한 주 에너지원	유기농가는 작업을 위한 화석연료를 감소시키고, 특히 살생물제와 비료에서 그러함.
에너지 고정을 위한 장치	저(低)	고(高)	중간
구성인자 수	많음.	비교적 적음. 대부분 농장에서 이러한 방법을 선호	유기농가는 구성인자의 수나 종류를 증가시키려고 노력
식물연쇄나 망	복잡하고 거미줄 같음.	간단하고 아주 수직적. 쇠사슬과 같음.	유기농가는 보다 많은 망을 원하며, 관행농가보다 유전자, 품종의 다양성을 필요로 함. 왜냐하면 농장 운영을 위해서는 병에 대한 잠재적 저항을 주고, 또 다른 일반적 이익을 위하여 그런 것을 원함.
품종 다양성	고(高)	저(低)	
유전적 다양성	고(高)	저(低)	
서식지	복잡	단순	서식지의 혼합이 일반적. 기후관리나 병충해 방제를 위한 피난 대피소 사이에 있는 호밀밭처럼 복잡성 사이에 단순하게 삽입된 모양을 함.
병충해 방제	방제 없음. 불과 천재적 재앙이 방제에 균형을 줌.	목적은 방제와 병충해의 최소화임.	병충해보다 피해를 최소화하는 데 있음. 유능한 유기농가는 병해 관리변화가 필요한 것으로 간주함.

관 점	자연생태계	관행농업생태계	유기농업생태계
외부적 관리	없음. 스스로 균형을 이룸.	농가가 관리, 목적은 통제하여 이익이나 생산을 최대로 하기 위함.	목적은 이익과 생산을 최적화시킬 수 있는 자기균형체계를 보다 장려하는 데 있음. 부가가치는 보통 필요한데, 왜냐하면 보다 적은 통제는 보다 적은 단기간 이익을 의미하기 때문임.
부양인구	저(低)	고(高)	단기간 저(低), 장기간 고(高)
순생산	중간	농장 밖 비용을 무시하면 고(高)	유기농가는 수량은 적을 수 있으나 kg당 각종 화학제제, 석유와 같은 것이 외부 투입 kg으로 보았을 때 생산성이 높음.
지속성	고(高)	분명히 저(低). 지속성 예는 가끔 유기농과 유사	자연생태계와 관행농업생태계와 중간이며, 유기농가는 인증을 계속 유지하고, 지속성을 유지하기를 원하기 때문에 개선됨.
신빙성	고(高)	일반적으로 저(低)	자연생태계와 관행농업생태계의 중간이며, 목적은 높아지도록 하는 것.
시간틀	없음. 기본적으로 영구적	단, 한계적. 1년, 수세대	자연생태계와 관행농업생태계의 중간. 목적은 긴 시간틀을 개발하는 것.
성숙, 정점	성숙 또는 정점을 향해 감.	정점에서 멀어짐. 천이는 에너지를 사용하여 정지	자연생태계와 관행농업생태계의 중간. 두 체계의 예가 같은 유기농장 내에 있으며, 목표는 가능하면 보다 많은 정점을 갖는 것.
순 환	계절에 따라 순환	수확물을 생산하는 데 따라 진행	수확물 생산에 따라 진행되지만 계절에 따라 많은 일이 이루어짐.

(NSW, 2000)

생태계를 구성하는 인자는 자연계에서는 셀 수 없이 많으나, 현대농업은 그 수를 가능하면 적게 하려고 한다. 그리고 유기농업생태계는 가능하면 관행농업보다 많은 구성인자가 되도록 노력한다. 식물망도 자연생태계는 거미줄과 같이 다양하고 복잡하나, 관행농업은 수직적이고 연쇄가 짧다. 유기농업생태계는 가능하면 다양하고 복잡한 망을 희망하며, 특히 종의 다양성이 유지되도록 노력한다.

서식지도 자연생태계는 복잡하나 관행농업생태계는 작물과 일부 해충이 서식하는 아주 단순한 형태를 나타낸다. 유기농업생태계는 자연과 관행농업의 중간적 상태를 유지한다.

기타 병충해 방제는 자연계에서는 스스로 균형이 이루어지는 데 반하여, 관행농업은 방제하며 최소화를 목적으로 한다. 유기농업생태계는 생태적 원리를 이용하여 방제하고자 노력한다.

기타 부양인구는 자연계는 낮고, 관행농업계는 높으며, 유기농업생태계는 중간이다. 기타 순생산은 자연계는 중간, 관행농업은 높으며, 유기농업생태계는 자연과 관행의 중간 정도이다. 그러나 투입되는 물자에 비교하면 어떤 의미에서는 관행농업보다 높다고 할 수 없다.

그 밖에 지속성, 시간틀, 성숙, 순환 등에 대한 설명도 제시되어 있다. 특히 물질순환을 보면 자연생태계는 계절에 따라 순환하나, 관행농업생태계는 수확하는 생산물이 무엇이냐에 따라 달라진다. 반면 유기농업생태계는 기본적으로 관행농업생태계와 유사하지만 자연적 순환이 더 많이 이루어지도록 계절에 따라 많은 작업이 수행된다.

3. 농업생태계에서 물질의 유동

(1) 총에너지 생산

일반 생태계와 마찬가지로 농업생태계에서도 물질의 이동이 이루어진다. 생물이 서식하는 장소를 생물권(biosphere)이라고 하는데, 여기에는 구조적 측면과 기능적 측면이 있다. 특히 기능적 측면에서 에너지의 유동은 중요한 의미를 갖는다.

생태계에서 개체는 생명현상을 유지하기 위하여 계속적으로 에너지를 이용하고 있으며, 또한 그만큼 보충해 주어야만 한다. 이것은 마치 가정에서 쓰는 전기와 같아서 밖으로부터 계속 공급되어야 하는 것과 같고, 기초적 기능이 원만하게 이루어지기 위해서는 연료의 제공은 필수적이다. 그리고 이것은 영양구조와 직접적인 관련이 있다.

에너지 흐름은 생산자인 식물에 의해 태양에너지의 포집을 통해 에너지가 생태계로 이동된다. 즉 빛에너지는 생체의 유기적 결합으로 식물체 내에 저장한다. 또 어떤 시점에서 어떤 작물이 태양에너지를 이용하는 능력은 그 식물의 현존량(standing crop)을 조절함으로써 가능하다. 이때 녹색식물(작물)이 광합성을 통하여 빛에너지를 화학에너지로 바꾸어 저장하여 나타나는 생산을 제1차 총생산량(gross primary production)이라고 하는데, 이는 태양에너지 전환비율로 kcal/m²/년으로 표시한다. 그런데 이와 같이 생산할 때 작물이 자신을 유지하기 위한 에너지가 필요하게 된다.

총생산에서 유지(호흡)를 위한 에너지를 공제하고 남은 것이 1차 순생산 (net primary productivity)이다. 한편 작물은 자연계보다 높은 생산성을 나타내는데, 이는 경운, 관개, 시비, 품종개량, 병충해 방제에 막대한 에너지가 소요되기 때문이다. 미국의 경우 1900~1970년 사이에 농업에 투입된 에너지는 10배 증가한 반면, 수량은 2배 증수하는 데 그쳤다. 수량증가에는 그에 상응하는 보조에너지의 투입이 필요하다는 것을 의미한다.

(2) 에너지 이동

[그림 2-8]은 각기 다른 생태계에서의 순생산량을, [그림 2-9]는 태양에너지가 초지에 도달되어 이용된 에너지와 이를 섭취한 가축에 축적된 에너지를 나타내고 있다. 즉 목초는 태양에너지의 약 7%를 고정하여 그중 2%가 식물의 호흡과 대사에너지로 소모되고, 1%는 뿌리에 쓰이며, 나머지 4%가 지상부의 잎·줄기 등 가축의 사료성분으로 이용된다. 이곳에서 생산된 조사료로써 고기소를 기른다면 사료로 공급된 에너지 4% 중에 1%는 소의 호흡 및 대사에너지로 쓰이고, 1%는 분뇨 등으로 배설되며, 1%는 뼈나 가죽으로 만들어져 인간의 식품이 될 수 없고, 나머지 1%만이 소의 살코기로 전환되어 식품으로 쓰이는 것으로 추정된다.

[그림 2-9]와 [그림 2-10]은 1년생 작물에서의 태양에너지 이용효율과 작물이 광합성으로 얻은 물질이 어떻게 소비되는가를 나타내고 있다.

[그림 2-8] 여러 가지 생태계에서의 순생산

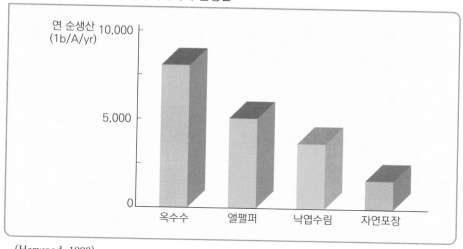

(Harwood, 1998)

[그림 2-9] 태양광이 생태계에 투사되면서 이루어지는 초지생태계 식물연쇄

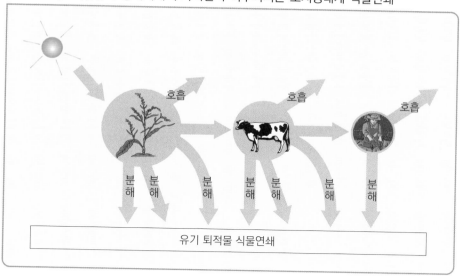

　[그림 2-10]은 전체 태양에너지 중 식량작물로서 옥수수를 재배하면 태양에너지의 약 7%가 식물의 광합성을 거쳐 고정되었다가 식물의 호흡과 대사를 위하여 2%가 소모되고, 3%는 뿌리·잎·줄기를 만드는 데 쓰이며, 나머지 2%만이 이삭으로 이전되어 전분의 형태로 저장되었다가 인간의 식량으

[그림 2-10] 곡물생산 1년생 작물생태계의 에너지 유동 모식도

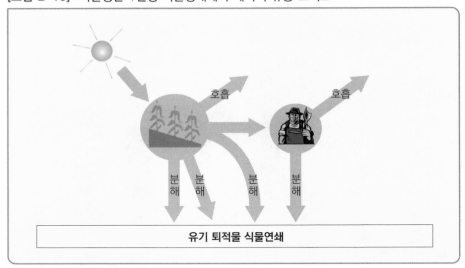

[그림 2-11] 초지 농업생태계의 에너지 유동

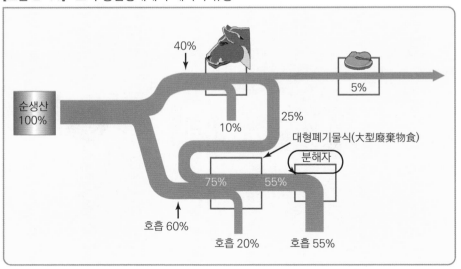

(Cox 등, 1979)

로 이용될 수 있다.

[그림 2-11]에서 초지가 이용한 에너지를 100으로 보았을 때 방목가축은 이의 약 40%만 이용하고, 나머지는 유기물로서 지상 또는 지하의 뿌리로 남아 미생물에 의해 분해되는 것을 나타내고 있다. 100%의 에너지 중 쇠고기

[그림 2-12] 1년생 주곡 농업생태계에서 에너지 유동

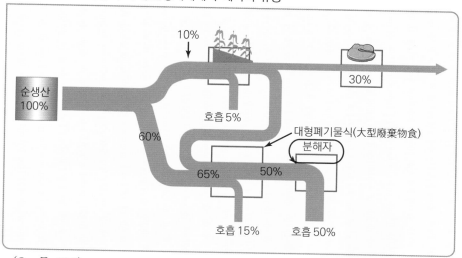

(Cox 등, 1979)

로 판매할 수 있는 것은 5%에 지나지 않는다는 것을 알 수 있다.

[그림 2-12]는 1년생 작물 포장에 조사된 에너지를 100으로 하였을 때 병충에 의해 10% 정도 감소되고, 또 나머지 60%는 곡물이 아닌 짚·뿌리 등으로 남게 된다. 그리고 실제 곡물로서 수확되어 판매되는 것은 전체의 30%만이 벼나 보리 등과 같은 알곡으로 판매될 수 있다는 것을 의미한다(Cox 등, 1979).

유기농업적 관점에서 보면 태양에너지의 이용효율을 높이는 데 있어서 전통적인 방법인 퇴구비의 이용, 생태적 방제에 의한 병충해 방제 등을 통하여 가능하면 외부적 보조에너지의 투입 없이 농산물을 생산하자는 것이다. 따라서 관행농업에서 생산성 증대를 위해 이용했던 화석에너지 중심의 영농이 아닌 방법을 동원하는 것이다. 이는 과거 녹색혁명(green revolution)의 이름으로 행해졌던 인위적 고에너지 투입에 반하는 자연적 에너지를 최대로 이용한 석유의존도가 낮은 농업을 의미한다고 할 수 있다. 즉 뉴기니의 농장에서는 1ha당 140만kcal의 에너지(주로 노동력)를 투입하여 2,400만kcal의 식량을 생산하였는데, 투입에 대한 생산을 비교하면 효율이 16배나 더 높았다. 현재 관행농업에 투입해 생산하는 것과 비교할 때 그 효율이 뛰어나다는 것

을 알 수 있다.

에너지 투입과 소출이라는 측면으로 볼 때, 관행농업은 화석에너지 고갈 이후에는 살아남기 힘든 산업이다. 그러므로 유기농업은 에너지 보존과 지속적 농업이라는 면에서 가치가 있다고 할 것이다.

4. 농업생태계의 물질순환

포장에서 자라는 재배작물은 물질공급이 계속되어야 성장할 수 있다. 이러한 물질은 기본적으로 광합성에 의한다. 광합성(photosynthesis)이란 식물의 엽록소에서 이루어지며, 이산화탄소와 물 그리고 광선을 이용하여 탄수화물을 만드는 과정이다. 이러한 과정을 우리는 흔히 탄소동화작용(carbon assimilation)이라고 한다.

$$CO_2 + H_2O \xrightarrow[686kcal]{\text{태양에너지}} C_6H_{12}O_6 + O_2$$

이 과정에서 만들어진 유기물로 작물이 자라고, 뿌리를 성장시키며, 열매를 맺는다. 가축은 사료로서 농작물을 섭취하여 뼈와 고기를 생산한다. 고기는 단백질이고, 이것은 곧 질소를 기반으로 하여 만들어진 것이며, 뼈는 칼슘과 인이 그 구성요소이다.

태양은 빛을 통한 에너지만을 공급했을 따름이고, 이를 토대로 여러 가지 물질을 만들어 내며, 이들 물질은 지구생태계에서 계속적으로 순환과 재순환을 하여 생명체가 영속적으로 생존케 한다. 이들 물질 중 가장 중요한 것이 탄수화물의 핵심 구성물질인 탄소이다.

(1) 탄소의 순환

탄소는 기본적 광합성을 통하여 대기 중의 이산화탄소를 고정하여 식물체의 탄수화물이 전변된다. 공기 중의 0.034%가 이산화탄소이며, 질소(78.1%)와 산소(20.9%)가 대부분을 차지한다. 그리고 식물은 탄소동화작용(carbon assimilation)을 통하여 유기탄소를 만들고, 건물 중 40~45%가 탄소로 구성되어 있다. 특히 유기농업에서는 토양유기물(soil organic matter) 공급이 중요하며, 이들은 주식물영양공급원으로 질소와 인 그리고 황을 공급하는 역할을 담당한다.

공기 중의 이산화탄소는 광합성 과정을 통하여 유기물로 변한다. 이들은 뿌리와 수확 후 남은 잔재 그리고 작물이 되는데, 그 비율은 각각 30%이다. 섭취한 것은 동물의 퇴구비로, 뿌리나 잔재가 썩어서 토양유기물이 되고, 이 과정에서 발생되는 이산화탄소는 다시 대기 중으로 환원된다. 침식이나 용탈에 의한 손실은 비교적 적다.

탄소순환은 공기 중의 이산화탄소(CO_2)를 고정하는 탄소동화작용으로부터 시작된다. 즉 이산화탄소를 이용하여 식물체 중의 탄소화합물질을 만드는데, 이것이 곧 잎과 줄기와 이삭과 뿌리의 골격이 된다. 조파작물(row crops)인 옥수수에서 알곡으로 저장되는 탄소는 전체 탄소의 약 60%가 된다.

[그림 2-13] 초지토양의 유기물 보존과 관행경작의 유기물 유실

[그림 2-14] 농경지에서 탄소순환의 모식도

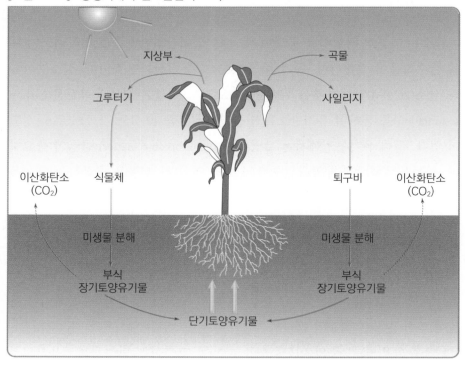

만약 이때 알곡과 대를 이용하여 엔실리지를 만든다면, 그리고 분뇨를 같은 농장의 토양에 환원시킨다면 탄소의 일부를 토양에 환원시킨다는 것을 의미한다. 그러나 만약 판매한다면 이는 탄소의 유출을 의미한다. 토양에 환원된 옥수수대와 뿌리는 미생물이 분해하고, 이때 탄소가 방출된다. 그리고 이들은 박테리아나 균류 그리고 방사상균의 식료로 이용되며, 미생물 구성성분의 5~15%는 미생물 생체의 골격으로 이용된다. 그 과정에서 상당 부분은 이산화탄소로 다시 공기 중에 환원된다. 그 양은 원식물체 양의 60~75%이며, 이렇게 유기탄소가 가스상의 이산화탄소로 전환되는 것을 탄소무기화(carbon mineralization)라고 한다([그림 2-14] 참조).

농작물의 생산성에 관여하는 탄소는 대기 중 탄소와 토양 중 탄소이다. 특히 대기 중 탄소농도는 광합성 효율에 중요한 역할을 하며, 지구상의 녹색식물은 공기 중 0.03%를 차지하는 이산화탄소에 의지하며 살아간다. 그 양은 대기원에 700×1,000MT 그리고 유기물로 700×1,000MT이라고 한다. 이 중 생물의 호흡으로 방출하는 이산화탄소는 10×1,000MT, 광합성으로 흡수하는 양은 25×1,000MT이며, 토양미생물도 호흡으로 25×1,000MT 정도를 방출한다고 한다(이, 1987). 그러나 금세기 초 지구상의 이산화탄소 구성비율은 0.029%였으나 최근에는 0.034%로 증가하였는데, 화석연료의 사용 증가로 대기 중 이산화탄소의 배출량이 많아졌기 때문이다.

유기농업적 측면에서 보면 작물재배를 통해 탈취된 탄소를 어떠한 수단을 통하여 보충해 주느냐가 중요하다. 그 방법은 유축농업을 통한 퇴구비의 환원이나 윤작 또는 피복작물의 재배로 식물체를 토양으로 되돌려 보내는 것일 것이다.

또 다른 방법은 곡물 수확 후 작물 잔재를 토양에 환원시키는 것으로, 작물에 따라 그 양이 다르다. 한편 각기 다른 작물 윤작에 따른 상대적 토양탄소 비율이 [그림 2-15]에 제시되어 있다. 옥수수와 콩을 윤작했을 때는 그 비율이 마이너스를, 옥수수와 목초와 같은 다년생식물과의 윤작은 플러스를 나타낸다. 이것은 토양 중의 유기물 함량이 증가함을 나타내어 시사하는 바가 크다.

식물 중의 탄소는 토양 중 여러 가지 형태로 존재하는데, 빨리 무기물화

[그림 2-15] 윤작형태에 따른 토양탄소의 투입효과

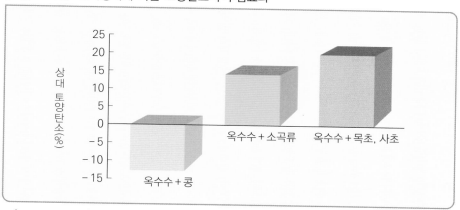

(Harwood, 1998)

작물 잔재	탄질비	가용성 화합물	헤미셀룰로오스	셀룰로오스	리그닌
볏 짚	70 : 1	–	24	30	6
옥수수	60 : 1	29	27	28	6
콩	30 : 1	58	9	22	12
밀	80 : 1	29	18	36	14
피복작물	20 : 1	60	10	20	10

(Harwood, 1998)

되거나 미생물 생체로 되어 작물이 이용 가능한 형태로 되기도 하고, 나머지 50%의 리그닌은 장기 토양유기물이 된다. 작물별로 볼 때 피복작물은 가용성 물질이 많아 토양비옥도를 높이는 데 특히 좋으나, 리그닌이 많은 옥수수·호밀 등은 장기 토양유기물로 존재한다(〈표 2-4〉 참조).

유기물은 여러 가지로 구성되어 있지만 중요한 것은 탄소와 질소이다. 질소에 대한 탄소의 비를 탄질비(C/N)라고 한다. 우리나라에서 벼 수확 후 썰어 넣는 볏짚은 〈표 2-4〉에서 보는 바와 같이 탄질비가 70 : 1이다. 비탄질비가 30 이상이면 이들 재료에서 발생된 질소를 작물이 이용하지 못하고 오히려 토양미생물이 먼저 섭취한다. 이때 토양에서는 질소기아현상이 일어나며, 이러한 것은 볏짚을 토양에 집어넣은 후 4~8주 동안 계속된다. 따라서 완전히 부숙된 퇴구비를 사용하는 것이 필요하다.

(2) 질소의 순환

질소는 지구상에 다량 존재한다. 이것은 동식물체에 있어서 단백질의 기본 구성원소이며, 따라서 식물과 동물에서 부족하기 쉽다. 또 이용성은 지상은 물론 대양에서 물질생산에 영향을 준다. 공기의 약 78%가 질소가스(N_2)로 구성되어 있어 그 양으로는 상당하지만, 가스상의 질소를 이용할 수 있는 생물은 많지 않다. 식물 속의 질소는 평균 1~2%(식물체 건물 기준) 정도 함유되어 있고, 엽록소를 구성하는 성분이며, 대부분의 생물질도 질소원자를 함유

[그림 2-16] 완두의 근류

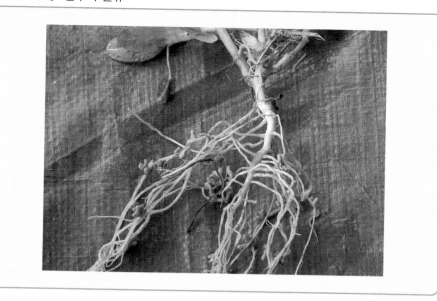

하고 있다.

질소순환은 여러 가지로 도식할 수 있으나 무기질소에서 질소성 생체를 합성하며, 다시 부패된 후에 토양으로 환원된다. 또한 질산염이 탈질작용으로 공기 중의 분자상 질소로 소실되어 버린다. 그리고 이 분자상 질소(N_2)는 몇몇 미생물이 직접 고정하여 질산염이나 암모니아 상태로 이용한다. 이들은 두과의 근류에서 공생적으로 생활하며 질소를 고정한다. 이것이 자연적 질소고정(natural nitrogen fixation)의 주류를 이룬다. 뿐만 아니라 인간이 비료를 제조하여 사용하는 것도 지구상의 질소순환에 중요한 기능을 한다.

인간의 질소 이용은 지구상의 식생을 변화시켰는데, 특히 아산화질소와 질산 그리고 암모니아는 생태계에 큰 영향을 준다. 이 중 아산화질소는 반응이 일어나지 않고 계속적으로 존속하여 온실가스로 기후 변화에 영향을 준다. 질산은 반대로 잘 반응하고, 따라서 산성비(acid rain)나 스모그(smog)의 원인이 된다.

질소의 순환에서 유기농업생태계와 관련시키면 질소의 유입은 대개 인과 병행되어 문제가 된다. 즉 호수나 강 그리고 바다의 부영양화(eutrophication)를 일으킨다. 북대서양의 경우 1750년에 비하여 약 20배나 증가했다고 한다.

지구상 생태계에 질소의 유입은 긍정적 효과를 나타낸다. 예를 들어 질소가 부족한 산림에서는 1950년에 비해 1990년에는 30%의 성장률 증가를 나타냈다고 한다.

농작물이 흡수하는 형태는 암모니아(NH_4^+)나 질산이온(NO_3^-)이며, 이들이 식물체 안에서 동화되어 처음에는 아미노산으로 되고 후에는 다른 물질의 기초물질로 이용된다. 작물에서 질소가 부족하면 색이 엷어지고, 생육이 부진해지며, 생산량이 감소한다. 반대로 많으면 웃자라며 짙은 색을 나타낸다. 그렇게 되면 병충해에 잘 걸리고 쓰러지기 쉽다.

질소는 작물의 성장에 가장 중요한 성분이지만 환경조건에 따라 여러 가지 형태로 변하여 작물 이용, 소실 그리고 휘발되는 과정을 통하여 지구 생태계를 순환하고 있다. 작물이 곡물 또는 목건초로 수확되면 인간의 분뇨나 가축의 퇴구비 형태로 토양 속으로 유입된다. 토양 속에 있던 미생물은 이

[그림 2-17] 생물학적 질소순환

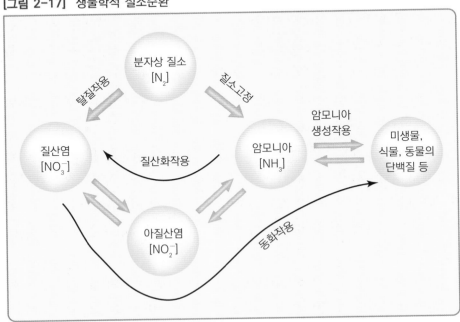

퇴구비 속의 질소를 이용하여 암모니아로 변형시키고 이들은 곧 작물에 의해 이용할 수 있는 암모니아(NH_4^+) 또는 질산이온(NO_3^-)의 형태로 된다. 이때 미생물체에 의한 질소고정화(nitrogen immobilization)도 동시에 일어나는데, 이는 암모니아태나 질산태질소가 미생물 생체에 흡수되는 것을 의미한다. 그리하여 결국 유기물의 일부가 된다. 무기화(mineralization)는 유기물로 전변되는 바로 전의 과정이다.

비료나 퇴구비로 토양에 유입된 질소는 질소무기화(nitrogen mineralization)를 거쳐서 식물체가 이용할 수 있는 형태가 된다. 즉 퇴비의 50%와 토양 속에 혼입된 그루터기나 식물체 속의 질소가 유기태로 존재하기 때문에 앞에서 설명한 질소무기화 과정을 거쳐야 이용될 수 있다. 이러한 질소무기화는

[그림 2-18] 토양, 식물체 그리고 대기 중의 질소순환

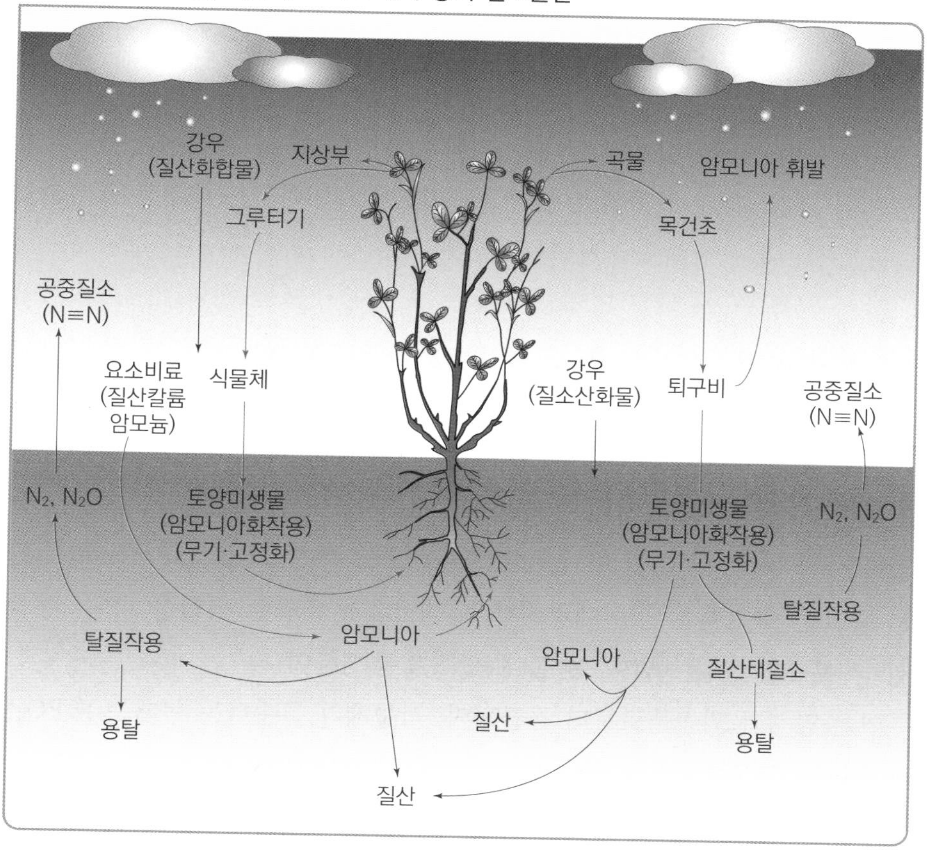

유기농장의 토양관리 핵심이며 토양미생물, 온도, 수분, 산도, 통기 그리고 토양 내에 존재하는 유기물의 양이나 형태에 따라 영향을 받는다.

토양 속의 질소는 암모니아 질소가 산화되어 질산으로 되는 과정이 있는데 이를 질산화작용(nitrification)이라고 한다. 이때 작물에 즉시 이용되면 문제가 없으나 그렇지 않으면 토양층으로 침적된다. 그 후 탈질작용에 의해 다시 공중질소로 휘발된다.

한편 암모니아화 과정을 거치는 동안 질산화 또는 탈질작용을 거친다. 탈질작용은 질산태질소가 공기 유동이 원만하지 않은 조건에서 유리질소로 변하는 과정에서 대기 속으로 유입된다. 공기 중에는 79%가 질소가스로 되어 있는데, 이들은 작물이 직접 이용할 수 없다. 농작물에 이용 가능한 질소비료로 제조하기 위해서는 비료제조 공장에서 요소비료와 같은 상태로 만들어야 한다. 이때 1톤의 암모니아 생산에 약 4만 feet^3(108개의 LPG통에 해당)의 막대한 에너지가 소모된다. 공기 중 질소를 이용하는 생물이 근류균으로 두과의 뿌리혹에 생존하여 숙주식물에 필요한 질소를 제공한다.

작물이 이용하는 질소의 형태는 크게 네 가지 형태로 토양 속, 두과작물에 의한 고정, 퇴비, 화학비료이다. 화학비료를 제외하고는 대부분 유기질소(organic nitrogen) 형태로 존재한다.

(3) 인의 순환

인은 핵산, 핵단백질, 인지질 그리고 피틴(phytin)이 많이 함유되어 있는 물질로서 어린 식물의 발아에 중요한 역할을 한다. 또한 인은 가축의 뼈를 구성하는 필수성분일 뿐만 아니라 ATP(아데노신 3인산, adenosine triphosphate)의 중요한 구성성분으로 에너지를 저장했다가 내놓는 역할을 하며, 광합성 · 세포분열 · 배유 · 발아 · 종실에 꼭 필요한 성분이다.

인은 암석과 퇴적물로부터 공급되며, 식물체가 흡수하는 형태는 $H_2PO_4^-$와 HPO_4^{2-}와 같은 이온이다. 즉 토양에서 무기인산염을 유기인산으로 이용한다. 동물은 식물체 속의 피틴태인을 이용하거나, 인과 칼슘을 동시에 공급

[그림 2-19] 인디언 초지에서 인의 순환(g/m²)

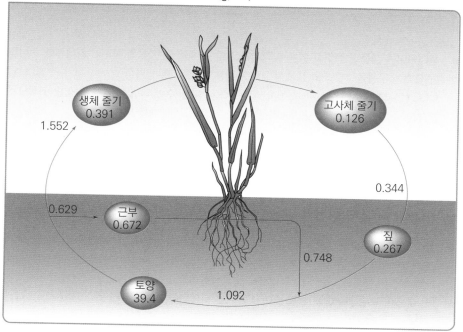

하기 위해서 급여하는 골분이나 인산칼슘제를 이용한다.

한편 식물이나 동물이 고사하면 유기물로서 토양이나 부식물로 전환된다. 인산은 불가동성 원소로 유실량은 비교적 그리 많지 않다. 그러나 약간은 용탈되어 물에 유입된다. 물 속에 흘러들어간 인은 조류나 플랑크톤에 의해 흡수되고, 이들이 죽으면 침전물이 되어 유기인산으로 저장되거나 분해되어 인의 순환계에 들어간다.

- 생태학이란 생물과 접하고 있는 환경과의 상호 관계를 다루는 학문이다. 생태계를 구성하는 요소는 무생물적 요소와 생물적 요소로 나눌 수 있다. 무생물적 요소는 대기, 햇빛, 토양이고, 생물적 요소는 생산자, 소비자, 부패균으로 나눌 수 있다. 생태계도 일정한 조직으로 분석할 수 있는데, 유전자−세포−기관−개체−개체군−생태계를 이룬다.

- 생태계의 기능은 종다양성을 통한 경쟁과, 영양구조를 통한 경합으로 생존과 소멸이 계속된다. 영양구조로 볼 때 다른 생물체의 도움 없이 먹이를 취하는 독립영양생물과 다른 생물자원을 이용하는 종속영양생물이 있다.

- 농업생태계는 자연생태계와 달리 제한된 먹이사슬과 단순한 생태계를 유지한다.

- 생태계는 자연생태계, 관행농업생태계, 유기농업생태계로 대별할 수 있는데, 자연생태계는 복잡하고 서로 얽혀 있으며 비직선적·비일률적인 반면, 관행농업생태계는 특정한 목적으로 육종된 품종에 다량 외부투입으로 생산성을 높이고 먹이단계도 2~3단계로 단순화된다. 또 생산물도 지역에서 멀리 떨어진 곳으로 이동된다.

- 유기농업생태계는 관행농업생태계와 달리 비료나 화학물질을 사용하지 않고, 영양소의 이용도 다시 경지로 순환되는 것을 목표로 하고 있다. 자연생태계와 관행농업생태계의 중간적 성질을 띠고 있다고 볼 수 있다.

연구과제

1. 유기농업에서 탄소의 중요성을 열거하라.

2. 우리나라 유기재배농가가 이용하는 퇴구비는 어떻게 조달하는지 조사해 보라.

참고문헌

• 김형욱 역. 2002.『농업생태학』. 제주대학교출판부.

• 문교부. 1984.『토양비료』. 문교부.

• 李景俊 等. 1999.『山林生態學』. 鄕文社.

• 李性圭. 1987.『草地生產生態學』. 叡知閣.

• 이성규. 1987.『초지생산 생태학』. 예지각.

• 이효원 역. 1997.『질소고정』. 한국방송통신대학교출판부.

• 장남기 등. 1993.『생태학』. 아카데미서적.

• 최형선. 1999.『생태학 이야기』. 현암사.

• 洪淳馨. 1983.『植物生態學』. 光林社.

• Charles, J. Krebs. 2001. *Agroecology*. Addison Wesley Longman.

• Cox, George W. & Michael D. Atkins. 1979. *Agricultural Ecology*. W.H. Freeman and Company.

• Gliessman, Stephan R. 2000. *Agroecology*. Lewis Publishers.

• Harwood, Richard R. etc. 1998. *Michigan Field Crop Ecology*. W.K. Kellogg Foundation.

• Jackson, Louise E. 1997. *Ecology in Agriculture*. Academic Press.

• NSW Agriculture. 2000. *Organic Farming*. NSW Agriculture.

• Odum. Eugane P. 1971. *Fundamental of Ecology*. W. B. Baunders.

• Paul, Colinvaux. 1993. *Ecology 2*. John Wiley & Sons, Inc.

• Schlesinger, W.H. 1997. *Biogeochemistry: An Analysis of Global Change*. 2nd edition. Academic Press.

• Slesser, Malcolm. 1975. *Food, Agriculture and Environment*. Blackie.

• Yadava, P.S., and J.S. Singh. 1997. *Grassland Vegetation: Its Structure, Function, Utilization and Management*. Today and Tomorrow's Printers and Publishers. New Delhi, India.

제 3 장

유기농업의 현황과 전망

개 관

　이 장에서는 우리나라 유기농업의 현황과 문제점, 그리고 장래의 바람직한 모습을 그려 본다. 과거부터 현재까지 우리나라에서 유기농업이 어떻게 발전해 왔는지 알아본다.

　현재의 유기농업 농가, 지역분포, 출하량을 객관적으로 파악한다. 유기농업의 목표는 무엇인지, 그리고 이러한 농업형태가 국민과 우리 농업에 어떠한 기여를 할 것인지 알아본다. 나아가 유기농업을 전망하고, 우리나라의 개발 적지 및 면적 확보 가능성을 알아본다. 마지막으로 유기농업을 추진할 때 당면하는 현재의 문제점과 발전 가능성에 대해 기술한다.

(1) 유기농업의 내력

우리나라는 1910년경 인분과 오줌을 처리하여 황산암모늄을 생산하였고, 1930년경 대기 중의 질소를 이용하여 화학비료를 대량생산하여 농가에 보급하기 전까지 농업은 사실상 유기농업이었다. 1951년 유기수은제 메르크론의 합성, 1950년대 파라티온 수입 그리고 EPN의 생산을 시발로 농약이 작물 보호에 사용되기 시작하였으므로 이 기간을 현대(관행)농업 이행기간으로 보아도 무방할 것이다. 이러한 사실은 플랭클린의 『불멸의 농민—한국, 중국, 일본에서 4,000년에 걸쳐 지속적으로 경영되는 농업』이라는 책에서 화학비료가 보급되기 전의 유축농업을 유기농업의 이상적 모델로 삼고 있다는 사실에서 유추할 수 있다.

1970년 산업화 이전의 작부체계는 논에서는 벼를 수확한 뒤 그 후작으로 보리를, 밭에서는 보리를 수확한 후 콩을 재배하는 것이 근간이었고, 여기에 유기물비료에 해당하는 가축사육시 부산물인 두엄과 사람의 인분 그리고 퇴비나 재가 주요한 비료원이었다.

조선시대의 농업은 최초의 농서인 『농사직설』에서 찾아볼 수 있다. 품종별 작부방식을 보면 이른 벼는 논에서, 늦은 벼는 논과 밭에서 재배하였고, 파종은 조파나 점파를 하였다. 밭의 작부방식은 토양비옥도가 보통인 곳에서는 1년 1작, 근경전이라고 하여 비옥도가 우수한 밭에서는 1년 2작을 하였고, 때에 따라서는 휴한한 밭을 휴한전이라고 불렀다. 밭의 종류는 우등, 중등, 열등의 세 가지로 나누었다.

휴한을 한 밭을 최우등지라 하였고, 이런 곳에서는 삼을 재배하였다. 경사지는 밭벼, 하습지는 피를 재배한 것으로 나타났다. 시비법은 분종과 분과를 하였고, 그 밖에 외양간 거름이나 숙분·객토·재를 사용하였으며, 그 후에는 깻묵도 사용하였다. 시비는 초경과 재경 사이에 하였는데, 토양을 비옥하게 하는 방법은 비전법이라 하여 두과를 이용하는 방법과, 엄경법이라 하여 잡초를 뒤집어 토양을 비옥하게 하는 방법을 이용하였다. 작부체계는 보리나 밀을 중심으로 하고, 전작으로 콩·조·팥·마·깨 등을 재배하였다.

조선시대의 전작물 작부방식은 『농사직설』에서 찾아볼 수 있는데, 김(1980)은 다음과 같이 제시하고 있으나 그 가능성에 대해서는 의문을 제기하고 있다.

1년 2작 또는 2년 4작

① 조(간작)—보리, 밀—조(간작)—보리, 밀

② 조—보리, 밀—콩, 팥(간작, 후작)—보리, 밀

③ 콩, 팥—보리, 밀—콩, 팥(후작)—보리, 밀

2년 3작

④ 조—보리, 밀—콩, 팥(후작)—휴한

⑤ 조(간작)—보리, 밀—휴한—보리, 밀

⑥ 콩, 밀(후작)—보리, 밀—휴한—보리, 밀

유기농업(organic farming)이란 단어는 일본인인 이치라테루오(一樂照雄)가 『황금의 토(黃金の土)』란 책을 유기농업이란 이름으로 바꾸어 출판한 것이 최초라고 한다. 후에 1971년 일본유기농업학회가 발족하게 되었고, 우리나라에서는 이를 받아들여 이 용어를 사용한 것으로 추측된다.

6·25 이후에는 식량증산이라는 구호와 주곡의 자급자족에 대한 국가적 목표를 가지고 있었다. 그 후 녹색혁명(green revolution)의 이름 아래 농자재의 대량투자, 대량생산을 목표로 한 농업정책을 통해 통일계 신품종을 육종시켜 주곡의 자급자족을 달성할 수 있었다. 이후 농공병진에서 공업화로 그 정책이 바뀌면서 농촌인구의 도시집중, 농업에서의 다농약, 비료의 사용과 공업화에 따른 각종 공해의 발생에 따라 환경과 건강에 대한 국민들의 관심이 점점 높아지기 시작하였다. 즉 환경파괴에 따라 각종 병의 발생이 빈번해

지자 안전한 식품에 대한 국민들의 요구가 커졌고 유기농업의 태동이 앞당겨졌다.

우리나라에서 유기농업의 재조명은 종교적 신앙이 밑바탕이 되어 시작되었다. 정농회와 풀무원 그리고 국민보건관리연구회는 모두 기독교적 교리와 신앙양심에 입각하여 20~30명의 회원들이 2박 3일의 연수회에서 성서연구를 중심으로 연구하였던 것이 그 효시이다(최, 1992).

정농회는 종교적 신념으로 경천애인(敬天愛人)의 진리를 농업으로 구현하여 자연환경 및 생태계의 질서를 보전하는 생명농업으로 전환하는 것을 목표로 유기농업을 솔선 실천하기 위해 1976년 부천시에 설립되었다.

그 후 유기농업에 대한 대중의 욕구를 충족시키기 위해 1978년 신선 농축산물의 생산을 위한 유기농업법을 연구·개발하면서 소비자 계도를 목적으로 한국자연농법연구회가 민간 주도로 설립되었다.

한편 유기농업의 이론적 배경 및 실험결과를 공유하기 위한 학자 집단의 모임인 한국유기농업학회가 1990년에 창립되었고, 1992년에는 학회지가 발간되었다. 현재 유기농업의 유사단체로 친환경농업단체 중 사단법인 형태인 것은 유기농업협회를 비롯하여 14개가 등록되어 있다.

(2) 유기농업의 과거와 현황

1 영농방법의 변천

우리나라의 현대적 의미의 유기농업은 앞에서 언급한 바와 같이 이미 선조들이 해왔던 방법인데, 크게 두 가지의 농업으로 나누어 생각할 수 있다. 삼국시대부터 일본에 강점되기 전까지의 영농방식은 현대적 의미의 완전한 유기농업방식으로 농사를 지었다. 그리고 일제 강점기의 화학비료 개발과 이의 보급이 일부 이루어지고 또 광복 후 6·25를 거치면서 농약이 일부 보급되었으나, 농약이 농업용으로 적극적으로 사용되기 시작한 것은 1970년대 근대화·산업화가 시작된 이후의 농업이다.

따라서 1970년대 이전에는 화학비료만 약간 이용되었을 뿐 농약 살포는 활발하지 않아 현재의 무농약 농산물 정도가 생산되었을 것으로 추정된다. 다만, 그때의 농업에서는 퇴구비가 현재와 같은 공장형이 아닌 유축농업에 의한 자급형 비료를 사용하여 더욱 더 유기농업에 가까운 영농을 했던 것으로 생각된다.

2 유기농업 추진실적

〈표 3-1〉은 유기농인증 농가의 변화를 나타낸 것이다. 이 표는 순수유기 농가수, 유기농면적 그리고 전체 농경지에 대한 유기농지의 면적비율을 나타내고 있다. 호수의 증가는 비약적으로 발전을 거듭했는데, 2000년에는 353농가가 참여했고 2010년에는 10,790호가 유기농업을 하여 약 30배가 더 늘어났다. 2020년에는 2만 3,700여 농가가 다시 가세하여 2000년 대비 67배의 비약적인 발전을 하게 되었다. 이와 함께 면적도 획기적으로 늘어나게 되었는데, 2010년은 2000년에 비해 52배 그리고 2020년에는 더욱 더 늘어 130배인 38,540ha로 증가하게 되었다. 전체 농경지에 대한 유기농 면적비율은 '10년에는 4.5배 그리고 2020년에는 11.5배가 늘어 전체 농지의 0.23%로 증가되었다. 이것은 유기농업의 현주소를 대변하는 수치라 하겠다.

3 지역별 분포

1993년 농산물품질관리원에서 인증사업을 개시한 후 29년이 지났고 2020년 말 기준 인증에 참여한 농가수는 59,249호에 이른다. 시도별 재배농가수는 전남이 27,950호로 가장 많고 경기, 경남, 충남 그리고 전북순이다. 이것

〈표 3-1〉 연도별 유기농업 인증농가의 변화

연도 /구분	2000	2010	2012	2013	2014	2017	2020
순수유기농가수(호수)	353	10,790	16,733	13,963	11,633	13,397	23,750
순수유기농가면적(ha)	296	15,517	25,467	21,210	18,306	20,673	38,540
면적비율(%)	0.02	0.09	1.47	1.24	1.08	0.12	0.23

(국립농산물품질관리원, 2022)

[그림 3-1] 유기농업 관련 농가의 지역별 분포

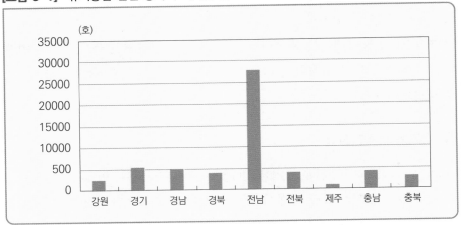

(국립농산물품질관리원, 2021)

은 주소비처인 서울과는 거리가 떨어져 있으나 유기농업을 하기 좋은 지리적 조건 때문으로 보인다. 수도권인 경기도가 2위인 것은 생산물의 소비와 관련이 있는 것으로 생각된다.

전남의 경우 벼나 일반작물을 대신할 작목으로 유기농업이 유리하기 때문에 이러한 선택을 한 것으로 보인다. 그림에서 특별시 등의 소비량을 표시하지 않은 것은 그 생산량이 도에 비하여 미미하였기 때문이다. 최근 중국농산물이 자유롭게 수입되기 때문에 시장에서 경쟁력이 있는 품목을 선정하기 쉽지 않은 상황에서 유기농업이 그 대안이 될 수밖에 없다.

❹ 유기농산물 인증건수 및 호수

초기에는 관행농을 유기농업으로 전환시키는 기술이 발달하지 않았기 때문에 무농약과 저농약이라는 친환경농산물이 대종을 차지하였다. 그러나 유기농산물의 가격 프리미엄이 높기 때문에 유기농산물이 친환경농산물의 주품목이 되었다. [그림 3-2]는 무농약의 인증건수가 20,333건인데 반하여 유기농은 8,102건에 지나지 않았다. 또한 인증에 참여한 농가수도 인증건수와 같은 경향을 보인다.

[그림 3-2] 친환경농산물 인증건수 및 인증별 참여 농가수

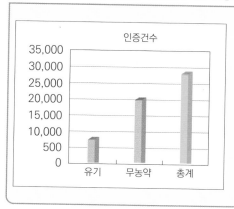
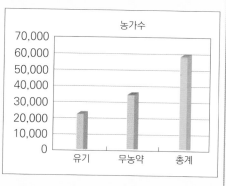

(농산물품질관리원, 2021)

[그림 3-3] 친환경농산물 인증면적 및 출하량

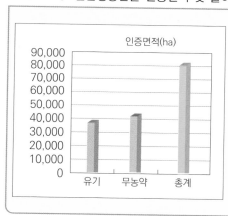
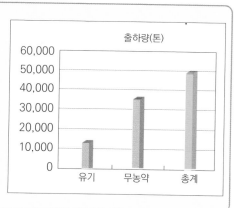

(국립농산물품질관리원, 2021)

5 유기농산물 인증면적 및 인증량

[그림 3-3]은 2021년 친환경농산물의 인증현황을 보여 준다. 이 그림에서 주목할 것은 유기농산물보다 무농약의 생산량이 월등히 많다는 것이다. 이는 유기농산물을 생산하기 위해서는 더 많은 노력과 경험이 필요하기 때문인 것으로 보인다. 먼저 인증면적은 총 81,649ha이며 이 중 유기농업 면적은 38,459ha, 무농약은 43,190ha이다. 한편 출하량은 총 49만 5,000여 톤이었고 이 중 유기농산물은 13만 7,000여톤 그리고 무농약은 35만 8,000여 톤이었다.

6 인증 종류별 출하량

〈표 3-2〉는 친환경농산물의 종류 그리고 인증별 출하량을 나타낸 것이다. 전체적으로 생산량은 곡류가 많고 채소류, 과실류, 서류, 특용작물, 기타 순으로 되어 있다. 유기와 무농약 중 무농약이 유기농산물의 1.5배 정도로 많고 그 생산량에 있어서로 약 34만 5천8백 11톤이 출하되었다. 무농약 농산물 중 곡류와 채소의 비율이 거의 비슷하여 29% 정도의 비율을 차지하고 있다. 무농약 농산물 중 특이한 것은 특용작물의 생산량이 33%인 11만 톤 정도가 생산된 것이다.

유기농업이 초기단계를 거쳐 정착단계에 접어들고 있어 이러한 경향을 보였고 이러한 추세는 앞으로도 계속될 것으로 보여진다. 전년 대비하여 유기곡류는 14%가 증가한 반면 채소류, 과실류가 15~17% 감소하였고 특히 유기 특용작물은 74%로 급감하였다. 인증농산물의 인증의 급격한 변화는 수요와 공급의 측면에서 바람직하지 않은 현상으로 유기농산물 생산의 안정적 생산과 판매가 유기농 발전에 초석이 되기 때문에 수요에 맞는 생산이 중요하다 할 것이다. 그에 반하여 무농약의 생산과 판매의 변동은 상대적으로 크지 않아 유기농산물과 대조를 보이고 있다.

〈표 3-2〉 친환경농산물의 종류별 인증출하량 (단위: 톤)

종류	유기(%)	무농약(%)	계(%)	전년대비 유기(%)	전년대비 무농약(%)
곡류	56,784(54.0)	100,674(29.1)	157,458(34.9)	14.0	-6.3
채소류	31,471(30.0)	90,442(26.2)	121,914(27)	-15.5	-12.2
과실류	7,283(6.9)	15,935(4.6)	23,218(5.1)	-17.8	-14.9
서류	3,594(3.4)	13,553(3.9)	17,148(3.8)	19.7	5.8
특용작물	2,476(2.4)	116,016(33.5)	118,493(26.3)	-74.1	-10.7
기타	4,464(3.3)	9,191(2.7)	12,655(2.8)	-31.0	-4.7
합계	205,072	345,811	450,866	-7.4	-9.2

(한국농촌경제연구원, 2018)

축종	한육우	낙농	양돈	산란계	육계	기타	계
유기축산물	36	54	2	14	3	4	113
무항생제	3,503	194	752	313	713	–	1578

(친환경축산협회, 2020)

위 표에서 보는 바와 같이 유기축산물은 낙농이 많고 다음이 한육우이며 그 밖에 양돈, 산란계, 육계는 그 참여농가수가 적다. 무항생제는 한육유가 가장 많은 3,503호, 양돈이 752호, 육계가 713호, 그리고 산란계가 313호, 낙농이 194호이다. 유기축산에서 한육우나 육우가 많은 이유는 사료조달에서 조사료는 유기농사료로 대체할 수 있는 반면 100% 유기농후사료를 급여해야 하는 양돈은 그 참여농가가 적다.

이들 농가가 생산한 축산물은 약 1조 600억 원 정도로 보고 유통은 학교급식이 많은 부분을 차지하고 있다. 생산량을 보면 친환경축산물의 대부분은 우유이며 그 다음이 계란, 육계, 쇠고기, 돼지고기 순으로 되어 있다. 이는 앞에서 언급한 바대로 유기사료의 자급이 가능한 부분에서 친환경 축산이 활발하다는 것을 반증하는 결과이다. 유기돼지고기의 경우 총출하량이 61톤이라는 것은 우리나라와 같이 유기곡류를 외국에서 100% 수입하여 사육하기 때문에 이러한 결과를 나타냈다.

유기축산물은 우유가 대부분을 차지하고(97.8%: 47,200톤) 계란, 소고기, 닭고기, 돼지고기 순이다. 최근 우유의 소비량은 감소하는 반면 유기우유는 지속적으로 증가하여 이에 대한 소비자의 관심을 반영하고 있다. 뿐만 아니라 유기닭고기의 소비량도 늘어나고 있다. 무항생제축산물은 일반사료를 급여하되 사료는 항생제가 함유되지 않은 것을 급여하여 생산한 축산물을 말하는 데 그중 가장 많은 부분이 닭고기이다. 무항생제 오리고기의 생산량도 계속 증가하고 있다. 가축의 수로 볼 때 가장 많은 것은 양계분야이며 소나 돼지는 이에 비하여 그 수가 적다. 이 중 무항생제 닭을 사육하는 농가는 7,000여 곳에 이르며 이곳에서 생산하는 닭고기 양은 약 36만여 톤이다(국립농산물품질관리원, 2020). 유기축산에 참가하는 축종 중 닭이나 대가축이 더 많은 것은 사료의 측면에서 닭은 유기사료 요구도가 돼지에 비하여 상대적으로 적고 대가축인 한육우나 젖소는 유기사료를 조사료에서 충당할 수 있기 때문이다. 100% 유기사료를 급여해야 하는 돼지보다는 유기사료의 조달이 더 용이하기 때문에 유기축산에 더 유리하다고 할 수 있다. 유기축산이 발전하기 위해서는 유기사료의 확보가 무엇보다 중요한데 유기곡물은 전량 외국에서 수입하여 급여해야 하기 때문에 장기적으로 이 문제가 해결되지 않고서는 지속가능하지 않아 유기사료의 자급이 당면과제로 떠오르고 있다.

(3) 유기농업의 기본목표

현재 우리나라는 소위 친환경농업이라는 이름 아래 유기농업이 수행되고 있으며, 이러한 농업이 필요한 이유는 제1장에서 관행농업의 문제점을 지적하면서 간접적으로 열거한 바 있다. 최(1992)는 유기농업의 기본목표를 국민보건과 복지증진, 농업생산의 안정화 그리고 환경보전과 복지향상으로 보았다. 유기농업은 결국 국민들의 웰빙식품 요구 고조, 건강에 대한 관심 증가, 친환경에 대한 세계적인 인식확산을 충족시킬 수 있는 대안농업으로 자리잡을 것이다(강, 2004).

1 국민보건증진에 기여

경제개발에 의한 식생활의 변화로 곡류의 소비는 줄고, 라면, 햄버거와 같은 가공 및 인스턴트 식품과 청량음료를 필요 이상으로 많이 섭취함으로써 농산물보다 가공식품의 섭취가 급격히 증가하게 되었다. 화학비료와 농약의 남용으로 농산물이 과잉생산되면서 인공적 풍요로움을 구가하고 있으나 여러 가지 문제점을 야기시키고 있다. 과용된 비료의 대부분이 작물에 흡수되지 못하고 지면으로 유실 또는 지하수에 유입되어 냇물·강·호수의 부영양화를 초래하고, 또 바다의 적조(red water) 원인이 되고 있다. 미국에서 발표된 연구결과에 의하면, 농경지에 시용되는 질소의 50%와 칼륨의 75% 그리고 인의 25%가 작물에 이용되지 못하고 지표면이나 지하수에 흘러들어 간다고 한다. 이러한 질소산염이 함유된 식수나 식품을 섭취하면 메트헤모글로빈혈증 또는 발암의 원인이 된다는 것은 잘 알려진 사실이다.

농약에 의한 피해는 DDT의 경우가 가장 크고, 사망·유산·저체중아 출산 등이 잘 알려진 폐해이다. 또 백혈병의 발병도 농약과 밀접한 관련이 있다고 한다. 농약에 오염된 식품 또는 환경에 대한 경고는 이미 1950년대부터 알려지기 시작하였다. 그러나 우리나라에서 간과할 수 없는 사실은 농약 살포 중 중독에 의한 입원이나 사망이 증가하고 있으며, 간접적이긴 하지만 농민의 자살수단으로 농약을 이용하는 사례가 해마다 급증하고 있다는 것이다. 농약과 비료를 사용하지 않는 유기농법을 이용한다면 이들에 의한 직·간접적인 피해를 줄여 국민의 보건증진에 기여할 수 있음은 논의의 여지가 없다.

2 생산의 안정화

생태적 관점에서 볼 때 현재와 같은 고농약·고화학비료의 투입에 의한 생산량 증대로는 지속적 생산량을 유지할 수 없다는 것이다. 이러한 관점은 이미 제1장에서 기술한 바 있다. 즉, 농업은 공장에서 원료나 재료를 넣어 제품을 생산하는 공업과는 다른 측면이 있다.

유기농업을 관행농업과 비교했을 때 그 판매 가능 생산량이 얼마나 지속적일 수 있느냐에 대한 자료는 그리 많지 않다. 일반적으로는 관행농업에 비해 수량이 감소하는 것으로 알려져 있다. 그러나 에거트와 캐먼의 실험에 의하면 유기농업이 오히려 생산성이 더 높은 것을 알 수 있다. 물론 이 실험은 미국에서 수행한 것이기 때문에 우리의 실정과 같다고는 단정할 수 없으나 많은 시사점을 보여 주는 결과이다. 즉 토마토·당근·완두를 4년간 유기 및 관행농업으로 재배했을 때 세 작물 공히 유기농업구가 관행농업구보다 판매 가능 농산물 생산량이 많다는 것을 알 수 있다. 따라서 유기농업이 위생적이고 건강식품일뿐만 아니라, 안정적으로 농산물을 생산할 수 있다는 것을 보여 주고 있다.

3 경쟁력 강화에 기여

한국 농업도 다른 산업과 마찬가지로 무역자유화의 틀을 벗어날 수 없기 때문에 WTO 체제하에서 국제적 규약에 따라 움직일 수밖에 없는 것은 당연한 이치이다. 도하개발 아젠다는 2003년 멕시코의 칸쿤에서 비록 협상타결에 실패를 하였으나, 국가간 자유무역협정(FTA)이 더욱 활발하게 진행되어 오늘에 이르렀다.

이러한 상황에서 농산물의 국제간 거래가 늘어나고, 결국 가격경쟁력이 있는 산업만 살아남을 것이 확실하다. 주지하는 대로 쌀의 톤당 국내 가격은 약 1,600달러인데, 중국은 500달러, 미국은 275달러, 태국은 176달러로서 우리나라가 국제가격에 비해 무려 3~9배나 비싸며, 쇠고기 역시 이와 비슷한 형편이다. 국내에서 유통되는 농산물 중에서 중국산의 점유율이 70% 이상인 것은 도토리묵 88%, 녹두빈대떡 74%, 죽순볶음 81%, 팥죽 81%, 땅콩 77%에 이른다. 배추와 양파 그리고 감자나 당근 같은 농산물도 중국에서 수입하고 있다.

결국 외국농산물과 경쟁하기 위해서는 이들 농산물과 차별되는, 곧 가격이 싸거나 부가가치를 증진시켜 소비자의 구매력을 자극할 수 있는 농산물의 생산이 필요하다. 유기농업을 통하여 품질이 뛰어나고 관행농산물과 차별화되는 것을 생산함으로써 가능하다고 생각된다.

〈표 3-4〉의 결과는 농촌진흥청이 발표한 것으로 유기농쌀 재배농가의 생산비가 관행농가보다 더 높은 것으로 나타났다. 즉 관행농의 989천 원, 무농약 995천 원 비하여 유기농은 1,038천 원으로 더 높았다. 그럼에도 불구하고 유기쌀을 생산하는 것은 생산량은 적으나 유기농쌀의 단가가 더 높기 때문이었다. 유기농재배는 관행재배의 83.7%인 396kg으로 관행농 473kg 그리고 무농약의 420kg/10a보다 낮았다. 이는 유기재배에 따른 비배 및 병충해 등의 영향때문으로 생각된다. 유기농쌀이 일반쌀(관행재배)보다 더 높은 가격을 받을 수 있는 것은, 소위 프리미엄 때문으로 무농약에 비해 10.6% 그리고 관행재배쌀보다는 25.4%를 더 받을 수 있었다. 즉 친환경재배를 하면 수량

[그림 3-4] 관행 및 유기농업방법에 의한 판매 가능 농산물의 수량 비교

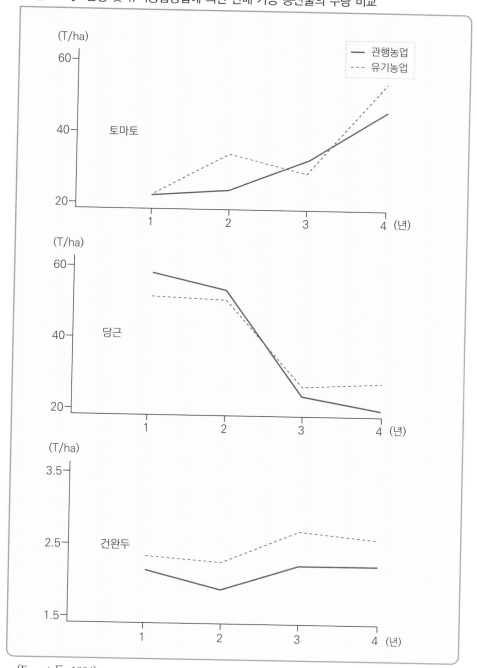

(Eggert 등, 1984)

〈표 3-4〉 유기농 쌀 생산비

벼 재배별				유기	무농약	관행
조수입				1,038	995	989
생산량(kg/10a)				396	420	473
가격(원/kg)				2,621	2,370	2,091
생산비	경영비	중간재비	종자	20	18	15
			무기질비료비	–	22	36
			유기질비료비	90	52	9
			병충해 방제비	32	29	26
			광열동력비	8	5	7
			수리비	1	1	1
			제재료비	14	12	14
			소농구비	1	1	1
			대농구상각비	60	52	48
			영농시설상각비	4	2	1
			기타요금	7	6	5
			소계	236	199	161
		자본용역비		24	22	22
		임차료(토지 등)		256	250	239
		위탁영농비		166	156	117
		고용노력비		36	30	13
		소계		482	458,391	
	경영비 합계			718	657	552
	자가노력비			220	205	162
생산비 합계				938	862	714

(농촌진흥청, 2015)

은 낮으나 유기쌀이라는 브랜드로 그 가격을 더 많이 받기 때문에 조수입이 더 높았다.

한편 재배 시 생산비는 유기농 → 무농약 → 관행농의 순서로 유기농이 더 많이 들었다. 즉 유기농은 관행농의 1.3배나 더 많은 생산비가 투여되었다.

이것은 유기질비료, 노력이 더 많이 소요된 것으로 경쟁력을 높이기 위해서는 이러한 부분을 낮추어야 된다는 것을 시사한다.

4 환경보전에 기여

화학비료나 농약이 자연생태계뿐만 아니라 건강에 해를 끼친다는 것은 앞에서 이미 논의된 바 있다. 화학비료는 인공적 풍요를 가져왔으나 동시에 환경과 건강에 큰 피해를 끼칠 수 있는 잠재력이 있다는 여러 보고가 있다. 농약 역시 예외는 아니다. 뿐만 아니라 관행농업은 생산성 향상을 목표로 하기 때문에 기계화는 필수적이며, 또한 영농규모를 확대하지 않으면 안 된다. 이러한 기계화로 인한 화석연료의 사용이 증가되었고, 한 보고에 의하면 1ha에 에너지 투입은 8배 증가하였으나 생산량은 3.5배 증가에 그쳤다.

이러한 석유의존 농업은 수질오염, 산성비, 지구온난화의 직접적 원인이 되고, 따라서 환경악화에 따르는 간접적 비용은 계산이 불가능할 정도이다. 유기농업은 화학비료나 농약 사용의 금지, 화석화 연료 사용의 절감을 통하여 하나뿐인 지구의 환경보전에 직·간접적으로 기여할 수 있는 대안농업인 것이다. 베르나르의 『침묵의 봄』에는 다음과 같은 글이 소개되어 있다. "인간은 자신이 사는 도시의 대기를 오염시켰고, 강과 바다를 오염시켰으며, 토양을 오염시켰습니다. 어쩔 수 없었다고 말할지도 모릅니다. 하지만 대지에 대한 무차별적 공격을 멈추려고 노력하지 않는다면 언젠가, 아마도 곧 이 세상은 플라스틱과 콘크리트, 로봇들로 가득 찬 사막이 되어버릴 것입니다. 그런 세상에 '자연'이란 더 이상 존재하지 않을 것입니다. 그저 인간과 몇몇 가축만이 남아 있게 될 것입니다. 인간은 자연과 떨어져서 살 수 없습니다. 인간이 행복을 누릴 수 있기 위해서 자연은 필수적인 요소입니다."

(4) 유기농업에 대한 국가시책

우리나라 유기농업 관련 업무가 본격적으로 추진된 것은 1991년 3월 농림부의 유기농업발전기획단 설치가 그 효시이다. 그 후에는 다시 친환경이라는 이름으로 바뀌어 오늘날에는 유기농업을 대신하는 용어로 정착하게 되었다. 그러나 앞으로 자세히 기술하겠지만, 일반국민에게는 친환경농업=유기농업이란 등식에 혼란을 야기하므로 구호로는 친환경이지만 실행정책으로는 유기농업을 하는 것이 마땅하다. 그간 정부에서 추진한 유기농업 관련 정책을 표로 나타내면 〈표 3-5〉와 같다.

그간의 추진과정을 살펴보면, 친환경농산물표시신고제가 1997년부터 도입되었고, 2015년에는 저농약농산물 인증이 완전히 폐지되었다. 2012년에는 유기가공식품동등성인정제도 및 비식용유기가공품인증제도를 도입하였다. 그 뒤 무농약원료가공품인증제도 도입과 함께 미인증품의 친환경문구표시 및 광고 등을 금지하는 법안을 제정하고 무항생제축산물 인증은 축산법으로 이관하는 등의 변화를 겪었다.

그간의 정책은 친환경농업 단지, 지구조성 지원 및 생산기술보급을 확대하고 직불금의 단가를 인상하고, 지역조합. 생산자단체를 중심으로 광역단위 친환경 산지유통조직을 육성하는 데 힘을 기울였다. 또 친환경농산물의 소비촉진과 판로확대를 위한 의무자조금을 조성하고 이를 통한 선순환적인 역할이 가능하도록 하였다.

한편 정부가 가지고 있던 인증사업을 민간으로 완전히 이관하고 인증기관

〈표 3-5〉 정부가 추진한 유기농업 관련 정책

1991	농림부에 유기농업발전 기획단 설치
1994	농림부에 환경농업과 신설
1998	친환경농업 원년 선포
2001	친환경농업육성 5개년 계획발표
2006	유기농산물가공품 품질인증에 관한 규정(개정)
2015	친환경농업법 개정(친환경농업육성 및 유기식품 등의 관리 지원에 관한 법률)
2017	친환경농어업법 시행령 개정
2020	친환경농어법 시행령 개정
2020	친환경농어업법 시행규칙 개정

을 평가하여 등급제를 실시하고 있다. 뿐만 아니라 직거래 사업에 대한 지원을 확대하여 이의 활성화를 진작시켰다. 농업용수의 수질개선사업, 가축분뇨 처리사업 그리고 환경보전 프로그램을 시범적으로 실시하는 등의 사업을 추진한 바 있다.

4차 친환경육성 정책으로 추진되었던 것은 유기질비료 지원사업, 토양개량제 지원사업, 유기농자재 지원사업 등을 통하여 친환경농업의 정착을 도왔다(정학균, 2018).

2. 유기농업의 전망

(1) 연구기관별 추정치

유기농경지 면적은 전 세계 농경지의 1.6%인 74.9백만ha으로, 1999년에 비해 5배 증가하였고, 달러로 환산하면 시장규모는 1,372억 달러로 전년에 비해 7.6% 증가(2020)하였다. 세계의 유기농업현황은 〈표 3-6〉에서 보는 바와 같다. 190개국에서 유기농업을 하고 있으며 호주, 아르헨티나 그리고 우루과이가 주요 유기농업국가다. 1999년 4백만 ha에서 2020년에는 2,850만 ha로 증가하여 20년간 7배로 증가하였다. 유기농업 시장규모가 큰 나라로는 미국, 독일, 프랑스 등이며 1인당 소비액이 가장 많은 나라는 스위스, 덴마크 그리고 룩셈부르크다. 스위스는 475달러 정도를 유기농산물 구입에 사용하였다.

우리나라 역시 전농토 중 유기농지가 차지하는 비율은 4.9% 정도로 한때 7% 정도였던 것이 감소하여 약 5% 정도에서 안정세에 접어들었다. 초창기의 0.1%에 비하여 비약적인 발전이라 할 수 있으나 유기농업선진국에 비하면 낮은 수치이다.

장차 유기농산물의 시장점유율이 어느 정도 될 것인가에 대한 예측은 〈표

〈표 3-6〉 세계 유기농업 현황

지표	세계	주요국가
유기농업시행국가 (백만 ha)	2020년 190개국	호주(35.7), 아르헨티나(4.5), 우루과이(2.7)
유기농경지 (백만 ha)	2020년 74.9 (1999년 11)	리히텐슈타인(41.6), 호주(26.5), 에스토니아 (22.45)
농경지 중 유기농경 지 비중(만 ha)	2020년 1.6%	아르헨티나(78.1), 우루과이(58.9), 인도(35.9)
기타 유기농업지역 (백만 ha)	2020년 28.5 (1999년 4.1)	핀란드(5.5), 자미비아(2.6), 잠비아(2.5)
생산자 수 (백만)	2020년 3.4 (1999년 0.2)	인도(159.9), 에티오피아(0.21), 탄자니아(0.14)
유기농업 시장규모 (억 유로)	2020년 1,206 (2000년 151)	미국(495), 독일(150), 프랑스(127)
1인당 소비액 (유로)	15.8	스위스(418), 덴마크(384), 룩셈부르크(285)
유기농업규정 보유국	76개국	

(FiBL, 2022)

3-7〉에서 제시하였다. 이것은 한국의 연평균 소득증가율과 물가상승률을 고려한 것으로, 실질소득증가율 5.0% 및 소비자물가상승률을 4%로 보았을 때를 기준으로 한 예상치이다.

이 연구에 의하면, 쌀의 경우 유기농 쌀이 차지하는 비율이 1997년 0.6% 였으나 2004년에는 0.7~0.9%였고, 유기농 콩도 0.2%로 큰 변화가 없으며, 유기농 사과는 1.9%에서 0.2%~0.3%, 유기농 포도는 2.8%에서 2.3~2.9%, 유기농 쇠고기와 돼지고기는 0.1%로 거의 변화가 없을 것으로 보았다.

다만 표에서 제시한 수치가 2002년도 국립농산물품질관리원의 보고와는 크게 다른 것으로 나타났는데, 쌀의 경우에도 2002년 유기농 쌀의 출하량이 13만 4,000톤으로 윤과 박이 제시한 2004년의 4만 3,000톤과 3배나 차이를 나타내고 있다. 이는 국립농산물품질관리원의 자료가 무농약, 유기, 전환기 등을 포함한 소위 친환경 쌀을 모두 포함했기 때문에 생긴 결과로 보인다.

한편 친환경농산물 종류별 소비추세 예측치에 의하면 유기농산물은 2017

〈표 3-7〉 유기농산물 소비량과 일반 농산물 소비량의 변화추이

품목	시나리오	1997년			2004년		
		유기(A) M/T	일반(B) 1,000M/T	A/B	유기(C) M/T	일반(D) 1,000M/T	C/D
쌀	I-2	28,682.8	4,180.0	0.6	32,637.4	4,850	0.7
	II-1				43,342.5		0.9
콩	I-2	684.9	428.0	0.2	791.2	465.0	0.2
	II-1				995.0		0.2
사과	I-2	9,016.0	479.9	1.9	1,464.7	588.0	0.2
	II-1				1,941.5		0.3
포도	I-2	7,356.6	262.5	2.8	11,582.4	494.5	2.3
	II-1				14,290.2		2.9
쇠고기	I-2	423.4	352.3	0.12	519.4	492.3	0.1
	II-1				597.0		0.1
돼지고기	I-2	691.3	669.2	0.10	941.6	821.5	0.1
	II-1				1,039.9		0.1

(윤과 박, 2002)

년 약 4,300억 원에서 2019년에는 약 4,500억 원, 2025년에는 약 5,700억 원으로 그 소비추세가 완만할 것으로 예상한다. 이에 반하여 무농약 농산물은 2017년 약 9,200억 원에서 2019년에는 약 4,000억 원이 증가한 1조 4,000억 원 그리고 2025년에는 1조 5,000억 원 정도가 될 것으로 보인다. 2017년에서 2025년까지 전체적인 증가추세 역시 완만한 증가로 이어져 매년 1,000억 정도가 증가할 것으로 예상하였다. 이러한 수치는 〈표 3-8〉에서 제시한 거래량의 약 12%에 지나지 않아 연구자 간의 편차가 컸다.

우리나라 친환경농산물의 시장규모 전망은 크게 곡류, 채소류, 과실류, 서류 그리고 특작으로 나누어 설명할 수 있다. 이 중 장차 성장가능성이 큰 분야는 쌀 분야이다. 그 이유로는 쌀이 주식일 뿐만 아니라 유기농으로 적합하다는 두 가지 특성 때문으로 장차 그 성장 가능성이 크다고 보았다. 곡류 중 기타는 보리나, 콩 같은 것으로 그 비율은 미미하다. 2014년의 5,000억 원에서 2025년에는 3배로 늘어난 1조 5,000억 원 정도가 될 것으로 예측

〈표 3-8〉 품목별 친환경농산물 시장규모 전망　　　　　　　　　(단위: 억 원)

구분		2014년	2015년	2016년	2017년	2018년	2020년	2025년
곡류	쌀	4,778	5,089	5,136	5,753	6,581	9,423	14,880
	기타	317	350	354	397	454	650	1,026
	소 계	5,095	5,440	5,490	6,149	7,035	10,072	15,906
채소류		4,146	2,754	3,008	3,369	3,854	5,519	8,715
과실류		1,062	1,021	1,722	1,928	2,206	3,158	4,988
서류		622	544	554	620	710	1,016	1,604
특작기타		4,735	2,960	2,985	3,344	3,825	5,477	8,649
계		15,659	12,718	13,759	15,411	17,630	25,242	39,862

(정학균 외, 2016)

〈표 3-9〉 친환경농산물 소비 추세 변화　　　　　　　　　　　(단위: 억 원)

구 분	2017년	2018년	2019년	2020년	2021년	2025년
유기농	4,342	4,311	4,516	4,721	4,925	5,745
무농약	9,266	13,543	13,839	14,135	14,431	15,615
전체	13,608	17,853	18,354	18,855	19,356	21,360

(한국농촌경제연구원, 2016)

하고 있다. 채소류는 2014년의 4,100억 원에서 2025년에는 8,700억 원으로 증가할 것으로 예측했다. 과실류도 그 증가세가 높을 것으로 예상하여 2014년의 1,062억 원에서 2025년는 4,988억 원으로 4.6배 증가할 것으로 보고 있다. 서류는 그 양이 절대량으로는 적지만 그 증가폭은 약 2.5배 정도가 될 것으로, 그리고 특작물은 증가폭이 그리 크지 않을 것으로 예측했다. 전체적으로 볼 때 2014년의 1조 5,000억 원의 매출이 2025년이 되면 2.5배가 증가한 3조 9,862억 원이 될 것으로 예측하여 성장이 지속적으로 계속될 것으로 보고 있다.

3. 개발면적의 추정

현재 유기농업의 일부로 여겨지는 소위 친환경농업의 가장 큰 문제점은 앞에서 본 바와 같이 대부분 도시 근교에 집중되어 있다는 점이다. 특히 전체 면적의 1/3 정도가 경기도에 집중되어 있다는 사실을 주목할 필요가 있다. 이는 코덱스의 규정에 의하면 유기농업이 불가능하다는 것을 의미한다. 또 김(2003)이 지적한 대로 80%가 임대농으로 전환기 유기농업을 하고 있어 유기농업발전에 제약이 되고 있다. 뿐만 아니라 관행농업을 하는 농가가 너무 근접해 있어 오염으로 인한 생태계 파괴로 유기농업이 불가능하다는 점과, 임차농지로 장기적인 유기농업이 어렵고, 또 지대가 고가여서 경쟁력이 떨어질 것이라는 예상을 쉽게 할 수 있다.

그렇다면 농지가격이 싸고, 인근 관행농가의 오염을 피할 수 있는 곳이 유기농가의 적지라는 것을 추정할 수 있으며, 이런 곳은 자연히 산지 또는 오지에 가까운 지역어어야 한다는 주장은 설득력을 갖게 된다.

(1) 기관별 산지개발면적 추정

앞 장에서 이미 언급한 바와 같이 유럽 국가 중 유기농업 재배면적 및 재배농가가 인접국보다 월등히 많은 나라는, 산지면적이 많고 초지축산이 발달한 오스트리아(8.4 및 8.8%)와 스위스(7.8 및 6.8%)이다. 즉 인접국가가 불과 1~2%인 데 비하여 7~8배나 더 많다는 것은 유기농업은 초지가 필수적이며, 농지의 비옥도를 유지하기 위한 가축과 두과목초의 이용이 전제되어야 한다는 것을 시사한다. 그러므로 산지 초지개발 가능지역이 곧 유기농업 적지라는 등식이 성립되며, 특히 유기초식가축은 이러한 곳에서 사육되어야 한다.

일부 식자들 중에는 한국적 또는 아시아적 유기농업이 세계의 기준과는 달라야 한다고 주장한다. 그러나 이는 한국적 민주주의를 실시해야 한다는 주장과 다를 바가 없다. 따라서 장차 한국의 유기농업은 가족농을 중심으로 한 순환농업이 모델이 되어야 할 것이다. 그렇다면 대도시 주변이 아닌 산지 중심, 생태계유지 중심, 물질순환 중심의 유기농업이 육성되어야 한다. 이런 측면에서 과거에 조사되었던 산지개발 가능면적이 어느 정도인지 알아보고 그 가능성을 타진해 보고자 한다. 지금까지 조사된 개발 가능면적의 추정치는 이를 맡아 조사한 기관이나 연구자들에 따라 상당한 차이가 있는 것으로 나타났다. 조사기관이 산야개발의 초점을 경운에 의한 새로운 농경지의 개간에 두었느냐, 또는 개간과 함께 불경운에 의한 초지개발과 같은 비개간에 두었느냐에 따라서 그 차이가 컸음을 알 수 있다.

1964~1967년까지 토지개량조합연합회가 실시한 경사도 0~31도의 미개간지에 대한 경사도와 토성 등의 조사에 따라 개발이 가능하다고 추정된 면적은 123만 ha였으며, 농림수산부 축산국은 이 면적 중 40%에 해당하는 49만 3,000 ha를 초지 전용 가능지로 보았다. 농촌진흥청이 1965~1967년에 완료한 개량토양 조사결과에 따르면 밭, 초지, 과수원으로 개발이 가능하다고 추정한 면적은 140만 540ha였으며, 이 중 경운(집약)초지로 개발이 가능하다고 보는 면적은 6만 9,405ha, 불경운(간이)초지 적지는 88만 4,210ha로 보았다.

UNDP(유엔개발계획)의 조사에 따르면 개간 가능지의 면적은 18만 5,000ha, 초지 가능 면적은 66만 5,000ha였으며, 또 산림청 산림자원연구소의 산지 이용 구분조사에 의하면 상대임지는 32만 1,203ha로 추정하였으며, 이 중 초지로의 개발 적지는 18만 4,056ha로 구분한 바 있다. 산림청의 조사에서는 개간을 전제로 한 경사도와 토심에 너무 비중을 두었기 때문에 개발 가능면적이 여러 기관이 조사한 면적 중 가장 낮은 추정치라고 할 수 있다.

그러므로 지금까지 조사된 임지 중 초지로 개발할 수 있는 면적은 조사기관에 따라 최저 18만 4,056ha, 최고 95만 3,615ha(농촌진흥청의 집약 및 간이초지 적지)의 범위라고 할 수 있어 추정치 간에는 차이가 있음을 알 수 있다(〈표 3-10〉 참조).

이 중 산지면적 656만 ha 중 개발 제외한 여러 면적을 계산하면 실제 농지용으로 개발이 가능한 면적은 45만 6,000ha 정도가 된다고 주장한 바 있다(이 등, 2003).

〈표 3-10〉 기관별 산지개발 가능면적의 조사결과

조사기관	연 도	추정면적
토지개량조합연합회	1967	123만 ha(1~31°)
농촌진흥청	1967	140만 540 ha(밭+초지+과수원)
UNDP	1968	18만 5,000ha(개간 적지), 66만 5,000ha(초지 적지)
산림청	1969	32만 1,203ha(상대임지)(24°까지)

〈표 3-11〉 산림의 경제성을 감안한 실제 개발 가능면적   (단위: ha)

구 성	면 적	초지개발 가능면적	비 고
전산림면적	6,562,885		보안림 내 초지개발 가능면적*
보안림	586,602	48,232	586,602×7.621%×30.46%
			586,602×26.36%×22.386%
개발제외면적	1,010,442		용재생산림 내 초지개발 가능면적*
용재생산림	3,339,000	274,542	3,339,000×7.621%×30.46%
			3,339,000×26.36%×22.386%
잔여림	1,626,841	133,764	잔여림 내 초지개발 가능면적*
			1,626,841×7.621%×30.46%
			1,626,841×26.36%×22.386%
계			456,538

〈주〉* 전체 산림면적 중 경사도 20도 이하의 산지면적비율 7.621%와, 20도 이하의 산지 중 초지개
발 가능면적비율 30.46% 및 전체 산림 중 경사도 21~30도의 산지면적비율 26.36%와, 경사
도 21~30도 산지면적 중 산림소밀도 중 이하의 면적비율 22.380%를 적용한 것임(이, 1983).

(2) 산지 중 개발 가능지역의 지역분포

유기농업 적지 발굴에 앞서 개발 가능면적의 전국적인 분포를 아는 것이
계획을 추진할 때 중요하다. [그림 3-5]에서 보는 바와 같이 이(1983)의 조
사·연구에 따라 초지개발 가능지를 규모별로 표시하여 보면, 2만 ha 이상의
개발 가능지가 있는 곳은 충청남도의 서산시와 공주시, 전라남도의 승주군
(순천시로 편입), 경상북도의 월성군과 상주시 및 안동시 등이 있다. 다음 1만
5,000~2만 ha 이상의 개발이 가능한 곳은 경기도 용인시와 충청북도 중원군
(충주시로 편입)과 괴산군, 전라남도 해남군, 경상북도 의성군과 영천시 등이

[그림 3-5] 규모별 산지개발 가능면적 분포

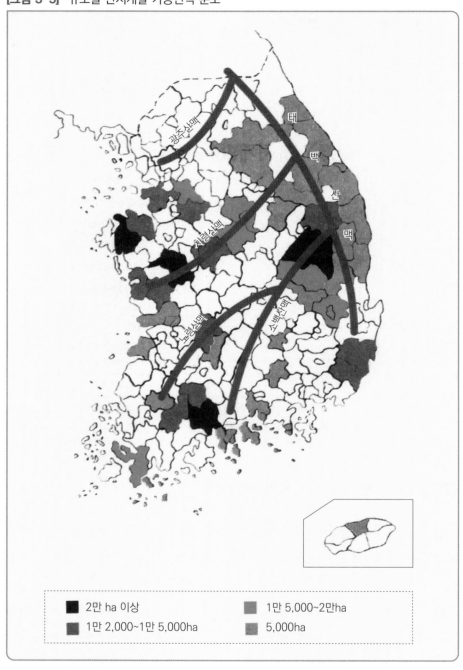

해당된다.

우리나라에서 산지개발 가능면적이 비교적 많은 곳은 지리적으로 소백산맥의 동남부와 태백산맥 남단의 영남지방 동남부, 지리산 남서부와 전라남도 서남해안과 서산반도에 이르는 차령산맥 일원과 경기도 내륙지방에 이르는 광주산맥 일원에 집중되어 있다고 할 수 있다(이, 1983).

(3) 전 국토 중 유기농업 적지의 산출

앞에서 언급한 것처럼 2012년 전농경지의 약 2% 정도가 유기농업 예정지라고 할 때, 크게 세 부분에서 충당할 수 있을 것으로 보고 있다. 즉 기존의 논과 밭, 그리고 앞 절에서 언급한 산지에서 새로운 유기농업 적지를 찾아 개발하는 일이다.

〈표 3-12〉에서 보는 바와 같이 논에서는 2만 2,000ha, 밭은 1만 4,000ha 그리고 산지는 9,000ha 정도가 필요하다. 여러 가지 사정을 고려할 때 이와 같은 정도의 면적은 정책적 고려와 의지가 있다면 충분히 유기농가로 전환될 수 있을 것이다. 이러한 정책은 현재 정부에서 추진하는 직불제를 도심과의 거리, 수계와의 원근 정도에 따라 차등 지급하는 방식 등을 이용하여 산지에서 유기농업을 하는 농가에 더 많은 혜택이 주어지도록 한다면 실천 가능한 면적이라고 생각된다.

여기서 고려할 점은 코덱스 기준에 맞는 유기농산물을 생산할 때 논과 밭에서 어떻게 자급유기질 비료를 공급할 수 있느냐이다. 즉 공장형 비료의 투

〈표 3-12〉 각 농경지별 유기농업 가능면적의 산출

농경지	이용 가능면적 (만 ha)	유기농업 가능면적 비율목표(%)	유기농업 가능 면적(만 ha)	주요 유기농산물
논	113	2	2.26	쌀, 콩, 조사료, 완두
밭	72	2	1.44	채소, 과일, 축산물
산 지	45	2	0.90	채소, 축산물, 과수
총 계	230	2	4.60	순수 유기농산물 생산면적

입을 하지 않고 자가퇴비를 사용하는 영농방식을 구상해야 한다. 이런 방식에는 가축이 가미된 농업이어야 하며, 그렇다면 축산공해(곤충, 냄새)를 피하기 위해서 인가와 떨어진 곳에서 영농하는 것이 전제되어야 할 것이다. 특히 현재 전 국토의 3%가 산지에 개발된 골프장이라는 것을 고려하면 유기농업 개발적지는 산지나 오지에 더 많이 분포한다는 주장이 설득력을 갖는다. 앞의 적지산출은 순수 유기농가이므로 전환기의 무농약이나 저농약과 같은 소위 준유기농업 면적까지 포함한다면 제시한 면적의 4배 이상 될 것으로 추정된다.

4. 유기농업 확산의 제한요인

유기농업은 환경보존과 건강하고 위생적인 농산물 생산을 목적으로 하기 때문에 고도의 농업자재 투입에 의한 생산증대와는 다른 농업방식이다. 그래서 기존의 영농방식에 익숙한 농가가 새로운 방법으로 농업을 채택하고 확산시키는 데는 여러 가지 제약을 받게 된다. 이러한 제약을 제도적 측면과 기술적 측면으로 나누어 살펴보기로 한다.

(1) 제도적 측면

우선은 적지 확보문제이다. 유기농업은 무농약·무화학비료로 영농하기 때문에 일반 관행농가와 격리된 지대가 적지이다. 그러나 현재의 농토는 대부분 인구 밀집지역에 산재해 있고, 또 기존 농가는 여전히 다비료와 농약을 사용하는 방식을 고수하기 때문에 관행농가로부터의 오염에서 벗어나기 어려운 상황에 놓여 있다. 따라서 인근 농가와 격리되어 있는 적지를 찾기가 사실상 쉽지 않다. 또한 이미 지적한 대로 전환기 유기농업을 하는 농가의 80%는 임대농이며, 20%만이 자작농인 현실에서 비싼 농지를 구입하여 새로

이 유기농업을 한다는 것은 사실상 어렵다.

또 한 가지는 유기농업기술 지원체제의 취약성이다. 현재 농림축산식품부의 친환경농업과가 정책개발을 하고 있으며, 연구는 농촌진흥청 농업과학원에서 담당하고 있다. 그러나 유기농업이 이른바 환경보존형 농업이긴 하지만 정부에서 말하는 환경농업과는 다른 측면이 많다. 유기농업에 대한 역사가 일천하기 때문에 지도와 보조지원에 대한 정교한 정책이 필요하다.

유기농산물 인증은 현재 2001년부터 지정되기 시작하였으나 2017년 이후부터는 민간기관에 이관하고 국립농산물품질관리원(품관원)은 인증기관을 관리하는 체계로 변화하였다. 친환경인증관리시스템에는 약 90여 개의 인증기관이 등록되어 있다. 친환경인증은 원래 저농약, 무농약, 전환기, 유기농산물 등으로 세분되었으나 현재는 무농약농산물과 유기농산물로 나누어졌고 축산물은 유기축산물과 무항생제 축산물로 나누어진 상태이다.

친환경농산물 중 '유기농산품'은 생산과정에서 많은 노력이 소요되므로 무농약이나 무항생제 축산물보다 더 많은 지원이 필요하다. 그리고 오지나 산지에서 유기농업을 하는 농가에는 더 많은 배려를 통해 균형 있는 국토발전과 인구의 분산 및 고품질 농산물의 생산에 기여할 수 있도록 해야 한다. 그리하여 도시로부터 원거리에서 유기농업을 하면 그만큼 더 많은 보조와 농기구 구입시 저리 융자 등을 통하여 오지에서 유기농업이 진작되도록 하는 정책개발과 지원이 필요하다. 농림축산식품부 친환경농업정책과는 그 정책추진의 방향과 계획을 분명하게 하고 업무의 분담도 동일한 직원이 계속적으로 담당하도록 하여 전문성을 높여야 한다.

유기농산물은 국제간 동등성 협약에 따라 외국에서 생산된 유기농산물이 수입되고 있기 때문에 국산 유기농산물이 경쟁력을 갖도록 도와주는 제도적 보완장치가 필요하다. 값싼 외국 농산물에 경쟁하기 위해서는 부가가치가 높은 고품질의 농산물을 생산하여야 하며, 이를 위한 특단의 조치가 필요하다. 국산 유기농산물은 이러한 역할을 할 수 있으므로 이를 통한 경쟁력 증진을 도모하도록 하는 유기농업정책 개발에 힘써야 한다.

(2) 기술적 측면

과거의 유기농업은 과학적 실험결과나 이론적 배경을 바탕으로 이루어진 것이 아니라 민간단체의 영농경험이 유기농업의 근간이 되었던 것도 사실이다. 그러나 2004년 농촌진흥청에 유기농업과가 신설된 후 본격적인 연구가 수행되어 2010년과 2020년 사이에 발간된 유기농 관련 책자만 34권에 이른다. 이러한 양적 성과에도 불구하고 다양한 기관에서 여러 작목에 대한 유기농기술이 이 책에 서술되어 농가가 이용하는 데 어려움이 있는 것도 사실이다. 성질이 유사한 작목끼리 묶어 핵심내용을 재편집하여 출간하였으면 더 좋은 서적이 되었을 것이라는 아쉬움이 있다.

농촌진흥청 농업과학원에서는 지난 10년간이 유기농업기술을 유기농업 영농기술·정보라는 책에 집대성하였다. 수록된 연구성과는 크게 토양관리, 농경지관리, 병충해 관리, 생태분야, 기타 분야로 나누어 연구를 수행하였고 그 결과를 수록하였다. 여기에는 양분관리가 포함되며 병충해는 주로 채소를 중심으로 일부 과수를 포함하여 다루고 있다. 식생, 생태, 종자소독, 품종선발, 가치확산 등의 소주제가 포함되어 있다.

이러한 결과의 일부는 유기농학회지에 게재되어 지난 10년간 약 400여 편의 논문이 발표되었을 것으로 추정된다. 연구의 주작목은 채소로 오이, 고추 그리고 쌈채소를 중심으로 하며 이 밖에 다양한 작물에 대한 연구가 진행되었다. 이러한 성과에도 불구하고 유기농이 추구하고 있는 생태라는 측면은 간과하고 작물시험재배의 한계를 벗어나지 못한다는 점이 아쉬움으로 남는다. 뿐만 아니라 21세기 화두가 되어 있는 온실가스 감축, 탄소중립과 같은 과제의 연구가 미진하다는 점을 지적하지 않을 수 없다.

나아가 유기농업의 관행농업화를 어떻게 막을 것인가에 대한 방안과 경관유지에 유기농업의 역할에 관한 연구도 거의 없다. 또한 경축순환농업의 핵심인데 이러한 과제는 한 건도 없어 유기농업의 연구에 대한 근본적인 성찰이 필요하다고 하겠다.

5. 유기농업의 정책

(1) 유기농업 지원체계의 강화

유기농업에 대한 정부의 정책의 모델은 EU나 미국의 정책을 모방한 것이 많다. 기본적으로 유럽은 직불금 지원을 통해, 미국은 유기농 시장발전을 지원하는 정책을 펴는 것이 특징이다. EU가 유기농업인에게 보조금을 지급하는 것은 유기농이 환경오염 경감, 생물다양성 향상과 경관유지의 기능을 하고 있으나 이에 대한 보상을 받지 못하기 때문이다. 생산성이 상대적으로 낮은 유기농가의 수익저하를 보상하여 유기농업이 주는 사회적 이익의 대가로 보조하고 있다. 이와 같은 논리가 한국의 유기농가 육성을 하는 데 근간이 되어 정부의 정책 입안의 토대로 삼아야 한다.

유럽 연합과 미국은 유기식품에 대한 견해차가 있고 EU가 유기농식품의 구매동기가 식품의 안전성과 건강인 데 반하여 미국은 맛, 자연보전, 동물복지, 환경보호를 꼽고 있다. 앞에서도 설명한 바와 같이 이들 나라에서는 유기농이 다면적 기능을 하고 있다는 기본적인 사고가 보조의 밑바탕에 깔려 있다.

그러나 정부의 정책의 근저에는 유기농이 다면적 기능만을 지나치게 강조하면 집약농업이 환경오염을 일으킨다는 점이 부각되기 때문에 이것을 인정하고 싶지 않다는 생각이 깔려 있다. 이에 반하여 EU는 집약농업이 환경오염에 부정적 영향을 환경에 주고 있다는 점을 인정하고 이 때문에 집약도를 낮춘 유기농약이 환경에 플러스 효과를 갖는다고 평가하고 있다. 그러나 한국은 집약농업이라도 농업을 계속함으로써 수해방지나 토사붕괴방지 등의 국토보전 기능을 수행하고 있다는 점을 중요시하여 환경에 미치는 부정적 영향을 인정하려 하지 않고 있다. 그 배경에는 한국의 식량자급율이 세계 최하위권에 머무르고 있기 때문에 수량저하를 가져오는 유기농업을 전면에 내세우지 않고 있다는 점이 있다. 그리하여 유기농업을 특정하지 않고 화학비료, 농약사용 감축과 같은 두루뭉술한 목표를 내세워 집약농업의 친환경농업화를 제시하고 있다.

첫째, 유기농에 대한 다양한 지원책이 필요하다. 예를 들어 도시의 원거리에 있는 유기농가의 육성, 도시 청소년의 유기농산물 교육, 국산 유기농산물의 홍보, 유통판매에 대한 지원책 강구 등 현재의 개괄식 지원책보다는 좀더 섬세한 정책을 개발해야 할 것이다. 둘째, OECD 국가 수준의 지원 필요성이다. 예를 들어 생산품의 무료안전성 검사, 인증비용 전액 또는 일부부담, 유기농 시도 농부의 교육, 인증에 필요한 컨설팅 비용, 고등학교 및 대학교과정에 유기농 또는 친환경 농업의 삽입, 유기농단체의 설립 및 자조금 보조, 유기농전환에 필요한 경비지원, 유기농가 우대세제조치, 공동프로젝트에 자금 보조, 개개 농업인에 대한 특별자금 보조 등이다. 이러한 조치는 OECD 국가가 유기농업에 보조하는 것을 망라한 것으로 이 중 우리나라에서 지원하는 내용은 4개에 불과하여 따라서 이를 OECD 수준으로 끌어올리는 노력이 계속되어야 한다.

현재 지자체나 중앙정부의 지원으로 인증지 지원, 인증수수료, 출장비, 잔류농약, 토양, 수질검사비를 지원해주고 있고, 경우에 따라서는 친환경 농자재비의 일정 비율을 지원해주는 체계가 마련되어 시행되고 있으나 지자체에 따라 그 지원 정도가 다르다. 지역 간의 불균형을 시정하기 위한 중앙정부의 가이드 라인 제시로 유기농업을 중심으로 한 친환경농업이 환경뿐 아니라 농가도 살릴 수 있도록 하는 정책개발이 시급하다.

(2) 유기농산물 유통 활성화

친환경농업을 실천하면서 가장 어려움을 겪는 점은 안정적인 판로 확보 27.5%, 생산비에 못 미치는 낮은 가격 26.5%, 높은 생산비용이 25.1%이며 농업소득은 응답자의 69.9%의 광역친환경산지조직에 참여하면서 소득이 증가했다고 한다.

친환경농산물의 생산자 출하처는 전문유통업체 15.0%, 도매시장 10.1%,

지역농협 7.9%, 생산자단체 7.7%, 저장 1.6%로 전체의 42.3%가 유통단계로 출하되는 반면, 소비단계로 직접 출하하는 비율은 생협 16.2%, 학교급식 13.7%, 직거래 12.5%, 친환경전문점 8.2% 등으로 나타나 소비지로 직접 유통되는 비율이 높다.

최종 소비단계 비율은 대형유통업체 30.0%, 학교급식 24.9%, 생협 17.9%, 직거래 12.5%, 친환경전문점 10.5% 등으로 학교급식보다 대형유통업체를 통해 소비되는 비율이 높다는 연구결과도 동시에 제시되었다.

이러한 상황을 반영하여 정부는 급식시장을 더욱 활성화시키고 초중고뿐만 아니라 어린이집 등에도 친환경농산물이 공급되도록 유도할 필요가 있다. 이와 관련하여 농협의 로컬푸드 판매점이 2022년 현재 624개가 되며 2021년 말 5,000억의 매출을 올린 바 있고 2023년까지 매장을 800개로 늘릴 계획이라고 한다. 지역농협에서 판매하는 농산물은 일반 및 무농약 수준의 농산물이나 이 코너에 유기매장을 특별히 설치하여 로컬푸드 판매점의 수준을 높일 필요가 있다. 이를 위해서는 지역농협에서는 친환경농업 전문가를 채용하여 재배에서 검사에 이르기까지 전 분야를 지도하는 등의 조치가 있어야 할 것으로 보인다. 최근에는 장성군에서 실시한 예에서 보듯이 군부대 납품으로 친환경농산물의 유통을 활성화하고 있는데 이는 군부대 납품도 학교급식과 같은 효과가 예상되므로 적극적으로 추진해야 할 것이다.

기타 유기농산물을 직거래하기 위해서는 인터넷을 통한 판매가 촉진되도록 컴퓨터 기술지도 및 홈페이지 구축에 따른 기술적 지원 및 제작비용을 보조해주어야 할 것이다. 지역농협의 로컬푸드점을 유기농산물 판매기지로 삼아 농협이 생산된 유기농산물의 판매와 유통을 주도적으로 하여 농가는 생산, 판매는 농협이 하는 형태로 발전하는 것이 바람직하다.

(3) 유기농산물에 대한 홍보 강화

유기농업운동은 몇몇 기독교단체가 종교적 신앙과 사상을 바탕으로 시작한 것이 그 태동이었다. 그리고 이러한 운동은 환경에 대한 국민의 관심이 높아지면서 정부가 정책의 일환으로 수행하게 되었다. 그리고 NGO단체를 중심으로 소비자단체, 생산자단체도 사회운동의 일환으로 유기농산물을 홍보하고 있다. 이러한 운동을 활성화시키기 위해서는 전국적 조직망을 갖춘 농협이 중심이 되어 일반 시민에 대한 교육을 강화하고, 소비자의 유기농업 농가 현지 방문 프로그램을 통하여 환경보호와 건강 농산물에 대한 소비자의 인식을 제고시키는 계기를 만들어야 한다.

그리고 자생적 유기농산물 판매단체에 대한 보조와 장려금 등을 지급하여 유기농산물 소비촉진운동을 사회운동의 일환으로 승화시키는 등의 적극적인 정책 추진이 필요하다. 또한 정기적으로 신문과 방송, 그리고 잡지의 뉴스 미디어를 통한 홍보도 필요하며, 일정한 예산을 투자하여 일반 시민에게 유기농산물의 우수성을 알리는 유기농산물 판촉전도 시도해 볼 수 있을 것이다.

뿐만 아니라 초중고의 커리큘럼 또는 유치원에 친환경농업의 중요성을 알리는 장을 삽입하여 초등학교 시절부터 지역농산물이나 유기농산물이 지구온난화를 막고 탄소제로 가는 지름길이라는 사실을 알도록 해야 한다. 교사들의 가치관도 학생들에게 미치는 영향이 큰 점을 감안하여 사범대학 교과과정의 환경교육에도 유기농업을 소개하는 장을 삽입하여야 한다.

(4) 규모화 유도 및 단지화

우리나라의 영농규모는 농가당 1.44ha 정도로 외국에 비해 상대적으로 협소하고 친환경농가의 영농규모는 매우 작아 2,000평 이상은 조사자의 2.4%에 불과하다는 연구 그리고 전남지역에서는 1,000평에서 3,000평 미만이 42.2% 3,000평에서 5,000평 미만이 19.8%라는 조사도 있다. 이런 규모로는 생태, 미관과 같은 유기농업의 가치를 실현시킬 수 없다. 선진국의 유기농업 경영규모가 5ha 정도이므로 유기농가를 적어도 이 정도까지는 규모화시켜야 할 것이다.

규모화하기 위해서는 앞 절에서 논의한 것과 같이 도시 근교에서는 농지

가격이 비싸기 때문에 도시와 약간 떨어진 오지 또는 산지에서 그 적지를 찾아야 할 것이다. 유기농업의 철학 중 하나인 그 지역에서 생산하여 그 지역에서 판매하는 지역순환 원칙이 지켜져야 하나, 실제로는 거의 모든 농산물이 서울에 집하되어 전국적으로 다시 판매되는 것이 우리의 현실이다. 유기농산물은 계약판매자가 수집하여야 하므로 일정량 이상 생산하여야만 한다. 따라서 우리나라와 같이 농지규모가 작은 상황에서는 집단적으로 재배하여 일정 물량이 출하하도록 해야 한다. 또 단지화 재배는 관행농가와 격리되어 오염을 피할 수 있다는 이점도 있다. 그러므로 소규모 개개 유기농가보다는 부락이나 면의 어떤 지역을 유기농업 또는 친환경농업단지로 조성하는 것이 좋다. 아산지역의 사례가 대표적이며, 그렇게 되면 농가당 유기농 면적이 늘어나 병충해 방제, 판매, 각종 자제의 공동구입 등으로 영농비의 절감 등 편리한 점이 많다.

● 일본인들이 비료와 농약을 생산하기 시작하여 농가에 보급되기 이전의 농업은 전부 유기 농업이었으며, 유기농업이란 용어는 일본의 이치라테루오가 최초로 사용했다고 한다.

● 현대적 의미의 유기농업의 태동은 종교적 신앙이 밑바탕이 된 정농회, 국민보건관리연구 회 등이 주축이 되어 시작된 것이 최초이며, 그 후 유기농업학회 창설 및 학회지 발간으로 학문적 토대를 마련하였다.

● 유기농업이 정부정책으로 입안된 것은 1991년이며 2001년 친환경유기농업기획단이 농 진청에 이어 2004년에 동청에 유기농업과가 신설되면서 본격적인 연구가 수행되기 시작 하였다. 그 후 저농약농산물이 폐지되고 유기와 무농약 농산물과 유기축산물과 무항생제 축산물로 간소화되었다. 인증기관은 민간으로 이양되고 2021년부터는 5차 친환경농업육 성 5개년 계획이 수립되었다. 이 기간의 목표는 화학비료, 농약감축, 친환경농업에 대한 인식제고 및 면적비율 확대에 두고 추진하고 있다.

● 유기농업이 정부의 정책으로 입안되어 기획된 것은 1991년부터이고, 2001년 친환경유 기농업기획단이 농촌진흥청에 신설되는 등의 여러 단계를 거쳤다. 주요 정책은 상수원 보 호구역 내의 친환경농업단지 조성, 유기농업 관련 농가에 대한 직불제와 친환경농산물 유 통의 활성화이다.

● 유기농업의 세계 거래량은 1,372억 달러이며(2020년 기준) 세계 농경지의 약 1.2%에서 유기농산물이 재배되고, 우리나라는 전체 농경지의 약 5% 정도에서 친환경농산물이 생 산되는 것으로 추정되고 있다.

연구과제

1. 고려시대에는 어떤 작물과 비료를 이용하였는지 조사해 보라.

2. 산지나 오지에 유기농업을 장려하기 위해 정부에서 어떤 정책을 입안하여야 하는지 알아보라.

참고문헌

- 강영철. 2004. 『풀무원의 유기농산물 생산 및 유통전략』. 농식품 신유통 연구원.
- 국립농산물품질관리원. 2020. 친환경농산물 통계. 친환경인증관리시스템. 국립 농산물품질관리원.
- 국립농산물품질관리원. 2021. 친환경농산물 통계. 친환경인증관리시스템. 국립 농산물품질관리원.
- 金榮鎭. 1980. 『朝鮮時代前期農書』. 韓國農村經濟研究院.
- 김성훈. 2003. 『쿠바의 유기농업 : 그 생산과정과 교훈』. 한국유기농업학회 2003 년 상반기 심포지엄.
- 김은령 옮김(라이첼 카슨 지음). 2002. 『침묵의 봄』. 에코리브르.
- 김창길. 2002. 『OECD 국가의 유기농업 동향과 전망』. 농촌경제 25(4) 65~
- 농림축산식품부. 2020. 유기·무항생제 축산물 생산·유통 실태조사 결과보고. 농림축산식품부 보도자료.
- 농림축산식품부. 2021. 제5차 친환경농업 육성 5개년 계획(2021-2025). 농림축 산식품부.
- 농촌진흥청. 1999. 『유기·자연농업 기술지도 자료집』. 상록사.
- 농촌진흥청. 2015. 유기농 쌀 생산. 농촌진흥청.
- 박종서. 2019. 광역친환경산지조직 사업의 실태분석과 운영 활성화 방안에 관한 연구. 단국대학교 석서학위논문.
- 배원길. 2003. 『2003년도 친환경농업 육성정책』. 코덱스 유기 경종 과정. 전국농 업기술자협회.
- 本城昇. 2002. 『日本有機農業をめぐる法と政策』. 有機農業研究年報 vol. 2. 17~
- 西尾道德. 2019. グロバル基準で讀みとく理念と課題. 農文協.
- 손상목. 2003. 『친환경 유기농업의 현황 및 발전방향』. 코덱스 유기 경종 과정. 전국농업기술자협회.
- 孫尙穆·金莫鎬. 1995. 『有機農業基本規約과 韓國有機農業實踐特徵의 比較分析研 究』. 한국유기농업회지 4(2) 97~
- 손상목·정길생. 1997. 『한국환경농업의 성공을 위한 정책적 및 기술적 접근과 제』. 한국유기농업학회지 5(2) 13~
- 유덕기. 2006. 『친환경농업 어떻게 육성할 것인가?』. 2006 한국유기농업학회 상 반기 심포지엄.

- 윤석원 외(7인). 1999. 『유기농산물 생산, 소비, 유통, 제조 개선에 관한 연구』. 중앙대학교. 농림축산식품부.
- 윤석원·박영복. 2002. 주요 유기농산물 수요분석 및 전망. 한국유기농학회.
- 李廣遠. 1983. A林地開發과 山地農業 發展方向 B. 韓農經院 연구보고 70.
- 이호철. 1992. 『농업경제사연구』. 경북대학교출판부.
- 이효원·김동암. 2003. 『초지학』. 한국방송통신대학교출판부.
- 정무남. 2002. 『유기농업을 위한 현대적 기술의 적용』. 제1회 세계 친환경/유기농업 포럼 양평21.
- 정영목 옮김. 2003. 『모든 것은 땅으로부터』. 시공사.
- 정학균. 2018. 친환경농업 발전 토론회. 건실한 친환경농업 육성방안. 농촌경제연구원.
- 정학균·성재훈·이현정. 2016. 국내외 친환경농산물의 생산실태 및 시장전망. 농촌경제연구원.
- 정학균·성재훈·이현정. 2019. 2018 국내외 친환경농산물 시장현황과 과제. 농촌경제연구원.
- 정학균·성재훈·이현정. 2019. 2019 국내외 친환경농산물 생산 및 소비 실태와 향후과제. 농촌경제연구원.
- 조원량. 2006. 『친환경농업육성 5개년 계획』. 2006 한국유기농업학회 상반기 심포지엄.
- 崔炳七. 1992. 『韓國有機農業의 發展方向』. 韓國有機農業學會. 1(1) 113.
- 친환경축산협회. 2020. 2019 유기 및 무항생제 축산물 인증농장. 친환경축산협회.
- 澤登早苗·小松崎將一. 2019. 有機農業大全. コモンズ.
- 하영호. 2003. 『2003년도 친환경농업 육성정책』. 코덱스 유기 경종 과정. 전국농업기술자협회.
- 한국농수산식품유통공사. 지역농업네트워크협동조합. 2018. 친환경농산물 유통경로 조사용역 최종보고서. 한국농수산식품유통공사. 지역농업네트워크협동조합.
- Eggert, F.P. & C.L. Kahrman. 1984. Response of Three vegetable crops to Organic and Inorganic Nutrient Sources. *Organic Farming : Current Technology and Its Role in a Sustainable Agriculture.* Proceedings of a symposium, American Society of Agronomy.
- FiBL. 2022. The World of Organic Agriculture: Satistics and emerging trends.

제 4 장

유기농업의 기초

개 관

   이 장에서는 유기농업을 할 때 우선적으로 고려해야 할 여러 가지 사항에 대하여
알아본다. 먼저 유기농업이란 무엇인가, 또 유기농업은 어떤 명칭으로 불리고 있으
며, 복잡다기한 명칭들이 과연 합리적인 것인가에 대하여도 논의해 보기로 한다. 유
기농업의 정의와 그리고 왜 사람들이 관행농업 대신에 유기농업을 선택하는가에 대
하여도 기술한다.

   유기농업은 기본적으로 천연자재를 투입하여 영농하는 방법으로, 수확에 의해 수
탈된 만큼 다시 토양에 투입하는 방법이다. 그 방법은 윤작이나 가축 분뇨의 투입이
며, 이와 관련된 여러 가지를 이 장에서는 다루게 된다. 그리고 일반작물은 물론 유
기조사료, 원예작물의 윤작작부체계에 대하여 다루고, 마지막으로 병충해와 잡초의
방제에 대하여 기술한다.

1. 유기농업의 이해

현재 유기농업과 관련되어 거론되고 있는 용어로는 지속농업, 지속 가능한 농업, 생태농업, 재생농업(regenerative agriculture), 지속적 농업(sustainable agriculture), 생물학적 농업(biological farming), 자연농업(natural farming), 생태학적 농업(ecological farming), 대체농업(alternative farming), 생명역동농업(bioldynamic agriculture) 등 다양하다. 여기서 더욱 혼란스럽게 하는 용어로 친환경농업, 환경친화적 농업, 환경보전형 농업, 그리고 나아가 친환경·유기농업(environment—friendly/organic agriculture) 등이 사용되고 있어 초심자나 비전문가는 이들 상호간의 구분이 매우 어려운 것이 사실이다. 우리나라에서 가장 많이 사용하고 있는 환경농업 또는 친환경농업인 경우, 그 뜻이나 정의가 모호하고 국제적으로 용인되고 통용될 만한 용어가 아니기 때문에 일반인들에게 혼란을 불러일으킬 소지가 있다. 환경농업 또는 친환경농업은 영어의 'environment—friendly agriculture'를 이렇게 번역한 것인데, 이는 작위적으로 만들어 낸 한국적 용어라고 생각된다. 따라서 국제적으로 통용되는 유기농업으로 하고 환경을 강조하는 농업이라면 일본의 경우처럼 환경보존형 농업으로 부르는 것이 마땅하다.

(1) 유기농업의 목표

유기농업에 대한 정의는 각 나라마다 약간씩 다르나 그 근간은 국제유기농업연맹(International Federation of Organic Agriculture Movement, IFOAM)의 정의를 토대로 한 것으로 목표와 원칙은 다음과 같이 천명하고 있다.

첫째, 영양가 높은 식품을 충분히 생산한다.

둘째, 장기적으로 토양비옥도를 유지한다.

셋째, 자연계를 지배하려 하지 않고 협력한다.

넷째, 미생물, 흙 속의 동식물, 일반 동식물을 포함한 농업체계 내의 생물적 순환을 촉진하고 개선한다.

다섯째, 지역적으로 조직된 농업체계 내의 갱신 가능한 자원을 최대한으로 이용한다.

여섯째, 유기물질이나 영양소와 관련하여 가능한 한 폐쇄된 체계 내에서 일한다.

일곱째, 모든 가축에게 그들이 타고난 본능적 욕구를 최대한으로 충족시킬 수 있는 생활조건을 만들어 준다.

여덟째, 농업기술로 발생할 수 있는 모든 형태의 오염을 피한다.

아홉째, 식물과 야생동물 서식지 보호 등 농업체계와 그 환경의 유전적 다양성을 유지한다.

열째, 농업생산자들에게 안전한 작업환경 등 일로부터 적당한 보답과 만족을 얻게 한다.

열한째, 농업의 사회적·생태적 영향을 고려한다(정, 2003).

이러한 목적을 달성하기 위하여 도입해야 할 실제적 기술은, 첫째 위에서 설명한 목적에 반하는 자재(화학물질)와 농법을 배제하고, 둘째 자연의 생태적 균형을 존중하여야 하며, 셋째 농업생산자와 공존하는 것(미생물, 식물, 동물)을 동반자로 생각하는 생태적 농법을 모색하여야 하는 것이다.

이와 같이 유기농업이란 인공적 화학물질의 투여 없이 지속적으로 영농할 수 있는 기술이며, 이는 곧 합성화학물질(synthetic chemicals)을 사용함이 없이 환경을 고려하면서 영농하는 것을 의미한다. 즉 유기농업이란 토양비배관리, 작물생산, 가축사육, 생산물의 저장 및 판매에 어떤 인공적 화합물도 사용하지 않는 농법을 말한다. 유기농업에서는 결국 제초제, 살충제, 살균제, 동물약품, 토양훈증제, 화학비료, 성장촉진제, 호르몬, 유전자변형생물(genetically modified organisms, GMOS), 식품조사(food irradiation) 등을 사용하지 않는 것을 뜻한다.

가축의 사육에서도 타고난 본능욕구를 충족시킨다는 의미에서 케이지 사육과 같은 속박된 사육을 금하며, 가축복지에 관심을 갖는 방법을 취한다. 또 유기농법에서는 유기적으로 문제가 되지 않는 화학물질을 사용하는 것을 의미하는 것이 아니고, 가능하면 천연물질로서 유기물질을 권장하고 있다.

유기농업은 농장의 체계를 바꾸고 토양의 능력을 배가시켜 환경능력과 충해를 방지하고, 생산하고자 하는 것과 균형을 맞추려는 데 있다. 결국 바람직한 유기농이란 전체 농장문제로서 이들 모두를 하나의 살아 있는 유기체로 보고 있으며, 작물과 가축을 독립체로 보는 것이 아닌 통합적 부분으로 간주하는 것이다.

(2) 관행농업과 유기농업의 차이점

관행농업은 일반농가, 곧 현재 우리 주위에서 흔히 볼 수 있는 농업으로, 유기농가(organic farmer)가 사용할 수 없는 화학비료, 살충제, 제초제, 훈증제 등 각종 농약과 화학약품이나 의약품 등을 사용하여 영농하는 것이다. 일반농가는 인공적인 방법을 동원하며, 정상적인 영농수단으로 이러한 인공화학제제를 이용한다.

유기농업에서는 이러한 제제를 쓸 수 없다. 유기농업이란 영농에서 예상되는 문제를 미리 예방하고, 잡초, 병충해 등을 방제하는 기술을 동원한다. 이를 위해서는 작물이나 해충의 생활주기와 습관을 파악하여 여기서 얻은 지식이나 기술을 병해 방지에 이용하여야 한다. 그리고 기술과 노력으로 화학물질을 대체하고, 문제 발생 전에 예방행동을 취하는 것이다.

유기농업이 화학제제를 사용하지 않는다고 하여 과거로 회귀하자는 것은

〈표 4-1〉 관행농업과 유기농업의 기술적·사회적 차이점

관 점	차이점	관행농업	유기농업
기술적	화학물질 병충해 비옥도 유지	사용 가능 사용 가능 화학비료	사용 불가 예방 유기질비료
사회적	노 력 소 득 생태보전 가족농 적합성	적음 ? 나쁨 부적합	많음 ? 좋음 적합

(서, 2002)

아니다. 과거 영농의 장점과 현대과학농업의 최상점을 결합한 것이다. 모범 유기농가에서는 과거의 좋은 영농법을 이용하고 있다. 특히 유기농업에서는 토양과 충해관리에 특별한 기술을 요한다(제1장 참조).

(3) 유기농업의 단점

유기농업이 당위성이나 대체농업으로서 잠재력을 지닌 것도 사실이지만, 그와 함께 단점도 많다. 이를 열거하면 〈표 4-2〉와 같다.

〈표 4-2〉 유기농업의 단점과 대응법

단점·대응 항목	단 점	대 응
비옥도	• 유기비료 또는 기타 비옥도 관리수단이 작물의 요구에 늦게 반응 • 어떤 작물에 필요한 질소량을 추정하기 어려움.	• 미리 토양비옥도 유지. 예를 들면 두과를 윤작체계에 넣어 재배 전 비옥도 배양 • 토양비옥도를 미리 조사할 필요가 있음.
농 약	• 농약 사용 금지	• 천연 또는 허용된 천연제제만 사용
인근 농가	• 농약을 사용하는 인근 농가로부터 직·간접적인 오염	• 조림에 의한 방벽 또는 약간 원거리의 농장 선택
정보지원	• 유기농업에 대한 정보, 지원 부족	• 연구소, 외국 농가의 경우 참작 교육
비용통성	• 2작, 3작과 같은 단작으로 높은 작물 밀도 때문에 농약 사용을 해야 함	• 관행농업과는 다른 시각 필요
재 산	• 부채가 많고 자산이 적은 사람은 위험성이 높은 새로운 영농 방법을 실시할 수 없음.	• 가족이나 임대인의 허락이 필요
생산품의 외양	• 관행농산물보다 유기농산물의 외양이 깨끗하지 못함.	• 소비자에 비농약, 유기비료에 의한 생산물임을 인식시킴.
비현실적 기대	• 소비자는 1년 내내 관행농산물과 같은 모양을 가지고 농약에 오염되지 않은 생산물 기대	• 유기농업으로 이러한 농산물을 생산하는 것은 불가능함을 교육, 홍보

(4) 생명역동농업

생명역동농업(biodynamic agriculture)은 독일의 스테이너(Steiner R)가 주장한 유기농법의 일종으로, 1926년 독일 동부 코베비츠(Kobewitz)에서 유기농업에 관한 최초의 강의를 하면서 시작되었다. 그의 주장은 농업을 우주적 시점에서 관찰하여 유기체로부터 유기체를 만드는 과정의 일부라는 관점에서 설명하고 있다.

그 후 1931년에 미국으로 전해지고, 1950년부터 서유럽에서부터 북부유럽으로 확산되어 나갔다. 이 방법과 기존 유기농업의 차이는 유기농업 위에 한 개의 층이 더 추가되는 것으로, 생명역동농업은 농장을 살아 있는 생명체로 간주하여 농장에서 만든 준비된 특수물질을 사용하고, 나아가 달과 별의 이동에 맞추어 영농하는 것이 특징이다. 스테이너는 농업을 윤회로 보고 있으며, 그의 철학은 다음의 설명에서 잘 드러난다.

생명역동농업에서는 질적·생태적 방법을 실천한다. 즉 유기농업은 모든 유기체의 모습을 하나로 취급하여 이 중에서 형성된다고 생각한다. 구성된 지역의 자연체 균형 속에 가축의 육성과 작물의 육성을 윤회시켜 균형적인 조합 안에 존재한다고 본다. 유기농업은 포장에서 퇴비를 시작으로 작물을 키우는 모든 것에서, 그 포장에 있는 모든 것을 그 안에서 만들어 낸다. 포장의 종합성은 생산자의 농업에 대한 필요성을 높이는 가능성을 이끌어 낸다. 인간의 잠재적 능력도 자연의 그 안에서 끓어오를 수 있으며, 생산의 지속능력은 그 안에서 높아진다. 그 요인은 안정된 퇴비 조달과 그 속에 형성된 생산이 원활하게 재활용되어 다음의 영양원으로 이어져 토양의 생산성을 항상 유지한다.

병원균과 살충효과는 포장 안에서의 계획된 체계와 예방적 잠재능력에 의존한다. 예를 들면, 무해한 물질과의 조합을 통해 잠재능력이 있는 식물과 조합시켜 잡초의 억제를 윤작과 경운에 의해 해결한다. 생태적 안정성을 위해서 항상 자료를 수집·분석하여 해석하여야만 한다.

한편 이러한 스테이너의 철학에 비추어 제안된 영농방법인 생명역동농업에 의해 생산된 농산물에 1928년부터 독일에서는 데메테르(Demeter, 그리스 어로 풍요의 여신)라는 품질인증마크를 부착하여 판매하고 있다. 이 상표는 세계 최초로 만든 유기농업인증이다.

생명역동농업에서는 준비 500(prepation 500)이라고 알려진 우각퇴비(cow horn manure)를 사용하는 것이 특징이다. 준비 500은 겨울철 소의 뿔 안에 퇴 비를 넣고 땅 속에 묻어 발효시킨 것으로, 뿔 안의 액체가 일종의 발육촉진 호르몬제 역할을 하는데, 이것을 작물 성장주기에 엷게 분사하여 농장에 뿌 린다. 이 액체는 토양 생명을 활성화하여 촉진하고, 토양균의 균형과 해충의 다발 방지에 효과가 있으며, 온실정원에도 2~3개월 계속해서 살포하면 그 효과를 볼 수 있다.

사용량은 500 원액 120g: 물 20~30L/0.4ha, 501은 원액 2g: 물 38~60L/0.4ha, 502~506은 원액 2g을 150cm 간격으로 떨어뜨린다. 507은 원액 2g을 20L로 희석한 용액을 살포한다. 500, 501은 최저 1년 1회 하되, 500은 봄·가을로 최저 2회 살포가 바람직하다고 한다.

별과 달의 주기를 이용한 파종과 수확과의 관계는 현재까지 정확히 파악

〈표 4-3〉 여러 가지 준비 500

준비 500	재 료	방 법
500	우각 + 퇴비	우각 속에 재료 넣어 겨울 동안 발효
501	우각 + 수정 + 규석 + 규조토 + 석영 + 정장석	우각 속에 재료 넣어 여름 동안 발효
502	우각 + 야로의 꽃(achilla millefolium)	
503	우각 + 카모밀의 꽃 (matricaria chamomilld)	
504	우각 + 가시가 있는 쐐기풀의 싹과 잎 (uritica doiocia)	
505	우각 + 참나무 수피 (quercus robur. qericus alba)	
506	우각 + 덴디라이온, 별명 서양민들레의 꽃(taraxacum officinal)	
507	우각 + 쥐오줌의 꽃(valeriana officinals)	

하지 못하고 있다. 그 철학의 일단은 하버드 H. 케프(河野武平·河野一 공역, 2002)의 설명에서 엿볼 수 있다.

많은 생산자는 달의 주기와 토양의 생물, 유기체가 물을 통해 재생산을 반복하는 과정을 만난다. 달은 물을 움직이는 매개체이다. 농업의 행동은 물을 무시할 수 없는 파종, 수확, 벌채, 정식, 퇴비의 적용 등이며, 이들 모든 행동은 물을 필요로 할 때 또는 생산물의 수분 함유율이 낮은 때 어느 작업이 최적인가의 선택이다. 정확히 초생달의 주기는 29.5일이다. 실천적 농업은 그 적용시기가 명료하다. 달이 차고 있는 동안에 습해진 대지에 파종해야 작물의 생장과 발아율을 촉진한다. 반대로 의문의 기간은 3일된 초생달로부터 보름달이 되기 2, 3일 전이다. 발아율은 악화하고 건조한 대지 정도의 결과가 예상되는 시기다.

현저한 달의 주기는 달이 떠오르고 지는 것이다. 달과 지구의 사이가 최고점일 때와 최저점일 때의 순환주기는 27.3일이다. 이것은 작물 내의 체액 상승에 영향을 준다. 그 주기는 작물의 생명, 수분의 함수율에 직접 관계하고 있다. 이 주기에 따라 작물의 생육을 위해서는 달의 최고점기에 파종이나 정식을 한다. 수확, 벌채, 초지의 퇴비 살포는 달이 최저점기일 때 수행하는 것이 바람직하다. 이들은 전통적인 농업자가 실천적으로 수행하고 있는 것이다.

생명역동농업은 달이 12개의 성좌를 통과하는 주기가 있고, 이것을 4개의 집단으로 조합시켰다. 4개의 집단은 특히 수확, 파종, 잎의 생육, 꽃 또는 종자, 과실의 생육 형성에 관련되는 것으로 주장하고 있다. 같은 원리로 파종, 수확, 작부의 최적인 때와 달의 순환과의 관련을 지적하고 있다(Alex, 2002).

2. 유기농업 선택의 이유

관행농업의 특징은 제1장에서 기술한 대로 대량투입, 대량생산을 목적으로 하며, 대외경쟁력을 갖기 위해서는 경쟁력 결정요소인 농지가격, 자본이자, 노임, 기후풍토 그리고 농업기술이 잘 조합되어야만 저렴하면서 동시에 고품질인 농산물을 생산하여 경쟁에서 이길 수 있다. 특히 지금까지 거론한 관행농업이 주는 피해들, 즉 토양침식, 농약, 화학비료 그리고 멀칭에 의한 쓰레기 폐해 때문에 대안농업의 필요성은 이미 지적한 바 있다. 여기에서 이러한 관점 외에 왜 농가가 유기농업을 선택하였는지 그 이유에 대하여 국내에서 조사된 결과를 중심으로 기술하고자 한다.

(1) 경제적 이유

우선 유기농산물에 대한 요구가 증대되고 있다는 것이다. 이러한 사실은 국내외 학자의 연구결과에서 잘 나타나 있다. 국내의 경우 유기농가 호수는 재배면적과 생산물이 지난 수년간 획기적으로 증가하였다는 것이며, 이는 유기농산물에 대한 국민의 요구가 증가하고 있다는 반증이다.

유럽에서도 지난 10년간 연 20% 증가율을 나타낸다는 것은 이미 거론한 바 있거니와 미국에서도 더 현격한 증가율을 나타내고 있다. 즉 유기농산물의 생산액은 과거 10년간 연 0.4%, 냉동식품은 39.3%, 낙농품은 36.6%, 고기 및 육가공품은 29.8%의 증가율을 보여 우리나라도 앞으로 이와 같은 추세를

〈표 4-4〉 친환경농산물 인지도 및 구입 이유

항목(나이)	20~29세	30~39세	40~39세	50~59세	60세 이상
인지도(%)	78.5	89.2	95.2	96.4	96.5
구입율(%)	64.4	72.6	84.5	74.0	75.0
구입하는 이유(%)	안심농산물이어서	건강에 좋아서	환경에 도움이 되어	일반농산물과 차이	국가인증제품
	54.4	27.3	5.2	4.5	4.0
구입하지 않는 이유(%)	고가여서	관심 없음	정보를 잘 몰라서	인증을 신뢰하지 않아서	모양 차이 때문
	65.3	9.8	9.3	5.9	5.3

(한국농수산식품정보공사, 2020)

따를 것으로 보인다.

농가에서 유기농산물을 생산하려는 것은 결국 소비시장의 요구가 있고, 경제적으로 유리하기 때문이다. 안전한 농산물에 대한 소비자의 욕구가 상당히 높기 때문에 유기적 방법으로 생산된 농산물의 도시 소비자 선호도는 더욱 높아질 것으로 예상된다.

뿐만 아니라 〈표 4-5〉에서 보는 바와 같이 유기농산물은 관행농산물보다 최고 4배까지 가격 차이가 있기 때문에 경제성이 있다는 것을 알 수 있으며, 적은 경우라도 관행농산물보다는 1~2배 더 높은 가격이 형성되어 있음을 알 수 있다.

농가에서는 보통 수량에 집착하는 경향이 있으나 그보다는 경제적 이익을 얼마나 낼 수 있는가가 중요하다. 유기농법은 외부투입을 최소로 하는 농법이기 때문에 저중량의 고가품을 생산하여 고소득과 만족을 가져다 주는 농법이다. 독일의 연구에 의하면 경영비는 15~35%가 적게 소요된 것으로 나타났고, 또한 유기농가의 평균 순수익률이 30.8%인데 관행농가는 25.4%였다는 보고도 있다.

유기농업은 관행농업에 비하여 생산성이 낮다는 것이 일반적인 견해지만, 경우에 따라서는 유기농가라도 최고관행수량(top conventional yield)에 버

〈표 4-5〉 친환경농산물과 관행농산물의 가격 비교   (단위: 원)

종류		단위	일반농산물	친환경농산물(유기)
쌀		20kg	51,325	138,575
엽채류	상추	100g	898	2379
	배추	2kg(포기)	4,930	30,000(1500원/100g)
	시금치	1kg(적)	7,800	16,785
과채	풋고추	100g(꽈리)	1,273	2,562
	오이	10개(가시)	7,770	12,040
근채	감자	1kg(수미, 상품)	5,570	3,280/kg
	당근	1kg(무세척)	3,757	10,382

(농산물유통정보, 2022)

금갈 수도 있다. 그러나 보통은 30~40% 정도 낮다. 수량이 가장 낮은 농작물은 토양비옥도 요구가 높은 옥수수, 사료작물(건초, 엔실리지), 채소 그리고 원예작물로 알려져 있다. 따라서 가격과 소득은 일치하지 않는 경우도 있다.

(2) 부가가치 제고

농산물이 높은 가격을 받기 위해서는 부가가치잠재력(value-adding potential)이 있어야 한다. 왜 관행농산물에 비하여 높은 가격을 주고 유기농산물을 구입하려고 하는가? 이는 도시민에게 안전하고 영양이 풍부한 고급 농산물로 인식되기 때문이며, 이것이 바로 부가가치가 되는 것이다. 생활수준의 향상과 환경오염에 대한 우려는 오염되지 않은 청결 농산물에 대한 욕구가 높아질 수밖에 없다. 식품의 안전성·청결성·비오염성이라는 가치가 부가되어 고가로 판매할 수 있는 것이다.

즉 우리나라에서 유기농산물을 구입하는 도시민의 54%가 안심농산물이기 때문이라고 답변하였으며, 이에 '유기농산물=안심'이라는 등식이 성립되어 소비자의 구매력을 배가시킨다. 유기농산물은 식품의 안전성·영양균형성에 가치가 부가되어 가격이 높아짐으로써 관행농산물보다 유리하기 때문에 유기농업을 선택하는 것이다.

(3) 철학과 믿음

관행농업 대신에 유기농업을 선호하는 이유는 그간 여러 측면에서 기술하였는데, 여기서는 일본 유기농가인 우내(宇根, 2000)가 주장한 생체기능농업의 철학, 그리고 기독교적 관점에서 보는 유기농업으로 정리해 보려고 한다. 먼저 우내(宇根, 2000)는 [그림 4-1]에서 보여 주는 것처럼 여덟 가지 측면에서 유기농업이 더 유리하다고 주장한다. 관행농업은 수량을 제외하고 모든 다른 부문, 즉 안전성, 생의 보람, 지역사회 기여도, 에너지 수지, 풍경, 생물의 다양성, 지력을 포함한 환경면에서 불리하다는 것이다. 반면에 유기농업

[그림 4-1] 유기농업과 관행농업의 차이

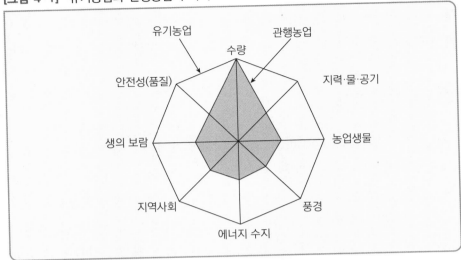

(宇根, 2000)

은 단지 경제적 이익을 얻기 위해 노동자가 되어 일하는 것보다는 삶의 보람을 갖게 하는 농업이라는 관점에서 농업에 철학적 의미를 부여하여 영농을 하게 된다.

이러한 삶의 보람은 자신이 하는 농업이 물자 및 에너지 절약에 기여하고, 또 풍경을 아름답게 하여 지역미화에도 기여한다는 더 넓은, 즉 생업수단 이상의 의미를 부여하고 있다. 단지 상품이라기보다는 국민의 건강을 증진시킬 수 있는 안전한 식품을 생산한다는 점에서 수량과 외관만을 강조하는 관행농가와는 다른 철학을 가지고 있다고 할 수 있다.

기독교인들의 유기농업에 대한 철학은 다음의 예에서 찾아볼 수 있다(최, 1992).

첫째로 성경적 농업만이 농촌을 살릴 수 있다고 주장하면서 예수는 농업을 인간의 직업으로 주셨고, 그것은 "여호와 하나님이 에덴동산에서 그 사람을 보내 그의 근본된 토지를 갖게 하시리라."(창 3:23) 등 창세기의 몇 구절을 인용하였다. 이러한 성경은 농업을 주신 것, 농업은 식물(food)을 생산할 수 있다는 것, 그리고 채소와 과일과 곡식을 식물로 하라는 원칙을 주었다고 하였다.

둘째로 유기농업은 창조원리에 입각한 농업이라는 것이다. 이것은 예레미야(2:7), 이사야(1:19~20, 10:18~19, 10:34)에 잘 나타나 있다고 하였다.

이러한 성경의 지적은 자연환경을 오염시키는 공해를 예언하고 있으며, 과학의 무기인 칼에 의해 인류가 멸망할 것이라는 것과 산림의 벌목, 즉 산림훼손의 참상을 예언하였으며, 그리하여 농토를 자연의 원리, 창조원리에 순응하여 그 자연의 생명을 유지하도록 영양을 공급하고 번성하게 하여야 한다고 주장하고 있다고 한다.

스테이너의 생명역동농업(biodynamic agriculture)적 사고는 정신적 중요성을 생물에까지 인정하고, 나아가 과학의 기초를 우주와 사람이 감시할 수 없는 세계까지 확대시킨다. 또 생명기능농업 사고는 전체적 세계관을 가지고 있는데, 예를 들면 순수한 화학분석에 대해 동일한 중요성을 부여하는 것처럼 동물과 식물의 성장에 우주 리듬의 영향을 받고 있다고 본다.

재생의 힘이 생기(enlivened)된 퇴비, 토양에서 구비의 조력으로 식물로 영향을 미치며, 이것이 생명기능농업의 핵심목적이고 또 다른 유기농업체계와 분명히 다르다는 점을 강조하고 있다. 식물이 경지에서 수확될 때 이것은 토양에서 물질 흡수뿐만 아니라 섭취할 가치가 있는 생명력과 에너지까지도 탈취하는 것으로 본다.

(4) 일반과 다른 생활양식 선호

생산성과 수입을 중요시하는 것이 일반적인 추세이긴 하지만, 일부 농가나 또는 시민들은 화학물질을 사용하지 않는 것이 더 즐거운 생활양식이며 건강에 보다 유익하다고 믿는다. 제초도 마찬가지이다. 경지 전면 또는 일부 지역에 제초제를 살포하는 대신에 호미나 쇠스랑으로 땅을 고르는 것을 좋아한다. 영농을 통하여 육체적 노동을 하려는 사람도 있다.

결국 유기농업을 건강한 식료, 야생동물, 환경과 미래를 위한 농업이라고 생각하는 이들도 있다. 특히 정년퇴직 후 유기주말농장을 갖고자 하는 사람,

[그림 4-2] 유기야채재배

또는 도시생활에 환멸을 느끼고 전원농장을 가꾸고자 희망하는 사람들이 이러한 부류에 속한다.

3. 유기농업과 윤작

유기농업의 성공전략의 핵심은 토양비옥도를 유지하면서 자연생태를 이용하여 건강한 작물의 생육과 병충해를 방지하는 데 있다. 비옥도 유지는 윤작을 통한 토양의 활력 유지와 녹비 및 피복작물재배에 의한 유기물 투입과 토양유실 방지를 통하여 달성할 수 있다.

그간 우리나라의 유기농업은 서양과는 다른 방식의 영농을 사용하였다. 토착유기농업의 핵심은 크게 퇴비 사용, 농업미생물, 생균제제의 이용이 그 근간이라고 할 수 있다. 이것은 농가당 경지면적의 협소, 고가의 농경지, 고대로부터 단작 중심과 집약재배를 근간으로 한 영농체계에서 비롯된 것이 아닌가 한다. 그러나 아무리 우수한 유기농업자재를 이용한다고 하더라도 단일작물의 연작 피해를 극복할 수는 없다. 유기농업이 정착되기 위해서는 단작과 연작을 지양하고 윤작을 실시해야 한다.

(1) 연작과 그 장해

작물은 연작(sequential cropping)하면 수량이 감소한다. 벼는 논에서 재배하기 때문에 토양전염성 해충의 발생이 거의 없고, 생육 저해물질의 축적도 없으며, 관개수에 의한 양분공급으로도 100년 이상 연작을 계속할 수 있다. 그러나 벼도 밭에서 관개재배하면 연작 2년째에 수량이 크게 떨어진다. 대부분의 작물이 계속적으로 같은 장소에서 재배하면 생육이 저하되어 수량과 품질이 저하되는데, 이를 연작장해라고 한다. 연작장해요인은 장해의 발생에 직접 관여하는 요인과 발생된 장해를 확대시키는 재배관리상 요인이 있다.

연작에 의해 어느 정도의 수량감소가 발생하는데, 이에 대한 실험결과는 〈표 4-6〉에 제시되어 있다. 이 표에서는 봄과 가을의 서류인 감자를 재배할 경우 연작을 하면 더덩이병의 발생이 빈번하여 연작의 피해가 크다는 것을 알 수 있다. 봄감자 후 다른 작물을 재배하고 가을 감자를 심으면 판매수량이 늘어난다는 것을 보여 주고 있다.

이러한 연작장해의 원인은 여러 가지로 설명할 수 있는데, 크게 특정 작

〈표 4-6〉 감자연작이 수량 및 더덩이병 발병에 미치는 영향

처리	총수량 (MT/ha)		판매수량 (MT/ha)		더덩이병 발병			
					발병(%)		발병 정도(%)	
	봄	가을	봄	가을	봄	가을	봄	가을
감자연작	26	15	88	82	77	92	18	27
감자-콩-보리-감자	-	19	-	96	-	48	-	10
감자-콩-유채-감자	-	23	-	92	-	72	-	17
감자-브로콜리-봄감자-가을감자	28	20	78	71	80	81	22	29

(김 등, 2012)

물이 선호하는 양분의 수탈을 가장 큰 요인으로 보고 있다. 예를 들면 화본과 작물은 질소를, 두과작물은 광물질을 선호하므로 이런 현상이 수년간 계속되면 특정 양분의 결핍으로 이 작물의 생장이 지연된다는 것이다. 이 밖에 토양의 산성화와 토양 물리성의 악화와 연작 피해를 줄이기 위한 비료 시용량의 증가로 인하여 병충해가 많아진다. 이러한 장해를 경감시키기 위해서는 유기물 시용을 증가시키고 석회를 더 많이 주어 토양을 중화시키는 등의 조치를 해야 한다.

(2) 윤작의 기능과 효과

윤작의 기능은 한마디로 '밭에 있어서의 물'이라고 할 수 있다. 즉 밭에서의 윤작은 논에서의 물과 같은 기능을 갖는다. 작물은 윤작을 통하여 가급태 양분의 공급을 받고, 토양전염성 병충해가 조절되어 생육과 수량이 안정화된다. 지금까지 비료공업 및 농약의 발달은 윤작을 경시하여 이의 붕괴를 가져오는 원인이 되었다.

다비, 다농약에 의한 작물의 생육과 수량조절에는 한계가 있으므로 지력유지와 증수에 대한 윤작의 기능, 토양미생물 조절에 대한 윤작의 작용은 경종농업에서 중요한 의미를 갖게 된다. 윤작은 특히 유럽에서 발달하였다. 그 기본형은 [그림 4-3]에서 보는 바와 같이 노포크식 윤작체계(Norfork rotation system)로 현재 세계 각국에서 볼 수 있는 윤작체계는 전부 이것을 변형한 것이다. 예를 들어 미국의 중부지방에서 행해지고 있는 윤작방법을 보면 옥수수와 맥류를 각각 1년씩 재배하고, 그 후 2년간은 방목용 초지를 조성하고 있다.

1 수량증수와 품질향상

윤작을 하면 연작에 비하여 수량과 품질이 향상된다. 밭작물의 생육과 수량은 일반적으로 연작연차가 경과함에 따라 수량이 감소된다. 그러나 감수는 작물에 따라 차이가 있다. 예를 들면, 추운 지방에서 많이 재배하는 작물 중 연작에 의해 감수가 큰 사탕무·팥·연맥 등은 연작 3~4년에 15~30%의

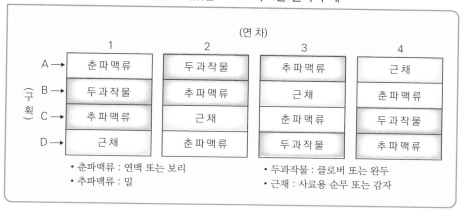

[그림 4-3] 영국을 중심으로 실시되었던 노포크식 4년 윤작의 예

(연 차)

	1	2	3	4
A →	춘파맥류	두과작물	추파맥류	근채
B →	두과작물	추파맥류	근채	춘파맥류
C →	추파맥류	근채	춘파맥류	두과작물
D →	근채	춘파맥류	두과작물	추파맥류

(구획)

- 춘파맥류 : 연맥 또는 보리
- 추파맥류 : 밀
- 두과작물 : 클로버 또는 완두
- 근채 : 사료용 순무 또는 감자

감수가 보통이다.

❷ 환원 가능 유기물의 확보

토양은 어느 정도의 부식(humus)과 유기물을 함유해야 지력이 유지될 수 있다. 그리고 토양에 유기물을 공급하기 위해서는 환원 가능 유기물이 많은 작물을 윤작에 삽입해야 한다. 작물은 그 생태적 특성에 의해 낙엽과 뿌리로서 토양에 남길 수 있는 유기물량에 차이가 있으므로 퇴구비원(source of manure)으로 이용될 수 있는 부식질량에 차이가 있다.

예를 들면 보리, 밀, 옥수수, 밭벼 등의 화본과작물은 줄기·경엽 등 퇴비원이 되는 유기물량이 다른 작물에 비해 현저히 많고 또 뿌리의 양도 많으나, 각종 야채는 잎과 줄기가 적다. 콩이나 땅콩은 경엽이 야채류와 큰 차이가 없으나 생육과정 중 탈락해 밭에 환원되는 양이 많아 10a당 콩은 300kg, 땅콩은 200kg에 달해 지력유지에 공헌하고 있다. 화본과작물은 환원 가능 유기물이 많고 분해도 늦기 때문에 토양유기물의 축적이 많아 지력유지에 기여하고, 야채류는 축적량도 적고 분해도 빠르기 때문에 지력유지원으로 기대할 수 없다. 따라서 지력유지를 위해서는 윤작체계에 화본과작물을 작부체계에 넣는 것이 바람직하다.

③ 토양통기성의 개선

토양의 통기성은 경운방법과 함께 작물의 종류에 크게 영양을 받는다. 맥류, 옥수수, 수수 등을 재배하는 밭에서는 유기물 시용의 유무에 관계없이 채소로 재배한 밭보다 통기성이 양호하다. 보리 등은 채소보다 뿌리가 깊게 분포하고, 하층의 물리성을 개선하여 입단구조(aggregate structure)를 발달시켜 통기성을 양호하게 한다. 이러한 작용은 목초 및 두과 중 특히 콩이나 클로버 등에서 있다.

④ 작물의 양분수지와 염기균형의 유지

작물에 대한 시비량과 양분수지량과의 관계는 작물의 종류에 따라 차이가 난다. 옥수수·밭벼·수수 등의 화본과작물은 질소나 칼리의 흡수량이 시비량보다 많아 이들 재배지의 양분균형은 음균형이 된다. 콩, 팥 등의 두과작물과 감자는 칼리에 대하여, 고구마는 질소·칼리에 음균형을 나타낸다. 이에 반하여 채소류는 경작지에 다량의 비료성분을 남긴다.

예를 들어 당근 재배시 질소 25kg을 시비했을 때 흡수량은 13kg밖에 되지 않고 나머지 12kg은 토양에 남아 양분균형은 양균형이 된다. 한편으로 배추나 무를 재배했던 곳은 질소나 칼리가 음균형이 된다. 이런 채소밭에 계속하여 연작하는 경우 생육저하를 방지하기 위하여 시비량을 늘리지만 흡수량은 그에 미치지 못하기 때문에 이들 재배지는 잔류하는 양분이 점점 많아진다. 따라서 채소를 계속 재배하는 곳은 질소, 인산 및 염기 함량이 높아져 마그네슘과 칼리 등의 염기불균형이 발생한다.

이에 대하여 옥수수 재배지의 양분균형은 질소 11kg, 칼리 20kg 부족을 보여 음균형을 보인다. 이러한 현상은 맥류를 재배하는 밭에서도 마찬가지인데, 과거 옥수수를 지력수탈작물이라고 불렀던 이유도 이 때문이다. 결국 재배지의 양분균형이 양균형인 채소류와 음균형인 화본과작물을 조합하여 윤작하는 것이 양분균형상 합리적이다.

5 토양양분의 유효화와 근계 발달의 촉진

윤작체계는 근채류 또는 심근성 작물을 작부체계에 삽입시킴으로써 토양의 심층에 뿌리의 일부를 잔류시켜 심경과 같은 작용을 가하고, 또 매년 또는 매계절 재배하는 작물의 종류를 다르게 하기 때문에 고랑의 깊이, 뿌리의 분포를 매년 변화시켜 연작에 비하여 여러 가지 다른 물리적 처리가 토양에 가해지게 된다. 한편 토양미생물의 측면에서도 다르기 때문에 잠재양분을 유효화하기 쉽다.

이에 반하여 연작은 뿌리의 분포가 매년 같고, 여기에 동일 유기물이 환원되기 때문에 토양미생물이 고정되고 잠재양분의 방출도 적어 토양의 노화가 촉진된다. 콩, 땅콩, 옥수수, 목초 등에 추비나 인산 등을 조합하여 연작·윤작을 실시한 후 재배지의 토양양분 함유량과 흡수량의 관계를 표시한 것이 [그림 4-4]에 제시되어 있다. 이에 의하면, 밭에서의 윤작은 같은 양분 함량임에도 불구하고 흡수량이 많다.

그러므로 토양양분을 유효화할 수 있다는 것이 확인되었다. 그 이유로는 윤작을 실시하는 밭에서는 이미 설명한 대로 토양미생물의 종류가 많고, 그 활동이 왕성하여 토양양분의 유효화가 용이하므로 결국 이는 뿌리의 생육을 건전하게 할 수 있는 터전이 된다.

[그림 4-4] 윤작과 연작에서 토양의 양분 함량과 흡수량의 관계

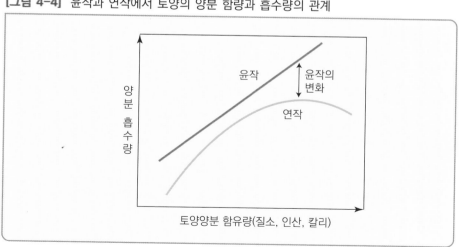

그러므로 전형적인 윤작작물의 하나로 목초를 토지에 도입하는 의의는 비료를 많이 쓰는 현대농업에서는 단순한 유기물의 공급, 미생물의 조절, 물리성을 개선한다는 데 그치지 않고, 토양에 활력을 주어 지력의 발현을 도모하는 데 도움을 준다.

6 토양전염성 병충해의 발생 억제

연작을 하면 토양 중의 특정 미생물이 번성하고 그중 병원균은 병해를 유발하여 기지(soil sickness)의 원인이 된다. 기지현상으로 인해 염류집적, 토양물리성 악화, 토양전염병 발생, 유독물질 축적, 선충 번식이 발생한다.

맥류, 옥수수 등의 화본과작물은 두과나 채소와의 공통 병충해가 비교적 적기 때문에 화본과작물을 중심으로 윤작을 조합하는 것이 토양전염성 병충해의 발생을 억제할 수 있다.

4. 유기농업을 위한 윤작

(1) 논의 윤작체계

논의 유기곡류 생산은 기본적으로 답리작 중심의 유기조사료 윤작 모델이다. 제1년차에서 보리＋벳치(vetch)를 재배하며, 이때 생산된 보리는 유기보리로 오리의 사료로 이용한다. 그리고 알곡을 수확하고 남은 보릿짚과 벳치는 논에 그대로 썰어 넣고 벼를 심게 된다. 두 번째 해는 호밀과 벳치를 심고, 그 후 우렁이농법 벼 재배의 작부체계를 구성해 보았다. 3년차에는 봄에 보리와 완두를 재배하는 조합을 가상하였다. 보리와 완두는 유기적으로 생산된 것으로 오리의 사료로 또는 유기곡류로 판매할 수 있을 것이다.

한편 벼 재배에서도 벼의 품종을 몇 가지로 나누어, 예를 들면 조생종과 만생종 또는 장간종과 단간종, 메벼와 찰벼로 나누어 같은 종류의 품종은 연

〈표 4-7〉 논의 유기곡류 생산 윤작조합의 예

월별\연차	1~5	6~9	10~12	비 고
1년차	보리＋벳치	오리제초 벼 재배	보리＋벳치	보리는 오리용 유기사료로 이용
2년차	보리＋벳치	우렁이농법 벼 재배	호밀＋벳치	유기콩과 호밀 생산
3년차	보리＋완두	쌀겨 이용 벼 재배	벳치	유기보리 및 완두 생산

속해서 재배하지 않는 원칙을 고수하는 등의 배려가 있어야 할 것이다. 이때 수량이 어느 정도 될 것인가, 그리고 어떤 병충해가 예상될 것인가 등에 대한 문제는 장기적 과제로 남겨 두고, 이러한 윤작 모델을 직접 실험을 통해서 알맞은 작부조합과 윤작체계로 규명해야 할 것이다.

(2) 밭의 윤작체계

앞서에서도 지적한 바와 같이 우리나라 농가는 윤작에 대한 경험이 없고, 같은 포장에 해마다 같은 작목을 재배하는 연작을 실시해 왔다. 이런 연작의 가장 큰 피해는 소위 기지현상(sickness of soil)의 발생이다. 이것은 여러 가지

[그림 4-5] 호밀과 헤어리벳치 답리작 재배광경

〈표 4-8〉 각 작물별 적정 휴한 기간

작물 종류	1년 휴한	2년 휴한	3년 휴한	5년 휴한
곡 류	콩	땅콩	-	완두
근 채	-	감자	토란	우엉
엽 채	쪽파, 시금치	-	쑥갓	-
과 채	-	오이	토마토, 참외, 고추	수박, 가지
연작 피해 적은 작물	벼, 맥류, 조, 수수, 연근, 순무			

생육장해현상과 병충해 발생으로 수량을 기대할 수 없는 것을 말한다. 기지현상을 방지하기 위한 수단으로 토양소독, 각종 유기농업자재 그리고 공장형 퇴비를 사용하는 것이 유기채소 및 과채류 생산농가가 이용하는 방법이다. 그러나 Codex 기준에 의하면, 화학약품을 이용한 토양소독과 공장형 퇴비의 사용이 금지되어 있으므로 규제기준의 유기농산물을 생산하기 위해서는 지금까지 해왔던 영농방식을 근본적으로 변화시킬 필요가 있다. 그 첫째는 비옥도 유지를 위한 퇴비생산으로, 이를 위한 유축농업(有畜農業)의 부활이다. 둘째는 윤작체계의 확립으로, 이를 위해 토양의 비옥도나 토지형질에 따라 몇 개의 구획으로 나누고 여기에 적합한 작물을 윤작하는 것이다. 이러한 작부체계의 확립을 위해서는 각 작물의 연작에 대한 내성을 알 필요가 있으며, 그 예는 〈표 4-8〉과 같다.

윤작을 하기 위해서는 유기농가의 영농규모가 어느 정도 이상이어야 하는데, 1만 5,000평의 경작지를 가지고 있다고 가정할 때 토양비옥도와 생김새로 보아 4개 구역으로 나누고, 여기에 해마다 각기 다른 작물을 재배하는 것이다.

[그림 4-6]을 보면 포장을 4개로 분할하고, 여기에 주작물을 하절기에 재배되는 것으로 하고 나머지는 보조작물로 재배한 예이다. 그리고 각 구획마다 토양비옥도 향상을 위해 두과 또는 목초를 삽입한 것이 특징이다. 물론 이와 같은 윤작은 매년 작부체계가 바뀌게 된다. 즉 A구획은 그 이듬해에는 B구획의 모델인 곡류 중심, 그 다음해에는 고구마 중심, 또 그 다음해에는

[그림 4-6] 밭에서의 윤작체계의 예

월별 구획 3회	1	2	3	4	5	6	7	8	9	10	11	12	비 고
A	맥 류				두과 중심			맥 류					두과는 콩
B	녹비작물				곡류 중심			녹비작물					곡류는 간식용 옥수수
C	초 지				고구마 중심			초 지					고구마는 식용
D	채 소				조사료 중심			채 소					조사료는 수단그래스

조사료 중심의 순으로 순차적으로 바뀌게 된다.

물론 유기농가가 이러한 윤작체계대로 실행하기 위해서는 수익과 연결될 수 있는 모델이어야 한다. 그러한 측면에서 제시한 작부체계가 탁상공론이 아닌 농가에서 현실적으로 받아들일 수 있는 모델인지는 논의의 여지가 많다. 실현가능한 작부체계가 되기 위해서는 실험을 통한 검증이 필요하다. 그러나 윤작시험은 장기간을 요하기 때문에 개인의 경험을 적용하는 데는 상당한 시행착오가 예상되므로 농촌진흥청 등의 공기관에서 적용 모델을 규명하여야 할 것이다.

(3) 채소재배지의 윤작체계

우리나라에서 채소재배시 문제가 되는 것은 단일작물의 연작이다. 이로 인한 병충해 발생으로 수량과 품질이 저하된다. 그 원인으로 토양전염성균, 선충(nematoda)의 번성, 유해물질의 분비, 특수성분의 결핍 그리고 토양물리성 악화 등을 들고 있다. 협소한 경지면적을 생각하면 연작이 불가피하고, 연작을 전제로 한 경영과 기술개발이 시도되고 있으나 이에 따른 여러 가지 문제점이 파생되고 있다. 이를 타개하기 위한 방법으로 다량의 농업 자재를 사용하고 있으나 고투자로 인한 유기농산물 가격의 상승을 피할 수 없게 되었다. 따라서 노지나 비닐하우스에서 채소재배시의 윤작체계에 대한 연구가 이루어져야 할 것이다.

한 예로 부분적으로 윤작을 실시하고 있는 기무라(木村, 1983) 씨의 윤작방법은 다음과 같다. 그는 총 2.75ha의 밭에서 수박, 고구마, 생강, 토란, 우엉, 땅콩, 당근, 보리와 0.2ha의 하우스에서 토양의 특성을 고려한 재배체계를 갖고 있는데, ① 연작은 원칙적으로 하지 않으며, ② 특히 연작장해가 발생하기 쉬운 감자와 우엉은 7년 정도 간격을 두고, ③ 당근의 전작으로 파를 재배하면 당근의 표피가 좋아지며, ④ 땅콩과 고구마를 연결하여 상호간의 병해 발병을 막고, ⑤ 땅콩과 고구마 재배 후에는 우엉을 재배하지 않는다. 이렇게 하면 기형의 우엉이나 고구마의 잎마름병이 방제가 되며, ⑥ 적당히 수수를 재배하여 이것을 녹비로 이용하면 유기물 공급과 다음 파종시간을 조절할 수 있었다. 이렇게 하였을 때 대부분의 작물은 이 지역의 평균수량 이

[그림 4-7] 전작 야채 경영 발전단계

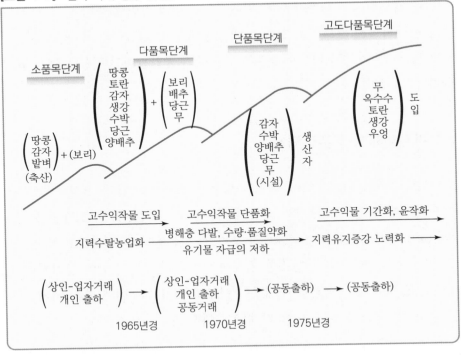

(木村, 1983)

상을 나타내었으며, 특히 생강, 우엉, 당근은 장해가 나타나지 않고 수량도 안정되었다고 한다.

야채 재배지인 지바현의 작목 및 경영 변화는 [그림 4-7]에서 보는 바와 같다. 그러나 우리나라에서 3~4년 간격으로 윤작을 실시하는 사례는 거의 없고, 다만 기간작물(main crops)과 부작물 중심의 작부체계를 이용하며, 농가만이 단기윤작작물을 재배하고 있을 뿐이다. 이러한 작부체계에서는 병충해의 발생이 필연적이다.

〈표 4-9〉는 우리나라 원예작물 재배농가에서 흔히 나타나는 병해를 요약·정리한 것이다.

〈표 4-9〉 채소재배시 토양환경 때문에 발생하는 병해

작물명	병 명	질소과잉	염류집적	산성토	알칼리토	관개수	수 분	멀칭피복
감 자	역 병	○				○		
	무름병	○						
	겹둥근무늬병	○				○		
	시들음병	○				○		
	풋마름병	○						
	더뎅이병		○		○			
오 이	역 병	○						
	풋마름병	○						
	반점세균병		○					
	노균병						○	
	모잘록병							○
토마토	역 병	○						
	시들음병	○		○	○			
	풋마름병	○	○					
	무름병	○						
	갈색무늬병					○		
	탄저병						○	

작물명	병 명	질소과잉	염류집적	산성토	알칼리토	관개수	수 분	멀칭피복
담 배	풋마름병	○						
	무름병	○						
	허리마름병							○
	역 병	○						
	뿌리썩음병		○	○	○			
딸 기	시들음병	○						
양배추	시들음병	○						
가 지	풋마름병	○						
무	시들음병	○						
당 근	풋마름병	○						
수 박	풋마름병	○						
셀러리	잎마름병	○						
배 추	무사마귀병			○				
	모잘록병			○				
	시들음병					○		
	검은무늬병					○		
	검은빛썩음병					○		
고구마	흰빛날개무늬병						○	
콩	모잘록병			○			○	
밀	모잘록병				○			
참 깨	시들음병	○						
밭 벼	잎집무늬마름병					○		
	흰빛잎마름병					○		
발병도 합계		22	4	5	4	9	4	2

(김여운, 2003)

이 표는 대부분 채소농가의 병해 원인이 대부분 질소과잉에서 비롯된다는
것을 나타내고 있다. 즉 유기농업이란 이름으로 공장형 퇴비 위주로 시비를
한 결과 작물의 요구보다 많은 질소가 투입되어 질소과잉이 초래된 것임을
시사하는 조사결과이다.

이러한 문제를 해결하기 위해서 윤작을 실시한다면 주작물인 채소의 재배 면적이 급격히 감소할 수 있기 때문에 이에 대응하기 위하여 제시된 것이, 단기간 청예작물을 청소작물(cleaning crops)로 도입시키자는 것이었다(西尾, 1997).

즉 옥수수, 수수, 보리, 호밀, 귀리, 이탈리안라이그래스 등의 화본과작물을 출수기 내지 개화기까지 노지에서 50~70일 정도 재배 후 예취하여 절단하여 다시 토양에 환원시키는 것이다.

〈표 4-10〉에서 보는 바와 같이 건물 생산량이 많은 청예작물을 하우스 내에서 재배할 때 질소는 10a당 20kg 전후, 칼리는 40kg 정도를 흡수한다. 이에 의해 공장형 퇴비나 화학비료의 다량 시비에 의한 과잉양분을 흡수하여 토양 중 양분수준을 저하시킬 수 있다.

또 수확한 청예작물은 재배지에 그대로 투입하여 유기물 보충에 의한 토양의 물리성 개선의 효과도 기대할 수 있다. 그러나 이러한 과정은 장기간에 걸쳐 실험된 것이 없기 때문에 전반적인 채소재배지 윤작체계에 대한 검토가 필요하다. 즉 노지나 비닐하우스에서 과채나 쌈채소 등을 재배할 때 현재의 버섯 재배 폐기물이나 톱밥을 이용한 유기물 투입과 각종 농업제제 대신 윤작과 유기퇴비를 이용한 토양비옥도 유지, 그리고 생태적 방법에 의한 병충해방제는 한국 유기채소농가가 접근해야 할 대안으로 생각되며, 이 분야에 대한 장기적 연구가 요구된다.

〈표 4-10〉 시설재배에서 청예작물의 양분 흡수

청예작물	수량(t)	양분 흡수량		
		질소(kg)	인산(kg)	칼리(kg)
옥수수	5~7	20~30	3~4	50~90
수 수	5~7	20~30	3~5	30~70
피	5~7	10~25	1~3	30~50
귀 리	3~6	10~20	2~4	30~40
호 밀	3~4.5	10~20	2~4	30~40
이탈리안라이그래스	3~6	10~20	1~4	20~40

(松澤, 1984)

(4) 조사료 생산 윤작체계

유기축산의 전제는 유기사료의 생산이다. 초지, 전작, 답리작 그리고 최근에는 수도를 이용한 조사료 연구까지 실시하고 있으나 여기서는 세 가지 경우만을 예로 들었다.

1 초지 중심

1년차	2년차	3년차	4년차	5년차	6년차
혼파초지	혼파초지	혼파초지	옥수수, 수단그래스, 추파맥류+두과목초	옥수수, 수단그래스	혼파초지

2 전작 중심

가능조합 \ 월별	1	2	3	4	5	6	7	8	9	10	11	12	비 고
1	호밀+벳치				옥수수				호밀+벳치				엔실리지용 옥수수
2	호밀				콩				유채				콩은 유기콩 사료 이용
3	보리+헤어리				수단그래스				호밀+크림손				청예용
4	귀리+완두				옥수수, 수단그래스				유채				청예용, 엔실리지
5	이탈리안라이그래스+벳치				피, 수단그래스				이탈리안라이그래스+벳치				청예용

3 답리작 중심

가능조합 \ 월별	1	2	3	4	5	6	7	8	9	10	11	12	비 고
1	이탈리안라이그래스+벳치·크림손					오리농법 벼 재배			이탈리안라이그래스+벳치·크림손				볏짚은 유기조사료
2	보리+벳치·크림손					오리농법 벼 재배			보리+벳치·크림손				
3	보리+벳치·크림손					오리농법 벼 재배			보리+벳치·크림손				

유기조사료 생산기술의 핵심은 두과와 화본과작물을 혼파하거나 1년에 여러 번 파종과 수확을 하는 경우, 두 작물의 혼파 또는 작부체계 중 한 번은 두과작물을 넣어 재배하는 것이 핵심이라고 할 수 있다. 이것은 물론 두과의 질소고정 능력을 이용하고자 함이다. 먼저 초지 중심의 유기조사료는 혼파초지를 조성하여 3년 정도 이용한 후 토양비옥도를 유지한 다음에 다시 생산성이 높은 옥수수나 수단그래스를 재배하고, 그 해 가을에 다시 추파맥류와 두과목초를 혼파하고, 이듬해 다시 옥수수나 수단그래스를 재배하고, 6년차 가을에는 혼파초지를 조성하는 것이 특징이다. 물론 유기축산의 특성에 맞추기 위해서, 특히 산지초지의 경우에 화학비료 대신 유기질비료나 퇴비 또는 액비를 살포하면서 방목지로 계속 이용하는 방법이 있을 것이다.

전작 중심의 핵심은 가을에 두과와 화본과를 파종하여 이듬해 봄에 이용하고, 여기에 전통적으로 재배하던 하계 단기작물인 옥수수나 수단그래스를 재배하는 것이다. 이 중 하나로 여름철에 콩을 재배하여 비옥도를 도모하는 방법도 제시하였다. 이때 생산되는 콩은 조사료가 아닌 유기사료로 이용하는 것을 가정한 것이다. 전작 중심 유기조사료 생산의 특징 중 하나는 우리나라에서 잘 이용하지 않는 완두를 새로운 두과작물로 제시하였다는 점이다.

5. 유기물 확보를 위한 녹비·피복작물 재배

(1) 밭에서의 재배

녹비작물(green manure)이란 수확 후 갈아엎어 유기물과 양분 수준을 향상시켜 토양의 구조와 비옥도 증진을 위해 재배하는 작물을 말한다. 대표적인 녹비와 피복작물로는 밭에서는 두과목초이며, 논에서는 자운영을 들 수 있다. 특히 두과는 토양에 질소를 남겨 토양비옥도를 높인다. 두과의 질소고정량은 학자에 따라 다르나 평균 ha당 140kg 정도라고 하며, 클로버, 앨팰퍼

[그림 4-8] 크림손클 로버와 보리(나주)

등의 두과목초는 200kg 이상이 된다는 보고도 있다. 이들은 고정량의 2/3를 뿌리에 남겨 토양질소 수준을 높인다. 그러나 콩과 같이 종실을 수확하는 경우는 ha당 약 100kg으로 고정하지만, 고정한 질소가 종실로 이동하여 토양질소 수지는 오히려 마이너스가 된다. 따라서 청예용 콩을 재배하여 녹비로 이용하지 않으면 의미가 없다. 또 두과작물은 질소고정을 하기 때문에 부족한 양분을 충분히 보충하지 않은 토양에서도 재배할 수 있다고 오해하기 쉬우나 원활한 질소고정을 위해서는 인산, 칼슘, 칼륨 등이 필요하며, 이것을 보충해 주지 않으면 두과작물의 녹비효과는 작다. 서양의 윤작은 두과작물을 도입하는 것을 기본으로 하고 있으나 우리나라에서는 이러한 방식을 이용하지 않고 있다. 작부체계에 삽입한 가을부터 봄까지 단기간 두과 도입이 가능하나, 지온이 낮을 때는 질소고정량이 적고 1년 내내 재배하는 것이 질소고정량이 많다. 서양에서는 생력적 농지관리를 위하여 농지의 일정 부분은 두과를 재배하고 소를 방목하여 가축으로부터 수입을 올리는 예가 있다.

(2) 논에서의 재배

1 헤어리벳치 재배

벳치의 품종 중 가장 많이 이용되는 것은 헤어리벳치(hairy vetch)이다. 과수원, 밭 등에서 재배할 수 있으나 답리작으로 재배하는 경우가 많다. 적지는 사양토나 양토이며, 배수가 잘 되는 곳이 좋고, 산성토양에서는 잘 적응하지 못한다.

파종방법은 벼가 있는 상태에서 하는 벼입모중파종법과 벼 수확 후 파종한 뒤 산파하고 로터리를 치는 방법이 있다. 파종은 인력 또는 동력살분무기로 할 수 있다. 여러 가지 파종방법 중 입모중에 물을 빼고 파종하는 것이 가장 좋다.

파종시기는 중북부지방(한강 이남)은 10월 상순이 한계이며 가능한 빨리한다. 파종량은 10a당 6~9kg이다. 이때 주의할 것은 헤어리벳치가 자라던 곳의 흙과 종자를 함께 뿌려 주는 소위 종토접종(soil inoculation)을 해야 한다는 것이다. 시비는 관행재배에서는 질소비료를 주지 않고 인산과 칼리를 각각 3.75kg씩 주었을 때, 무비구에 비하여 146%의 수량증수가 있었다는 보고

[그림 4-9] 헤어리벳치와 보리 혼작

〈표 4-11〉 주요 녹비작물의 양분특성 변화　　　　(단위: kg/10a, 5월 23일 수확)

구분	녹비작물	논토양		밭토양	
		건물중	질소생산	건물중	질소생산
두과	헤어리벳치	567	16.5	587	15.3
	크림손 클로버	864	14.7	817	13.1
	푸치베리	307	6.5	180	4.7
화본과	곡우, 호밀	951	14.3	1,368	11.0
	영양보리	965	11.6	1,471	8.4
화본과	신영라이밀	-	-	1,995	14.0
	귀리	-	-	324	4.4

(국립식량과학원, 2009)

가 있다.

　그러나 유기재배에서는 화학비료를 쓰지 않기 때문에 10a당 벼 수확 후 재(초목회) 70kg을 뿌리고, 시비는 가축의 퇴구비를 이용한다. 10a당 수량은 1,500~3,000kg 범위이며, 건초로는 500kg 정도이다. 이 녹비 중에 함유된 질소는 9.9~18kg이다. 유기벼 재배를 위해서는 생산된 녹비를 베어 적당한 길이로 잘라 2~3일 동안 말린 후 표면에 뿌리고 갈아엎는데, 이러한 작업은 모내기 1주일 전까지는 끝내야 한다.

　논에 투입하는 헤어리벳치의 양에 따라 차후 쌀의 수량에 영향을 미치므로, 10a당 2,500kg 이상은 벼의 도복이 우려되기 때문에 2,000kg 이하만을 녹비로 사용하는 것이 좋다. 이때 질소와 칼리는 시용하지 않아도 된다. 다만 인산질 비료 역시 천연의 것을 이용하여 시비해야 한다.

　녹비 처리가 쌀의 품질과 수량에 미치는 영향에 관한 연구는 〈표 4-12〉, 〈표 4-13〉에 제시하였다. 호밀, 호밀+헤어리벳치, 헤어리벳치, 관행(질소비료 100%)를 시용했을 때의 수량 및 수량지수는 〈표 4-12〉에 제시하였다. 쌀 수량은 헤어리벳치 처리가 534kg로 가장 높았다. 수량은 다른 처리구에 비하여 6%로 가장 높았다. 이것은 헤어리벳치의 질소수량이 많았고 이것이 쌀의 수량으로 연결된 결과로 사료된다. 즉 질소비료를 화학비료로 준 처리에

〈표 4-12〉 녹비 처리에 따른 쌀 수량 변화(질소시용 0일 때)

처리	등숙비율(%)	현미천립중(g)	쌀 수량(kg/10a)	수량지수
호밀	86.0	21.2	449	89
호밀+헤어리베치	79.5	20.8	494	98
헤어리벳치	75.6	20.1	534	106
관행	85.4	21.4	502	100

(국립식량과학원, 2009)

〈표 4-13〉 녹비 처리에 따른 백미의 쌀 품위(질소비료 0일 때)

처리	완전립	피해립	단백질	아밀로오스
호밀	94.4	0.6	5.6	17.1
호밀+헤어리벳치	89.3	0.9	6.5	16.7
헤어리벳치	89.2	1.0	7.2	16.2
관행(질소 100%)	92.1	1.6	6.1	16.2

(국립식량과학원, 2009)

비해서 수량이 더 많았다는 것은 녹비의 효과가 월등하다는 것을 나타낸 결과라 할 것이다.

쌀의 품질도 헤어리벳치구가 쌀에서 부족하기 쉬운 단백질이 다른 처리구보다 높았다. 관행의 6.1%보다 1% 이상 높아 품질에서도 우수한 결과였다. 다만 아밀로스는 호밀처리구가 가장 높은 17.1%를 나타내었다.

❷ 자운영

논의 자운영 재배가 일제 강점기에는 권장되었으나 화학비료가 일반화되면서 보급·연구는 거의 실종되었고, 최근 정부의 '푸른들 가꾸기'의 일환으로 일부 재배가 재개되고 있다.

이것은 남부지방의 답리작으로 재배되던 녹비작물로, 중부 이북지방에서는 월동이 어렵다. 재배 적지는 배수가 양호한 양토나 식양토로 산도 5.2~6.2에서 잘 자란다. 완숙된 종자는 발아율이 60%로 낮다. 종실보다 작은 모래를 30~40% 혼합하여 절구에 넣고 가볍게 찧은 후 파종하면 발아율

[그림 4-10] 논에서의 자운영 재배

[그림 4-11] 자운영 환원방법에 따른 등숙율, 완전미율 및 쌀 수량('05~'06, 영농연)

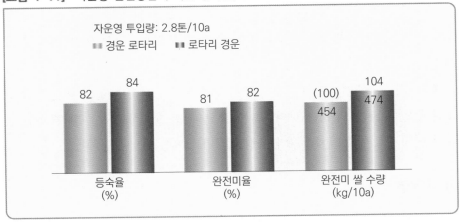

(김, 2007)

을 높일 수 있다. 또 파종시 균핵병 예방을 위하여 비중 1.03~1.10의 소금물에 담가 소독 후 파종하는 것이 좋다.

파종 적기는 8월 하순에서 9월 중순이며, 이때는 벼를 수확하기 전이므로 입모 중에 인력으로 산파한다. 파종량은 약 3~4kg로 하고, 헤어리벳치와 마찬가지로 종토접종을 한다.

벼를 수확한 후 10a당 40~60kg의 초목회(재)와 두엄을 뿌린다. 월동 전 볏짚을 9cm 정도로 썰어 10a당 1,000kg 주면 월동률 향상과 함께 건조한 봄철에 잘 견딘다.

자운영에 대한 시비효과는 [그림 4-11]에서 보는 바와 같다. 자운영은 2.8톤/10a를 투여하였고 경운은 경운과 로타리 경운을 했을 때 등숙율, 완전미, 쌀의 수량을 조사한 결과다. 전체적으로 볼 때 로타리 경운한 것이 좋은 결과를 나타났는데 쌀 수량은 약 4%가 증가한 474kg이었다.

6. 가축 분뇨의 이용

유기농업은 양분의 순환을 자연적으로 이루어지도록 하는 것이 핵심이다. 이를 위한 윤작이 필수적이며, 특히 윤작 작부체계에 두과를 포함시켜 공중질소 이용을 하도록 해야 한다. 작물재배는 토양으로부터 양분탈취가 수반되기 때문에 이를 보충해 주어야 한다. 그 수단으로 앞에서 언급한 녹비작물의 재배나 두과를 이용하며, 마지막으로 가축 분뇨나 인분 등을 사용하여 토양비옥도를 높여야 한다. 유기농업 가축의 구비는 중요한 비료원이기 때문에 가축 없이 유기농업을 한다는 것은 적당한 섭생 없이 건강을 유지하겠다는 것과 다를 바가 없다.

(1) 가축 분뇨와 화학비료의 차이

가축 분뇨는 각종 영양분을 함유하고 있어서 종합영양제와 같은 효과가 있다고 하였다(류, 2003). 비타민으로 비유하면, 칼리비료가 비타민 C라면 유기질비료는 종합비타민과 같은 역할을 한다고 비유할 수 있다. 그러나 퇴비의 종류별 편차가 심하고, 그 효과가 늦게 나타나며, 비효가 일정하지 않은 단점이 있다. 각 축종별 분뇨의 특징을 류(2003)는 다음과 같이 기술하고 있다.

1 우분뇨

조사료 위주로 사육한 경우에는 섬유소, 리그닌, 유기물, 칼륨 함량이 높고, 무기물(질산, 인산, 칼슘, 마그네슘) 함량은 낮다. 따라서 작물에 시용시 돈분이나 계분보다 피해가 적다. 소의 분뇨에는 난분해성 유기물이 많아 토양의 유기물 함량을 증진시키는 효과가 큰 것이 우분뇨의 장점이다. 함유성분의 화학비료 대비 비효는 질소는 약 30%, 인산은 80%, 칼리는 약 90%이다.

2 돈 분

섭취사료가 섬유소와 리그닌은 적고, 전분과 단백질이 많기 때문에 유기물함량은 우분보다 낮은 경향이지만, 질산과 인산 함량은 더 높아서 염류집적효과 때문에 작물에 생육장애를 초래하므로 과다 시용하지 않는 것이 좋다.

3 계 분

계분은 질소, 인산, 칼슘의 함량이 높고 분해가 빠르지만, 유기물 함량은상대적으로 낮아 토양개량적 기능은 약하다. 화학비료와 대비한 계분의 비효는 질소는 약 70%, 인산은 80%, 칼리는 90%로 화학비료와 거의 대등한비효를 나타낸다. 그러나 과다 시용하면 토양 염류집적과 작물 생육에 장해를 발생시킬 수 있다.

(2) 축종별 분뇨 발생량 및 적정 사육두수

〈표 4-14〉에서 보는 바와 같이 배설량과 청소를 위한 물을 합한 것이 총배설량으로 가정하였을 때 젖소가 가장 많은 37.7리터이고 가장 적은 것은 돼지5.1리터다. 닭은 청소할 때 물을 사용하지 않으므로 1일 124.7g의 분만 배출하게 된다. 여기서 제시된 양은 소는 육성우, 중소, 성우의 평균이며 돼지 역시 자돈, 육성돈, 성돈의 평균이다. 닭도 마찬가지로 평균치로 보면 된다.

성분은 표에 제시되지 않았지만 소(전우군 평균)의 오줌에는 질소가 1.02%,분에는 0.33%, 돼지는 오줌에 0.80%, 분에는 0.96%가 함유되었고 닭의 분

〈표 4-14〉 가축종류별 분뇨 배설량 및 세정수 발생량(소, 돼지=L/마리/일, 닭=g/마리/일)

구분		한 우	젖 소	돼 지	산란계	육 계
배설량	분	8.0	19.2	0.87	124.0	85.5
	뇨	5.7	10.9	1.74	-	-
	계(A)	13.7	30.1	2.61	124.7	85.5
세정수(B)		-	7.6	2.49	-	-
배출원(A+B)		13.7	37.7	5.10	124.7	85.5

〈표 4-15〉 액비시용에 따른 벼-보리 이어짓기 수량 변화

처리	쌀 수량(kg/10a)		보리 수량(kg/10a)	
	현 미	지 수	겉보리	지 수
무시용	268	54	51	-
화학+화학	474	100	355	100
화학+액비	490	103	359	101
액비+화학	495	104	361	102
액비+액비	543	114	357	101

(농업과학원, 2012)

은 앞의 초식가축보다 높아 1.39%의 질소가 함유된 것으로 조사되었다. 손(2000)에 의하면 헥타르(ha)당 연간기준 액상분포량을 고려한 적정사육두수는 한우 젖소는 3.3두, 돼지 12.5두, 닭은 353수라고 한다.

수량을 보면 화학비료로 재배한 구를 100으로 보았을 때 액비로 대체한 경우 벼는 114%, 보리는 101%의 수량을 보여 화학비료를 대신할 수 있음을 보여 주고 있다. 서양에서는 유축농업으로 자기농가에서 생산한 구비를 유기농 포장에 시비하는 경우가 많아 소위 경축순환농업이 가능하지만 우리나라는 이러한 경우는 점점 줄어들고 축산도 대규모화·단지화하기 때문에 여기서 생산된 분뇨를 처리하여 개개 유기농가에 살포하는 방법이 더 현실적이다.

만약 유기농가에 가축이 있다고 가정할 때 ha당 젖소는 3.3두, 돼지는 12두, 닭은 353수라는 연구결과도 있다. 그러나 앞에서 설명한 대로 우리의 현

실은 유축농업이 사실상 불가능하기 때문에 분뇨처리장에서 구입하여 살포하는 것이 더 실현 가능한 방책이라 할 수 있다.

7. 잡초방제

농업은 잡초와의 전쟁이란 말이 있듯이, 잡초방제(weed control)는 관행농업은 물론 유기농업에서도 가장 해결하기 어려운 일 중의 하나이다. 그래서 일본에서도 정농(精農)은 풀을 볼 수 없게 하기 위해 풀을 뽑아 낸다라는 말처럼 밭에 한 포기의 풀도 자랄 수 없게 하는 것이 미덕이 되었다(魚住, 2000). 우리나라에서도 예부터 잡초방제의 필요성이나 제초효과에 대한 기록이 『농사직설』, 『진북학의』, 『과농소초』 등에 기술되어 있다고 한다.

김(1998)에 의하면 잡초란 제자리에 발생하지 않는 식물, 인간이 원하지 않거나 바라지 않는 식물, 인간과 경합적이거나 인간의 활동을 방해하는 식물, 작물적 가치가 평가되지 않는 식물 등이라고 정의하고 있다.

그러므로 잡초는 농작물에 피해를 준다는 것이 관행농가의 일반적인 사고다. 즉 잡초는 손해를 끼친다라고 믿고 있다. 첫째 작물과 축산물의 생산량을 감소시키고 질을 저하시키며, 둘째 경지의 이용성을 감소시키며 농작물과 관개 및 배수에 지장을 주고, 셋째 병균과 해충이 서식할 장소를 제공하며, 넷째 일부 잡초는 독성이 있어 가축과 인간에 피해를 준다는 것이다. 따라서 온갖 수단과 방법을 동원하여 제거해야 한다는 논리이다. 그리하여 상농은 풀이 자라기 전에 뽑고, 중농은 풀이 난 뒤에 뽑으며, 하농은 풀이 나도 뽑지 않는다는 말까지 있을 정도이다.

(1) 잡초에 대한 유기농업적 관점

그러나 유기농업적 관점에서 보면 잡초는 제거의 대상이 아닌 생태계의 일부라고 본다. 특히 방제의 대상이 아닌 균형이라는 시각으로 바라본다. 관행농가가 농작물의 모습을 자랑하며 그 속에 잡초가 섞여 있는 것을 싫어하는 반면, 유기농가는 자연계의 일부로 간주하여 완전 제거보다는 일정한 범위 내에서 존재하도록 허용하는 것이다.

따라서 잡초는 토양을 보호하고 유기물과 퇴비자원이며, 자연경관을 보호하면서 야생동물의 먹이와 서식처를 제공하여 환경보존에 일익을 담당한다고 믿는다.

잡초의 유익성에 대한 논의는 여러 가지로 제시되고 있지만 앞에서 지적한 것과 크게 차이가 없다. 다만 일본에서 출간된 『土と雜草』에 의하면, 잡초의 뿌리는 ① 작물에 광범위하게 양분 흡수권을 제공하여 미지의 풍부한 세계로 안내하고 ② 작물의 흡수권 이외에 유실된 양분을 토양 표층에 빨아 올려 환원하며 ③ 심토층을 섬유상화하고 ④ 하층에 저수조를 이용하는 것을 조력한다고 지적하고 있다.

(2) 잡초의 종류

우리나라 농경지에 자라는 잡초의 종류는 상당히 많아 400여 종이나 되며, 밭에서는 300여 종, 논에서는 100여 종이 되는 것으로 조사되었다. 종류의 다양함과 함께 형태나 습성, 그리고 환경에 대한 적응성이 다양하기 때문에 분류법도 많다. 흔히 식물학적, 생활주기, 형태적, 번식법 등에 따라 다양한 방법으로 분류한다.

1 생활주기에 따른 분류

잡초를 발아에서 고사할 때까지 기간에 따라 분류한 것이다. 1년생, 2년생 혹은 다년생으로 분류하기도 한다.

〈표 4-16〉 생활주기에 따른 잡초 분류

생활주기	특성	종류	발생장소
여름 1년	봄 발아, 늦여름 고사	피, 명아주, 강아지풀	논, 밭
겨울 1년	초겨울 발아, 이듬해 여름 고사	독새풀, 냉이	논, 밭
2년생	봄 발아, 이듬해 초여름 고사	엉겅퀴, 야생당근	밭
다년생	2년 이상, 종자번식	민들레, 질경이	밭

② 발생장소에 따른 분류

경작지 중 어느 곳에서 발생하느냐에 따라 분류한 것이다. 크게 밭과 논의 잡초로 분류한다.

이 밖에 과수원에도 문제가 되나 뽑기보다는 예취하여 방제하고, 또 낙과 방지, 토양피복 등을 위하여 지표에 피복하는 것이 오히려 좋은 경우가 많다.

〈표 4-17〉 발생장소에 따른 잡초 분류

발생장소		특성	종류
논	못자리	이앙하기 전의 못자리에서 발생	쇠털골, 강피, 마디꽃, 물달개비, 방동사니, 올미
	본답	이앙 후 본답에서 발생	피, 올방개, 여뀌, 알방동사니, 가래, 벗풀, 독새풀, 광대나물
	직파답	종자를 직접 파종했을 때 발생	논잡초 및 밭잡초 발생
밭	하계잡초	5~8월 사이 발생	강아지풀, 명아주, 바랭이, 쇠비름, 돌피, 개비름
	추계·춘계잡초	늦가을, 이른봄에 번성	독새풀, 벼룩나물, 별꽃, 냉이류, 갈퀴덩쿨
과수원	하계잡초	경사지에서 번성	강아지풀, 돌피, 망초, 쑥, 메꽃

(3) 잡초의 방제

유기농가가 이용할 수 있는 잡초방제방법은 크게 다섯 가지로 나눌 수 있다(김, 1999). 첫째, 예방적 방법으로 논두렁과 밭뚝의 잡초를 방제하거나 퇴비에 잡초종자가 혼입되지 않도록 하는 것이다. 둘째, 유기농가가 주로 하는 방법으로 호미나 레이크(rake) 등으로 매주는 방법이다. 셋째, 소각이나 비닐 피복 등의 물리적 방법이 있다. 넷째, 생태적 방제법(ecological control method)으로 윤작과 피복작물재배 및 잡초와 경합에서 이길 수 있는 초기 생육이 빠른 작물재배를 통한 방제이다. 마지막으로 생물학적 방제법이 있다. 즉 어떤 식물이 가진 화학물질이 다른 작물의 생육을 저해 또는 촉진하는 작용을 이용하여 잡초를 예방하는 방법이다. 이러한 작용을 대립작용(allelo-pathy)이라고 한다. 또 이 같은 성질을 이용한 잡초방제의 예로는 호밀, 보릿짚, 왕겨, 해바라기 대 등을 토양에 피복하고 작물을 재배하면 잡초 발생이 억제된다고 한다.

오리농법을 이용하면 잡초방제를 할 수 있는데, 이것도 생물학적 방제로 보고 있다. 유기농가가 잡초를 방제하는 가장 좋은 방법은 괭이나 호미를 이용하여 경작지의 표면을 긁어 주는 것이다. 이를 통하여 잡초문제를 최소화시킨다. 유기농가가 실제로 할 수 있는 방제법은 다음의 네 가지로 요약할 수 있다(魚住, 2000).

❶ 잡초를 뽑거나 억제

이때 할 수 있는 방법은 첫째, 파종 후 중경제초를 하는 방법이다. 휴간과 주간을 관리기(cultivator)나 호미, 괭이 등으로 중경제초하는 것이다. 작물이 성장하여 우점할 때까지 2~3회 실시한다. 이는 엽채류, 콩, 당근, 우엉 등을 재배할 때의 방제법이다. 둘째, 비닐 또는 짚의 피복으로 정식 후에 짚 또는 검은 비닐을 두둑에 덮어 풀을 억제한다. 고랑 사이에 난 풀을 뽑아 피복재료로 이용한다. 과채류, 참마, 양상추 등에서 이런 방법을 쓰는데, 이때 사용하는 비닐은 광분해성 비닐을 쓰지 않으면 안 된다. 셋째, 묘를 육성하여 정식한 후 그 작물이 휴간(furrow)을 피복할 때까지는 중경제초한다. 파, 양파, 양배추, 브로콜리, 꽃양배추 재배 때 이런 방법을 이용한다.

[그림 4-12] 주요 논·밭 잡초

〈논 잡초〉

강피   너도방동사니   물달개비

벗풀   사마귀풀   새섬매자기

〈밭 잡초〉

강아지풀   개여뀌   깨풀

돌피   명아주   바랭이

소리쟁이   쇠비름   환삼덩굴

[그림 4-13] 중경제초용 각종 농기구

[그림 4-14] 짚류 피복에 의한 잡초방제

② 잡초를 이용

초생재배는 주로 과수원에서 사용하는 것으로, 모아(mower)로 4~5회 예취하여 잡초를 방제하는 방법이다. 잡초가 자라도록 내버려 둔 다음 종자가 여물기 전에 베고 갈아엎는 것으로 일종의 휴경법인데, 이는 한여름 동안 지력을 회복하게 하는 방법이다.

③ 윤작을 통한 방제

수확 후 녹비작물을 파종하여 잡초를 억제하는 방법이다. 그 밖에 소맥 10a당 20~30kg 전면에 산파하고 비료를 주지 않는다. 이러한 방법으로 별꽃의 번성을 예방할 수 있다. 목초를 이용한 윤작은 바랭이나 피와 같은 잡초의 방제에 크게 기여하는데, 이와 같은 것은 [그림 4-15]에 잘 나타나 있다.

④ 가열증기제초기, 화염방사제초기 이용

포장면적이 넓은 나라에서는 가열증기제초기(steam weeder), 화염방사제초기(flame weeder)를 이용하여 지면에 가열증기나 화염을 가한 후 파종하는 방법을 이용한다. 특히 유럽의 유기농가에서 일반적으로 많이 사용되고 있다.

[그림 4-15] 목초 파종지와 휴경지

| 목초 파종지 | 휴경지(피우점) |

[그림 4-16] 가열 및 화염제초기

8. 병충해 방제

병충해를 유기적으로 방제하는 것은 살포하는 농약의 종류를 바꾸는 것보다 더 어렵다. 유기농가가 선택할 수 있는 방법은 발병과 방제가 자연적으로 일어날 수 있도록 하고, 나아가 병충해 방제를 위한 유기농업 자재의 시용을 최소화될 수 있는 균형된 영농방법을 개발하는 일이다.

(1) 해 충

해충은 포장의 농작물을 가해할 뿐만 아니라 생산물은 물론 가공품까지 피해를 준다. 해충 중 특히 치명적인 피해를 주는 것은 주로 곤충이며, 우리나라에서는 1,900여 종이 발견된다고 한다. 이렇게 그 수나 종류가 많기 때문에 분류방법도 여러 가지가 있다.

1 가해부위에 따른 해충 분류

〈표 4-18〉 가해부위에 따른 해충 분류

가해부위	종류	특징
식물체	배추흰나비, 배추순나방, 솔나방	잎과 줄기
	하늘소, 이화명충, 나무좀	줄기
	심식나방, 밤나방	열매
	거세미나방, 방아벌레, 고자리	땅속줄기
수맥	진딧물, 응애, 노린재, 깍지벌레	진딧물이 가장 큰 문제
혹 형성	포도뿌리혹진딧물, 밤나무순혹벌, 솔잎혹파리	뿌리, 잎, 액아에 혹 형성
전염병 감염	진딧물, 벼멸구	바이러스 및 벼줄기마름병 감염

〈표 4-19〉는 각 작물별로 문제가 되는 해충을 열거한 것이다. 이 표를 보면 특히 과수에 서식하는 해충이 많다는 것을 알 수 있다. 이것은 곧 유기농업에 의한 과일 생산이 그만큼 힘들다는 것을 반증한다고 하겠다.

〈표 4-19〉 도시유기농업, 벼재배지의 해충

구분		해충명
벼		벼메뚜기, 벼멸구, 애멸구, 흰등멸구, 끝동매미충, 먹노린재, 벼물바구미, 이화명충, 흑명나방, 멸강나방, 벼밤나방
도시농업	노린재목	복숭아흑진디물, 목화진디물, 무테두리진딧물, 싸리수염진딧물, 양배추가루진딧물, 감자수염진딧물, 온실가루이, 홍비단노린재, 알락수염노린재, 꽈리허리노린재, 갈색날개노린재, 썩덩나무노린재, 풀색노린재, 톱다리개미허리노린재
	딱정벌래목, 벌목	큰십이팔점박이무당벌레, 벼룩잎벌레, 좁은가슴잎벌레, 들깨잎벌레, 무잎벌
	총채벌레목	꽃노랑총채벌레, 대만총채벌레
	나비목	배추좀나방, 배추순나방, 배추흰나비, 들깨잎말이명나방, 목화바둑명나방, 파좀나방, 담배거세미나방, 담배나방, 파밤나방, 도독나방, 조명나방, 멸강나방, 고구마뿔나방, 뒷날개흰밤나방
	응애목	점박이응애, 차응애, 차먼지응애
	파리목, 메뚜기목	아메리카잎굴파피, 파굴파리, 섬서구메뚜기

구 분		해충명
	병안목	들민달팽이, 명주달팽이
	선충류	콩시스트선충, 당근흑선충

(농과원, 2018)

이러한 해충들은 알에서 애벌레와 번데기를 거쳐 성충이 되는데, 어떤 것은 정상적인 변태과정을 거치는 것이 있는가 하면 종류에 따라서는 변태를 하지 않는 것도 있다(〈표 4-20〉 참조).

〈표 4-20〉 일생의 방법과 세대변이에 따른 분류

세대변이	해충의 종류	특 징
완전변태	갑충, 벌, 나비, 나방	대부분 애벌레가 농작물 가해
불완전변태	메뚜기, 잠자리	메뚜기가 화곡류 가해
불변태	좀류	저장 곡물 피해
1년 다세대	진딧물	엽채 및 과채류 가해

해충들이 특정한 식물 또는 부위만을 가해하는 것은 그 식물이 가지고 있는 특수한 화학물질에 의해 유인되기 때문이며, 이와 같은 성질을 주화성(chemotaxis)이라고 한다.

해충은 그 종류도 많고, 성질도 각기 다르기 때문에 농약 없이 방제하는 데 상당한 어려움이 있다. 즉 Codex에서 허용하는 식물 해충 방제용 물질을 사용하여 단작 및 연작하는 농작물의 충해를 방제하는 것은 사실상 불가능하기 때문에 관행농과는 다른 각도에서 문제해결의 실마리를 찾아야 한다.

(2) 식물 해충 및 질병관리를 위한 물질

Codex 기준에서 식물 병충해 방제용 물질로 허용하는 것은 〈표 4-21〉에서 제시한 바와 같다. 앞에서 언급한 바와 같이 윤작체계 활용, 경운, 천적의 이용, 토양비옥도 개선 그리고 적절한 차원작물과의 혼작을 통하여 방역하는 것이 기본적으로 채택하고 있는 방법이다. 그러나 이러한 방법으로도 방제가 불가능할 경우 동식물, 광물질, 미생물 제제, 덫 그리고 기타 방법을 이용할 수 있다.

〈표 4-21〉 식물 해충 및 질병 관리를 위한 물질들

물질	특징, 성분 요구사항, 사용 조건
1. 동식물	
제충국(*Chrysanthemum cinerariaefolium*)에서 추출한 것으로 피레쓰린을 기반으로 하는 제제, '활성제(synergist)'로서의 사용을 포함	인증기관이나 인증권자가 필요성을 인정한 경우, 2005년 이후에는 Piperonyl butoxide를 '활성제(synergist)' 용도로 사용할 수 없음
*Derris elliptica, Lonchocarpus, Thephrosia spp.*에서 나온 로테논(Rotenone) 제제	인증기관이나 인증권자가 필요성을 인정한 경우, 이 물질이 수로로 유입되는 것을 방지하는 방식으로 사용해야 함
쿠아시아 제제 (from *Quassia amara*)	인증기관이나 인증권자가 필요성을 인정한 경우
라이아니아 제제 (from *Ryania speciosa*)	인증기관이나 인증권자가 필요성을 인정한 경우
님(Neem) (Azadirachtin, 아자디라크틴)의 제제/제품 (from *Azadirachta indica*)	인증기관이나 인증권자가 필요성을 인정한 경우
밀랍(Propolis)	인증기관이나 인증권자가 필요성을 인정한 경우
동식물성 오일	-
해초, 해초가루, 해초추출물, 해염, 해수	인증기관이나 인증권자가 필요성을 인정한 경우, 화학적으로 처리되지 않은 것
젤라틴(Gelatin)	-
레시틴(Lecithin)	인증기관이나 인증권자가 필요성을 인정한 경우
카세인(Casein)	-
천연 산(예: 식초)	인증기관이나 인증권자가 필요성을 인정한 경우
아스페르길루스(Aspergillus, 누룩곰팡이) 발효제품	-
표고버섯(Shiitake fungus) 추출물	인증기관이나 인증권자가 필요성을 인정한 경우
클로렐라 추출물	-

물질	특징, 성분 요구사항, 사용 조건
키틴질 살선충제(Chitin nematicides)	자연산인 경우
담배를 제외한 천연 식물성 제제	인증기관이나 인증권자가 필요성을 인정한 경우
담배잎차(순수한 니코틴은 제외)	인증기관이나 인증권자가 필요성을 인정한 경우
사바딜라(Sabadilla, 멕시코산 백합과 식물)	-
밀랍(Beewax)	-
스피노새드(Spinosad)	내성 및 비표적종에 대한 위험 최소화 조치 후 사용
2. 광물질	
수산화동, 산염화동, 제3황산동, 아산화동, 보르도 혼합액, 부르고뉴 혼합액 형태로 된 구리	인증기관이나 인증권자가 필요성, 처방, 사용 비율을 인정한 경우, 토양 속의 구리 축적을 최소화시키는 방식으로 살균제(fungicide)로서 사용 가능
황	인증기관이나 인증권자가 필요성을 인정한 경우
광물질 가루(돌가루, 규산염)	-
규조토	인증기관이나 인증권자가 필요성을 인정한 경우
규산염, 점토(벤토나이트)	-
규산나트륨	-
중탄산나트륨	-
과망간산칼륨	인증기관이나 인증권자가 필요성을 인정한 경우
인산철	연체동물 제거용
파라핀 오일	인증기관이나 인증권자가 필요성을 인정한 경우
탄산수소칼륨	-
3. 생물학적 해충 관리에 사용되는 미생물	
미생물(박테리아, 바이러스, 곰팡이)	인증기관이나 인증권자가 필요성을 인정한 경우
4. 기타	
이산화탄소 및 질소 가스	인증기관이나 인증권자가 필요성을 인정한 경우
칼륨비누(연성비누)	-
에틸알코올	인증기관이나 인증권자가 필요성을 인정한 경우
동종요법 및 인도 전통 아유르베다식 제제	-
약용식물 및 생체역학적 제제	-
웅성 붙임곤충	인증기관이나 인증권자가 필요성을 인정한 경우

물질	특징, 성분 요구사항, 사용 조건
쥐약	축사 및 설치물에 있는 해충 제거를 위한 제품. 인증기관이나 인증권자가 필요성을 인정한 경우
에틸렌	초파리 방지용, 감귤의 등급화 및 파인애플의 개화제. 감자·양파 발아억제제. 휴면성이 긴 품종을 구할 수 없거나 현지 재배조건에 적합하지 않은 저장감자·양파의 발아억제제에 대해 인증기관 또는 당국이 필요하다고 인정한 것. 작업자 및 작업자에 대한 노출을 최소화하는 방식으로 사용
5. 덫	
페로몬 제제	-
메타알데하이드(metaldehyde)를 기반으로 고등동물종에 혐오감을 주거나 덫을 사용하는 제제	인증기관이나 인증권자가 필요성을 인정한 경우
광물질 오일	인증기관이나 인증권자가 필요성을 인정한 경우
기계적 제어장치(예: 농작물 보호망, 나선형 방책, 접착제를 칠한 플라스틱 덫, 끈끈이 밴드)	-

(국립농산물품질관리원, 2021)

(3) 작물의 병

작물의 수량을 저하시키고 질을 떨어뜨리는 가장 큰 원인은 병과 충해이다. 작물의 병은 병원성 생물의 침입에 의해 작물 전체 또는 일부의 기능을 발휘할 수 없게 되어 농산물의 양과 질을 나쁘게 하여 상품가치를 훼손시키게 된다.

병은 곰팡이, 세균, 마이코플라즈마 그리고 바이러스에 의해 발병되고, 그 종류도 상당히 많기 때문에 여러 가지 방법으로 분류할 수 있다.

1 병원체에 의한 분류

병은 식물 내부와 외부에서 발병한다. 조직이 괴사하거나 색이 바래거나 세포수의 이상, 유관속이 막히는 것 등 여러 가지의 증상이 나타나는데, 이들의 발병원인은 곰팡이, 원핵동물, 바이러스에 의해 발생된다. 그 절대적인 숫자는 곰팡이에 의한 것이 가장 많고, 그 다음이 세균 및 바이러스에 의한 것이다.

〈표 4-22〉 병원체에 의한 작물의 병 분류

병원체	병의 종류
곰팡이	녹균병, 깜부기병, 역균병, 배추뿌리혹병, 복숭아나무잎오갈병, 자두보자기병, 벼잎집마름병, 흰가루병(밀,보리), 탄저병(고추), 반쪽시드름병(토마토), 벼도열병, 마늘잎마름병, 옥수수녹병, 사과나무붉은병무늬병, 무름병(고구마,감자), 사과나무역병, 오이노균병, 채소류모잘록병, 감자가루덩이병, 점균병(잔디)
원핵생물	뿌리혹병(배추), 포도나무줄기혹병, 양파썩음병, 채소류무름병, 배추부패병, 벼흰마름병, 토마토괴양병, 더덩이병
바이러스	벼줄무늬바이러스병, 담배모자이크바이러스, 고추연한모틀바이러스, 토마토황화잎말림바이러스, 토마토위조바이러스, 토마토마자이크바이러스, 토마토덤불위축바이러스, 감자바이러스Y, 오이모자이크바이러스, 오이녹반모자바이크바이러스, 수박모자이크바이러스, 호박녹반모자이크, 바이러스, 멜론괴저반점바이러스, 순무모자이크바이러스, 잠구위조바이러스2

(최재을 등, 2019)

② 토양환경에 따른 분류

병의 발생을 토양환경과 관련시켜 분류한 것이다. 특히 우리나라는 원예작물을 중심으로 계속 연작하거나 하우스와 같은 집약재배를 하게 됨에 따라 여러 가지 질병이 발생한다. 기본적으로 시비관리의 잘못, 연작에 의한 기지현상, 단작에 의한 저항성 장해 등이 그 원인이라고 할 수 있다.

〈표 4-23〉 토양환경 유형별 병해 발생 실태

토양환경	작물명	발병 병해
토양수분과의 관계 (평상수준보다 높을 때)	고구마	자줏빛 날개나무병
	콩	모잘록병
산성토양과의 관계 (산도가 높을 때)	담배	검은빛 뿌리썩음병
	토마토	시들음병
	배추	무사마귀병, 모잘록병

토양환경	작물명	발병 병해
알칼리성 토양과의 관계 (알칼리성이 높을 때)	감자	더뎅이병
	밀	모잘록병
	토마토	반시들음병
	담배	검은빛 뿌리썩음병
윤작과의 관계 (윤작해도 발병되는 경우)	우엉	잘록병
	배추	무사마귀병
	팥	낙엽병
	양파	깜부기병
	강낭콩	뿌리썩음병
관개수와의 관계 (지하수 사용시, 스프링쿨러 이용시)	감자	겹둥근무늬병, 시들음병
	토마토	갈색무늬병, 탄저병
	밭벼	잎집무늬마름병, 흰빛 잎마름병
	오이	노균병
	배추	검은무늬병, 검은빛 썩음병
멀칭피복재배와의 관계	담배	허리마름병
	토마토	시들음병
	땅콩	녹병
석회 사용과의 관계 염기류 집적과의 관계	감자	더뎅이병
	오이	점무늬병
	토마토	풋마름병
질소과잉과의 관계	감자	역병, 무름병, 시들음병, 풋마름병
	오이	역병, 풋마름병
	토마토	역병, 시들음병, 풋마름병
	담배	풋마름병, 무름병, 역병
	고추	풋마름병, 무름병, 시들음병
	딸기, 무	시들음병
	양배추, 참깨	시들음병
	가지, 당근	풋마름병

(김여운, 2003)

〈표 4-23〉을 분석하면 담배, 감자 그리고 토마토가 토양환경에 의해 발병할 확률이 가장 많고, 그 다음이 배추와 오이, 나머지는 밭벼 등의 순서였다.

이러한 사실로 미루어 원예작물은 토양조건에 따라 다양한 병해가 발생한다는 것을 알 수 있다.

③ 작물병 증상에 따른 분류

이러한 각종 질병의 발생은 여러 경로를 통하여 이루어진다. 공기를 통하여 전염되기도 하는데, 이에 속하는 대표적인 병으로서는 벼 도열병, 깜부기병, 감자의 역병균이 이에 속한다. 또 관수하는 물이나 빗물 등에 혼입되어 전염되는 것으로는 벼 모썩음병균, 토마토 풋마름병균 등이 있다.

곤충에 의해 병균이 이동되는 대표적인 병은 식물 바이러스인데, 이 병균을 옮기는 곤충으로는 진딧물, 멸구, 매미충류 등으로 알려져 있다.

〈표 4-24〉 외부증상에 의한 작물병의 분류

외부증상		작물병	특이증상
외형 변형	시들음병	토마토 시들음병, 감자 시들음병	체관의 손상으로 수분 흡수 곤란
외형 변형	잘록병	모잘록병, 채소류 잘록병	지면과 줄기의 접촉 부위에 감염
	위축병	벼 오갈병	오므라듦.
	구멍병	복숭아 구멍병	잎에 구멍이 생김.
	잎말림병	감자 잎말림병	잎이 길이로 말림.
	혹 병	감자 혹병	뿌리에 혹이 생김.
색깔 변형	황반병	양배추 누렁이병	잎이 노랗게 변함.
	얼룩병	담배 모자이크병	바이러스에 의한 감염
	썩음병	배추 무름병	병반에서 썩음.
외형 색깔 변형	탄저병	수박 탄저병	육질이 파이면서 진한 색으로 변함.
	잎마름병	벼 잎마름병	병반부 무늬 퍼짐.
	더뎅이병	감자 더뎅이병	감자표면이 굳고 거칠어짐.
	역 병	감자 역병	갈생 병반이 퍼져 잎에 흰색균

(교육부, 2000)

(4) 작물 병충해의 방제

병충해를 유기적으로 방제하는 가장 좋은 방법은 생활주기와 서식지(habitats)를 파악하며 언제, 어떤 문제가 발생할지 예측하는 것이다. 병충해 문제를 극복하기 위해서 서식지를 바꾸거나 생활주기를 방해하는 방법을 이용할 수 있다. 이는 예찰을 통하여 해충의 생활과 피해를 주는 시기를 조사하여 방제효과를 높이고자 고안된 방법이다. 유기농가도 예년의 기록과 예찰결과 등을 주시하여 언제 포장에서 그러한 병충해가 발생할 수 있을지를 예측하면 방제에 많은 도움이 된다.

국내 농작물병의 생물적 방제는 주로 토양병에 대한 연구를 많이 하였는데, 슈도모나스(*Pseudomonas*) 또는 바실러스(*Bacillus*) 속에 관한 것이었으며, 오이의 줄기마름병, 고추의 역병(저장병으로 곰팡이에 의한 부패병)에 대한 연구가 중심이 되었다. 그 밖의 식물의 유도저항성 이용과 교차보호에 의한 식물 바이러스병의 생물적 방제에 대한 연구가 이루어졌으나 괄목할 만한 성과는 발표되지 않고 있다(김여운, 2003).

앞에서 본 바와 같이 작물의 병과 해충은 종류나 수가 대단히 많고, 농약의 사용이 없는 유기적 방제는 정교한 윤작과 토양관리가 그 핵심이다. 특히 윤작에 대한 경험이 없고, 작은 면적에서 연작과 집약재배를 하는 농가는 효율적인 병충해의 방제가 영농의 성패를 좌우한다고 할 수 있다. 유기농가가 할 수 있는 병충해 방제법은 크게 다음 세 가지로 요약된다.

첫째는 재배기술적 방법의 이용이다. 재배지를 선택할 때 서늘한 곳은 진딧물의 발생이 적어 감자 바이러스 발병이 적기 때문에 감자 재배가 권장된다. 또 육종에 의한 저항성 품종의 선택, 윤작을 통한 예방, 토양에 과다한 질소나 염류축적을 경계하는 것이 이에 속한다.

둘째는 물리적 방법으로, 유충을 직접 잡아 죽이는 방법과 빛이나 당밀로 해충을 유인하여 퇴치하는 방법, 또는 겨울철 나무줄기에 볏짚을 감아 여기에 모인 해충을 태워 죽이는 방법이 이에 속한다. 차단법은 과일봉지 씌우기가 이에 속하며, 깜부기병 예방을 위한 냉수·온탕 침법의 이용이 이에 속한다.

〈표 4-25〉 식물 추출액 방제제와 그 효과

재 료	작 물	효 과
마늘+어성초 진액, 목초, 현미식초	벼	도열병 방제, 참새·메뚜기 기피, 벼 체질개선
쑥, 미나리, 별꽃, 클로버, 칡, 바닷말의 청초액비	밀감	창가병·흑점병 이외의 병해 해충 전반
쑥, 미나리, 갓, 마늘, 죽순의 청초액비	벼	다수확과 맛 향상
고추+후추+마늘	감, 채소	노랑쐐기나방
마늘+새초+쑥+어성초	채소, 벼	목화진딧물, 복숭아진딧물, 깍지벌레, 응애, 뿌리응애, 야도충, 갈색반문병, 위축병
고추소주 담금 마늘소주 담금	채소	탄저병, 흰가루병, 청벌레, 노린재, 흑성병, 진딧물, 스립프스 등
파 섞어 심기	수박, 멜론, 토마토	줄기쪼갬병, 위축병, 온실가루이
허브(로만카모밀-차이브)	벼	노린재, 멸구
고사리	쌀, 팥	저장 중의 벌레나 쥐 기피
밀감 껍질	파	노균병, 녹병
커피 찌꺼기	파	뿌리혹선충
대나무 추출액+마취목	채소 전반, 가지, 토마토, 무	내병성 강화, 나방류 기피, 고사직전의 포기가 기운차짐, 균핵병, 흰가루병, 잡초 발아 억제
새초+구연산	채소	생육 촉진, 토양 개량
왕겨, 목초	채소	흰가루병, 입고병, 자람이 강건해짐.
쑥	쌀, 팥	

(김광은, 2003)

셋째는 생물학적 방법의 이용이다. 곤충방제를 위한 거미 이용, 풀잠자리와 꽃등애를 이용한 진딧물, 고추벌과 맵시벌을 이용한 나비류 구제가 이에 속한다. 여기에서는 엘리스와 브래들리(1996)가 제안한 방식을 열거하고자 한다.

먼저 건강한 식물체를 육성해야 한다. 포장에 있는 작물은 항상 자연적으로 스스로를 보호하는 기능이 있다. 예를 들어 돌풍으로 나뭇가지가 절단되

[그림 4-17] 지렁이 활동이 활발한 유기농장 토양

면, 건강한 나뭇가지에 병충해가 침입하는 것을 막기 위해 두 가지의 화학물 질이 보호막을 형성하기 위해 절단된 가지로 이동한다. 곤충이 식물의 잎을 가해하면 작물은 해충의 입맛을 감소시키는 물질을 방출하기 위하여 엽화학 물질을 변화시켜 반응한다. 지렁이가 계속적으로 터널을 만들기 위해서 초 근(grass roots)을 절단하면 그 식물은 과거에 이미 발근했던 자리에 두 개의 새로운 뿌리를 성장시킴으로써 상처를 만회할 기회로 삼는다.

식물도 사람과 마찬가지로 건강해야 행복하다. 자연적 저항력을 최대로 하는 것이 유기농가의 병충해 방제법 중 하나이다. 해충과 병원균은 파종된 장소에 잘 적응하지 못하거나 약하고 상처를 입은 식물체를 가해한다. 식물 체가 적당한 기후조건에서 건강한 토양이 있는 적지에서 성장할 때 식물은 번성하고 병에 대한 저항성이 생긴다.

주위에 재배하는 작물도 식물의 건강에 영향을 준다. 예를 들면 근대를 토 마토 옆에 재배하면 가해 곤충이 바이러스를 전염시켜 시들음병에 감염될 수 있고, 잎벌레는 감자의 잎을 가해할 뿐이지만 옥수수에게는 박테리아 시 들음병을 전화시킬 수도 있다.

그리고 작물을 이식하거나 다룰 때 상처가 나지 않도록 해야 한다. 상처가 나거나 찢겨진 잎, 꺾인 줄기는 불필요한 스트레스를 주어 식물체를 약하게 하여 해충이나 병원균에 노출시키는 결과를 초래한다. 따라서 포장관찰시 상처를 피하기 위하여 고랑으로 다녀야 하고, 작물이 물기가 있을 때는 작업을 피해야 한다. 과채류의 수확시 또는 잎을 솎아 주는 경우도 맨손으로 하지 말고, 수확가위를 사용하여 청결하게 절단하도록 해야 한다.

유기농가에서 항상 강조되는 것은 건강한 토양을 만드는 것이고, 이것 또한 건강한 작물로 키울 수 있는 기초이다. 좋은 토양은 식물이 스스로 필요한 영양분을 흡수할 수 있는 상태의 경작토를 말한다. 건강한 토양이란(김여운, 2003)이 제시했듯이 식물의 영양을 보전하고, 토양의 에너지를 보전하며, 토양병의 방제 사슬을 보전할 수 있는 토양이다. 적당한 유기물, 수분, 공기 그리고 미생물과 토양동물이 있어야 하며, 이렇게 되면 토양 내의 미생물과 동물은 서로 투쟁과 경합을 하여 식물체에 유익한 생물만 살아남게 된다.

또한 적절한 유기물과 수분 이외에 적정산도(pH)를 유지해야 작물이 건강하게 자랄 수 있다. 즉 적정 산도에서 식물은 필요한 양분 흡수가 활발하다. 대부분의 식물은 중성에서 영양흡수가 가장 활발하게 일어나기 때문에 이러한 토양관리를 잘 해야 한다. 이를 위해서는 토양분석을 해야 하는데, 시·군의 농업기술센터에 분석을 의뢰한다. 만약 산도가 낮으면 석회, 퇴비, 유기토양 개량제를 사용하여 교정한다. 다른 방법으로는 녹비작물을 재배하여 포장에 투입한다.

건강한 식물을 만들기 위한 계획 중 마지막으로는 재배하는 동안 규칙적인 시비를 하는 것이다. 영양성분이 풍부하고 잘 관리된 토양은 작물이 왕성하게 자랄 수 있는 성분을 함유하고 있지만, 적당하게 규칙적으로 시비하는 것은 식물의 활력을 증진시켜 병충해에 대한 천연 저항력을 증가시킨다. 일반적으로 원예작물은 어릴 때는 토양 자체가 가진 양분을 이용하여 잘 자랄 수 있지만, 출수 또는 개화기에는 적당히 시비를 해주어야 한다. 유기농가가 사용할 수 있는 비료는 화학비료가 아닌 가축 분뇨, 인분, 깻묵발효, 기타 허용하는 천연비료 공급제이다.

〈표 4-26〉 윤작과 토양병과의 상관관계

전작의 종류	윤작의 종류	발생 병해	방제효과
벼, 배추	토마토	갈색뿌리썩음병	경감
옥수수, 소맥	양파	회색썩음병	경감
밭벼, 옥수수, 파, 무, 고구마	오이	덩굴쪼김병	경감
토마토, 팥	오이	덩굴쪼김병	효과 없음
밭벼, 옥수수	토마토	시들음병	경감
배추, 당근, 파, 가지	토마토	시들음병	효과 없음
콩, 오이, 시금치			
밭벼	땅콩	흰비단병	경감
땅콩	오이	흰비단병	효과 없음

(김여운, 2003)

　그리고 다양성이 유지되도록 하는 일이다. 이에 대한 논의는 제1장의 관행농업의 문제점, 그리고 유기농업의 원리에서 이미 다루었다. 이를 위해서는 작물의 윤작이 중요하며, 아울러 단작을 피하는 것이 필요하다. 병에 관련된 연구는 그리 많지 않으나 몇몇 연구결과를 소개하면 다음과 같다.

　〈표 4-26〉은 토마토의 전작(前作)으로는 벼·배추, 양파의 전작으로는 화본과작물, 오이의 전작으로는 화본과 및 파·무·고구마, 토마토나 땅콩의 전작으로는 화본과작물을 재배하는 것이 효과가 있다는 것을 나타내고 있다. 이러한 제시는 특히 원예작물재배 유기농가가 참고할 만한 것이라고 하겠다.

　윤작에 의한 작물병 예방에 대한 다른 보고는 쇼우찐(松田明)의 결과가 있다. 이것은 〈표 4-27〉에 제시하는데 몇몇 채소를 재배할 때의 전작작물의 예이다. 일본은 우리와 유사한 작부체계 및 영농방식을 가지고 있기 때문에 유기농가가 이러한 작부체계를 통하여 병의 일부를 예방 또는 경감시키는 데 도움이 될 것이다. 그러나 이러한 연구가 국내에서 실시된 예가 그리 많지 않고 또 시험연구에 시간이 많이 소요되기 때문에 실용화 가능한 작부체계를 만들기는 그렇게 용이한 일이 아니라고 생각된다.

〈표 4-27〉 토양병해 방제에 효과가 있는 전작작물과 작부체계의 예

대상방제	유효한 전작작물과 작부체계
배추근혹병	파슬리, 양상추, 당근, 가지, 양파, 완두콩, 피망, 벼, 팥, 강낭콩, 파, 우엉, 쑥갓, 시금치, 수박
순무근혹병	땅콩, 수박, 덩굴여지, 코스모스, 매리골드, 나팔꽃
배추근혹병	양상추, 당근, 콩
양배추근혹병	이탈리안라이그래스, 양상추, 감자, 양배추의 작부체계
구약나물근부병	옥수수, 오이, 사탕수수, 콩, 땅콩 3년 재배
팥낙엽병	보리, 티모시 3년 재배
무위황병	함수초, 매리골드, 고구마, 금잔화, 채송화, 사루비아
우엉황화병	밭벼, 옥수수, 프린스 멜론, 땅콩으로 2~3년 재배

작물 중 질병의 숙주를 제거하여 병의 전이를 막을 수 있는 것이 있는데, 이를 차단작물(break crops)이라고 한다. 인디언 겨자나 유채가 곡물의 질병 차단 윤작물로 사용되고 많은 원예작물 윤작의 기초가 된다. 이 두 작물은 화학물질을 방출하여 여러 가지 곤충, 선충, 균류를 억제한다. 한 조사에 의하면 유채 후에 호밀 재배시 병이 발생되지 않았고, 화곡류나 목초 재배 후에는 25%가 그리고 루핀 재배 후에는 12%가 감염되었다고 한다.

마지막으로 자연포식동물(natural predators)의 활용이다. 유기농가가 충해를 방제할 수 있는 방법 중 하나는 자연포식동물의 이용이다. 포장에 자연적으로 존재하는 곤충포식자와 기생곤충 그리고 거미의 거미줄은 아주 중요한 역할을 한다. 또한 곤충은 화분(pollen)을 전파하여 수분을 돕고 또 다른 생물은 파괴적인 벌레를 섭취하거나 기생한다. 풀잠자리(lacewing)와 흡혈기생충(assassin bug)도 중요한 익충이다.

포장의 해충을 방제하기 위하여 곤충작물(insectary crops)을 이용할 수 있다. 이에는 금잔화 · 멕시코 해바라기 · 화이트클로버 · 서양톱풀(yarrow) · 쑥국화 등이 대표적인 작물로, 재배식물 사이에 간작으로 재배하면 효과가 있는 것으로 알려졌다. 이 작물은 익충 또는 유용 곤충의 밀도를 높이기 위한 현화식물(flowering plant)을 말한다. 익충이란 애벌레가 곤충 또는 기생곤충

[그림 4-18] 고추 사이에 해바라기 재배

을 포식할 수 있다는 데서 기인한 것이다.

한편 포장에서 가장 문제가 되는 진딧물, 굴파리, 잎응애, 총채벌레, 나방류 등을 천적으로 방제하기 위하여 사육된 천적이 판매되고 있는데, 그 예는 〈표 4-28〉에서 보는 바와 같다.

우리나라에서도 천적에 대한 연구가 진행되고 있다. 특히 원예작물에서 문제시되는 것은 진딧물, 총채벌레, 온실가루이, 잎굴파리류 등이고, 천적을 이용한 방제와 생물농약을 이용한 퇴치를 하고 있다. 이 중 진디벌은 성과가 있어 농가에 보급되고 있다(〈표 4-28〉).

조류는 가장 효과적인 곤충 섭식자 중의 하나이다. 박새류는 겨울 동안 진딧물 알을 먹는 데 대부분의 시간을 보낸다. 꾀꼬리는 1분에 17마리의 텐트모충을 먹어 치운다. 이후 유기농업에서 숲의 중요성에 대해 언급하겠지만, 농장 주변을 식목함으로써 새들의 쉼터와 먹이를 제공해 주어 1년 내내 농장 주위에 머물도록 해야 한다.

〈표 4-28〉 국내에서 생산하는 주요 천적

대상 해충	천적	주요 적용대상
잎응애류	칠레이리응애	딸기, 파프리카, 고추, 오이, 호박 등
	사막이리응애	딸기, 파프리카, 고추, 오이, 호박, 멜론, 장미
가루이류	지중해이리응애	파프리카, 고추, 가지, 오이 등
	담배장님노린재	파프리카, 고추, 토마토
온실가루이	온실가루이좀벌	딸기, 파프리카, 고추, 오이, 호박, 멜론, 피망, 토마토 등
총채벌래	미끌애꽃노린재	딸기, 파프리카, 고추, 오이, 피망, 멜론 등
	오이이리응애	딸기, 파프리카, 고추, 오이, 피망, 멜론 등
	총채가시응애	딸기, 상추 등
진디물류	콜레마니진디벌	딸기, 파프리카, 고추, 오이, 피망, 가지 등
	복숭아혹진디벌	딸기, 파프리카, 고추, 오이, 피망, 가지 등
	진디혹파리	딸기, 파프리카, 고추, 오이, 피망, 호박, 참외, 수박, 멜론, 상추 등
	무당벌레	참외, 오이, 수박, 호박, 멜론, 상추, 시금치, 깻잎 등
잎굴파리	굴파리좀벌	오이, 호박, 멜론, 토마토, 국화
	굴파리고치벌	오이, 호박, 멜론, 토마토, 국화
나방알	쌀알좀벌	파프리카, 고추, 오이, 피망, 토마토 등

(변 등, 2012)

[그림 4-19] 진디벌의 모습

[그림 4-20] 주말농장에서 벌레를 섭식하는 비둘기

9. 유기가축의 건강 및 질병관리

　기생충에 저항성이 있는 가축을 선발하고 육종하거나 내성이 있는 가축을 사육하는 것이 필요하다. 이것은 방목강도의 조절 또는 전모(shearing)나 부화의 시기를 조절함으로써 가능하다. 또 어린 가축은 기생충에 약하므로 기생충 발생의 빈도가 낮을 때 방목을 개시하는 방법을 이용할 수 있다.

　유기가축과 일반가축의 건강 및 질병관리의 가장 큰 차이는, 전자는 그 예방에 치중하는 데 비하여 후자는 치료에 두는 데 있다. 관리측면에서 볼 때 철저히 관찰하는 것이 좋은데, 영국토양협회에서는 가축을 돌볼 때 다음 사항을 잘 살피는 것이 좋다고 한다. 첫째, 모든 방목가축이 있는가, 낙오된 개체는 없는가를 살펴본다. 둘째, 어떻게 가축이 서 있는가를 살피는데, 이때 등이 굽은 개체, 귀를 떨군 것, 멍청히 서 있는 가축, 고개를 숙이고 있는 것, 다리에 힘을 주지 않고 있는 가축, 안달하는 가축이 있는지를 살펴본다. 셋째, 유방을 살펴보는데, 혹 유방염의 증세가 나타나는 개체가 있는지를 자세히 조사해 본다(딱딱하거나 너무 말랑하거나 멍울이 졌는지를 검사). 넷째, 가축이 어떻게 느끼고 있는가 살펴본다. 가죽은 부드러운가, 종기가 나 있는가, 진드기는 없는가, 굽이나 무릎 등에 열이 있는가를 조사한다. 다섯째, 오줌이나 똥의 상태를 자세히 본다. 변비, 똥에 벌레 유무, 오줌의 색깔을 살펴본다. 마지막으로 누워 있는 상태, 사료섭취, 가축별 울음소리를 관심 있게 들어 본다.

치료에 항생물질과 각종 호르몬제 등을 사용하지 않은 유기축산에서는 가축을 건강하게 사육하고, 사고를 막을 수 있는 조치가 필요하다. 즉 사육시 가축의 복지나 안녕(welling being)에 전력을 다하는 것이 좋다.

만약 병이 발병했을 때는 대체요법(alternatives)을 사용하는데, 이때 많이 사용하는 방법이 동종요법(homeopathy)이다(Macey, 2000). 동종요법에서 '동종'은 '유사' 또는 '질병'이란 뜻으로, 치료원리는 같은 증상을 나타내는 병이나 약은 서로 상쇄되어 치료될 수 있다는 것이다. 이것은 1700년대 독일 의사인 하네맨이라는 사람이 발명한 것으로, 퀴닌(quinine)은 말라리아를 치료할 수 있는 약품인데, 이 약을 사람에게 투여했을 때 말라리아와 같은 증상

[그림 4-21] 방목 중인 한우(유기축산은 유기농업의 기초)

이 나타난다는 것을 발견하고 이에 대해 연구했다고 한다. 자세한 내용은 소와 젖소의 동종요법에 의한 치료와 중소가축의 동종요법치료(클리스토퍼 데이)를 참조하기 바란다.

현재 캐나다나 미국에서 이용되는 것으로는 외상(헤파 설퍼리스 칼카륨), 난산(카루로피럼 타릭트로라이드), 상처(하이퍼리큠 퍼포라툼) 그리고 기타 질병에는 노소데스(Nosodes)가 쓰인다고 한다. 기타 가금의 호흡기병에는 풀밀(Homeopulmil)이 사용된다. 유기축산농가의 구급용으로 판매되기도 하며, 그 가격은 캐나다 달러로 약 140달러 정도이다.

한편 식물을 이용한 치료법도 소개된 바 있는데, 가장 좋은 것은 목장의 일부에 이러한 식물을 식재한 후 가축이 스스로 채식할 수 있는 환경을 만들어 주는 것이다. 만약 약으로 만들어 먹일 때는 봄이나 가을에 뿌리나 줄기 또는 열매를 이용하는데, 초봄에 채취한 것이나 꽃이 피기 전의 것을 사용하고, 또 이슬이 마른 다음에 채취한다. 가축 치료용으로 이용되는 식물로는 회양풀, 루타, 금송화, 캐러웨이, 야생카밀레, 시라(dill), 파슬리, 고수풀, 박하, 당귀류, 다부쑥, 서양박하, 박하, 세이지, 서양톱풀, 타임, 히솝풀, 산쑥 등이다. 유방염에는 생강, 마늘, 샐비어 등을 꿀 등에 타서 먹이는 방법이 있다.

유기축산에서 문제가 되는 것은 내부기생충인데, 대개 기생충 암컷이 분으로 배출되어 유충으로 자라고, 이것을 방목시 가축이 풀과 함께 섭취함으로써 감염된다. 소의 위충, 양이나 염소의 위충 및 폐기생충, 돼지의 위충, 닭의 하품병충(gapeworm)이 문제가 된다. 구충에 대한 특별한 약제는 없으며, 예방을 위해서는 기생충의 가루를 먹여 면역성을 높일 수 있다. 사료에서도 버즈풋트레포일의 탄닌은 앨팰퍼보다 더 저항성을 높여 주는 것으로 보고되고 있다. 또 인공포유한 젖소보다는 모유포유한 것이 기생충에 대한 저항성이 높다고 한다(Macey, 2000). 회충구제에는 마늘을 이용하며, 기타 쓴쑥(wormwood), 사철쑥(tarragon), 쓴국화, 루핀, 호두, 제충국, 당근씨, 호박씨 등도 구충에 효과가 있다고 한다. 그 밖에 규조토, 계면활성제, 황산구리, 목탄 등도 내부 기생충의 제거에 쓰인다.

10. 유기농업과 산림

　유기농가 근처에 숲이 있으면 방풍림의 역할을 하며, 조류와 다른 동물의 휴식처를 제공한다. 특히 조류는 농장 내의 해충을 섭취함으로써 충해 방지 역할을 하며, 나무로 된 방풍림은 다른 농가에서 분무된 농약이 자신의 농장으로 유입되는 것을 막는다.

　제3장에서 우리나라의 유기농업 적지는 도시 근교가 아닌 산맥을 둘러싼 오지나 산중에 있다고 기술한 바 있다. 이런 곳은 산림이나 관목이 우거진 곳에 가깝기 때문에 유기농작물은 이들의 영향을 받게 되어 있다. 따라서 유기농업과 산림은 어떤 관계가 있으며, 관목이나 산림이 유기농업생태계에 미치게 될 여러 가지 효과나 영향에 대하여 기술하고자 한다.

(1) 유기농장에서 산림의 가치

　숲을 구성하는 나무의 가치는 흔히 환경보전기능, 휴양기능, 목재생산기

[그림 4-22] 농약분무 유입을 방지하는 방풍림(제주도)

능 등이 있다. 우리나라는 대부분의 목재를 외국에서 수입하기 때문에 휴양의 기능이 강조되고 있다. 거의 70%가 산지인 우리의 형편에 산지를 이용한 산지초지를 조성하여 방목을 통한 유기가축 사육은 잠재력이 있다. 물론 산림은 온도를 낮추고 수자원을 함양하며 조수 보호, 풍치 등의 역할도 하며 특히 산소를 배출하여 공기를 정화하는 역할을 한다.

그러나 유기농업의 입장에서 볼 때 지속 가능한 농장을 만들어야 하고, 이를 위해서는 농업과 보전 사이에 균형을 이루어야 하는데, 이런 점에서 산림의 역할은 크다. 지상에는 키가 큰 것, 풀, 이끼, 덩이식물, 버섯 등이 표면에 있고, 이를 근거로 하여 토끼, 쥐, 다람쥐, 노루, 조류 등이 서식한다. 지하에는 두더지나 벌레뿐만 아니라 사람의 육안으로 볼 수 없는 각종 미생물이 있어 유기물을 분해하여 양분으로 만들고, 이것은 다시 각종 식물들의 영양분이 되어 흡수된다. 즉 먹이사슬을 통하여 균형을 유지하고 있다.

숲 속에는 어린 나무를 비롯하여 고목 또는 죽은 나무토막까지 여러 가지 형태의 나무가 있고, 또 늪이나 계곡과 웅덩이 등이 있어 다양한 생물이 살 수 있는 서식처를 제공한다. 한반도 숲 속에는 약 2만 2,000여 종의 생물이

[그림 4-23] 잘 유지된 산림

살고 있다. 나무는 포유동물 및 조류에게 그늘과 식량을 제공하고 이동수단이 된다.

반면 산림의 표면층은 다른 동물의 은신처나 먹이를 제공하며, 지상피복 (ground cover)은 들쥐, 거미, 새, 두더쥐, 쥐, 족제비 등의 휴식처가 된다. 부식층은 무척추 기생동물, 진드기, 토양곤충, 버섯, 지렁이 등이 살며, 이곳의 유기물은 분해되어 다른 생물의 먹이가 된다.

산림에는 다양한 생태적 지위(ecological niche)를 가지고 있다. 산림의 상태가 다양하고 복잡하면 그만큼 더 많은 지위가 존재한다.

(2) 산림 벌채의 영향

생태적 관점에서 보면 농업은 자연생태계를 변화시키고, 다양성을 감소시키며, 생태적 지위를 제거한다. 제한된 종류의 조류에게만 서식처를 제공하고, 단순한 환경을 만들어 익충(beneficial insects)과 익조 그리고 다른 동물들의 생활터전을 제거하는 결과를 초래한다. 산림생태계에 존재하는 생물들 간에는 종간 상호작용이 일어난다. 그중 첫 번째는 중립(neutralism)이다. 이는 두 생물간에 서로 영향력을 교환하지 않는 것인데, 엄정한 중립은 존재하지 않는다고 할 수 있다. 즉 미력하나마 서로 약간씩의 영향을 미친다. 두 번째는 경쟁인데, 양분·수분·빛에 대한 경합이 그것이다. 세 번째는 편해 작용(amensalism)이다. 자신은 아무런 해도 입지 않는 반면, 상대방에만 해를 입히는 경우이다. 재니등애(beefly)는 무비여치(wingless grasshopper)의 기생충인데, 이때 무비여치만 피해를 입는다. 이 두 생물의 경우 중요한 것은 등애의 서식처이다. 등애 암컷은 유칼리나무(두과수목)의 썩은 옹이구멍에 알을 낳는데, 유칼리나무가 없으면 등애새끼를 키울 수 있는 서식지는 제거되어 이러한 편해작용을 할 수 없다. 그러므로 등애새끼가 여치의 몸 속으로 들어가, 여치를 죽게 하여 여치의 번식을 생물학적으로 방제할 수 있게 한다. 그밖에 산림에서 종간 상호 발생하는 작용으로는 편리공생과 원시협동 그리고 상리공생이 있다.

이와 같이 숲 속에서 생물간에 보이지 않는 상호작용으로 견제와 균형이 이루어지고 있다는 것을 알 수 있다. 만약 산림을 벌채하여 초지나 경지로 개발했을 때 생태적으로 어떤 결과가 발생할 것인가? 그 결과를 요약하면 〈표 4-29〉와 같다.

호주의 한 조사에 의하면 수목이 적어지면 조수 수도 감소하는데, 양질의 산림에서는 ha당 25마리가 생존한 데 비하여 훼손된 산림에서는 12마리였고, 심각히 파괴된 곳은 1마리, 개량초지는 ha당 2마리였다고 한다. 또 다른 조사는 건강한 산림에서 유칼리나무(두과교목)를 가해하는 곤충의 60%는 조

〈표 4-29〉 생태적 제거 및 연관되는 영향

지위 제거방법	물리적 영향	생물적 영향
고사 및 살아 있는 생천개목과 유칼리나무의 화입 및 벌채 제거	앵무새, 뻐꾸기(cuckoo), 때까치(shrikes), 올빼미, 꿀먹이새, 까치, 매, 솔개, 주머니쥐, 박쥐의 소멸	설치류, 바퀴벌레, 까마귀, 풍뎅이, 여치, 사체의 섭식자, 육식동물의 소멸
지상의 나무나 가지가 물리적으로 제거되고 태워짐	가시두더지, 주머니쥐, 큰쥐, 파충류의 소멸	곤충, 육식동물의 소멸, 다른 육식동물원의 소멸, 종다양성, 기타 육식동물 감소
화입, 제거 및 방목에 의한 하층 제거	하층과 천개에 사는 다양한 조류의 식량원 소멸, 굴뚝새, 꿀새, 육수조, 메추라기, 물새, 뻐꾸기, 개똥지빠귀, 파충류, 포유동물의 피복물(cover) 소멸	기생충 말벌의 소멸[말벌은 가장 많은 풍뎅이와 까마귀 그라브(grab)의 기생충. 암컷이 그라브에 알을 낳기 이전에 이런 것들을 자생관목인 차나무, 뱅크시아, 유칼리나무의 화밀을 섭취한다.]
지표, 자생 화본과초지 식생을 화입, 방목, 초지개발에 의해 제거	조류사료원 제거, 작은 포유류, 파충류, 유인원의 서식처 파괴, 할미새, 공작비둘기, 명금, 흰뺨오리, 굴뚝새, 물떼새 감소	방목자와 섭식자의 식량원 소멸, 종다양성 감소
깔집, 부식토가 방목, 화입, 답압, 침식에 의해 소실	작은 파충류, 양서류, 유인원 감소, 토양상·미생물상의 노출	부패와 영양소 순환, 기작의 방해
분해작용과 영양소 순환작용이 위의 모든 것에 의해 제거	나무 건강 악화, 천개의 감소로 많은 새와 수목, 포유동물의 서식처 반감	남아 있는 수목수관 및 개량초지가 곤충 공격목표가 됨. 섭식자 소멸, 종다양성 감소

(NSW, 2000)

[그림 4-24] 산불에 의한 산림파괴(강원도)

류의 먹이로 구제되었으며, 나머지 40%의 곤충도 산림생태계에 심각한 영향을 줄 정도는 아니었다고 한다.

　이러한 연구에서 보듯이 산림이 단지 목재나 연료를 생산하는 역할을 하는 것이 아니고, 생태계 먹이사슬을 건전하게 지탱하는 데 중요한 역할을 한다는 것을 이해해야 한다. 만약 새가 살 수 있는 서식지가 유기농가 주변에 형성되지 않으면, 곤충이 섭취할 수 있는 유일한 먹이가 농작물이기 때문에 가해하기 시작한다. 천적의 도움 없이 이러한 해충을 방제한다는 것은 거의 불가능하므로 자연생태계를 이해하는 것이 중요하다. 유기농업의 해충방제는 생물학적 방제가 기본이기 때문이다. 물론 최근 문제가 되는 까치에 의한 배나 사과의 가해, 멧돼지의 고구마나 옥수수 탈취, 그리고 미국 등지에서 볼 수 있는 산토끼나 사슴에 의한 콩 피해는 자주 거론되는 피해이다. 그러나 생태계 전체로 볼 때는 먹이사슬의 한 축일 뿐이라는 점을 이해할 필요가 있다.

- 유기농업에 관련된 주요 용어로는 지속적 농업, 자연농업, 생태농업, 환경농업, 친환경농업 등이 있다. 국제유기농업연맹에서 제시한 유기농업의 목표와 원칙은 영양가 높은 농산물, 토양비옥도 유지, 순환 촉진, 오염 제거 등이다. 유기농업과 관행농은 기본적으로 화학물질의 사용 여부가 가장 큰 차이점이다. 그리고 생명역동농업에 대한 설명이 이어지는데 이 농법은 자연의 움직임(달)에 초점을 맞추어 파종과 수확을 하고, 준비 500이란 물질을 사용하는 것이 가장 큰 차이점이다.

- 유기농업을 선택한 이유는 경제적, 부가가치 창출, 철학과 믿음, 특별한 생활양식 선호 등이 있다. 유기농업의 전략으로 제시하고 있는 것은 기본적으로 연작을 피하고 윤작을 하는 것이다. 그리고 유형별 유기농업 모델을 제시하고 있는데, 곡류 생산과 원예작물 생산 그리고 조사료 생산에서 어떻게 유기적 방법을 동원할 수 있을 것인가에 대해 각기 다른 모델을 제시하고 있다.

- 지력유지와 보강을 위해서는 녹비 또는 피복작물을 재배하여 유기물을 투입할 수 있다. 본서에서 자운영, 헤어리벳치의 재배 이용에 대한 상세한 대안을 제시하였다. 한편 유기농업에서는 유축농업이 필요하다. 윤작이나 피복작물로는 탈취한 양분을 전부 보충시킬 수 없기 때문이다. ha당 한육우는 3.3두, 돼지는 12.5두, 닭은 353수가 배설하는 분뇨를 처리할 수 있으나, 여기에 깔짚이 있기 때문에 이보다는 적은 수의 가축도 가능한 것으로 보고 있다.

- 잡초방제는 유기농가가 가지고 있는 가장 힘든 문제 중 하나이다. 풀을 뽑는 것, 잡초를 이용하는 것, 윤작을 하는 것, 마지막으로 화염방사제초기를 이용하는 방법 등을 제시하고 있다. 병충해 방제 역시 어려운 과제이다. 지력을 증진하고, 자연계와 생태적 균형을 유지하며, 건전한 식물로 생육하게 하는 방법이 권장되고 있다. 뿐만 아니라 적절한 윤작체계를 이용함으로써 저항력을 기르도록 해야 한다. 유기농가에게 숲도 귀중한 생태계 유지수단이다. 따라서 산림과 농장과 생태계를 연결하여 조류에 의한 충해방제 등에도 관심을 가져야 한다.

1. 토착유기농가에서 병충해 방제에 이용하고 있는 여러 천연물질을 알아보라.

2. 주말농장을 찾아가 어떤 작부체계를 채택하고 있는지 조사해 보라

📚 참고문헌

- 교육부. 2000. 『고등학교 농업생산환경』. 대한교과서주식회사.
- 국립농산물품질관리원. 2010. 『유기식품의 생산 · 가공 · 표시 · 유통에 관한 CODEX 가이드라인』. 국립농산물품질관리원.
- 국립식량과학원. 2009. 녹비작물을 이용한 친환경적 비료 절감연구. 농촌진흥청.
- 金吉雄. 1998. 『雜草防除學原論』. 慶北大學校出版部.
- 김광은. 2003. 친환경농업의 길잡이(상). 강릉문화사.
- 김여운. 2003. 『유기농업의 기본과 원칙』. 한국유기농업협회.
- 김영호. 2003. 『국제유기농업 기본규약상의 잡초방제규정』. 코덱스 유기경종과정. 전국농업기술자협회.
- 김유경 · 강호준 · 양상호 · 오한준 · 이신찬 · 강성근 · 김형신. 2012. 윤작이 감자 수량, 토양화학성 및 미생물 활성에 미치는 영향. 한국유기농학회지 20(4).
- 김재규. 2007. 자운영 이용 친환경 쌀 생산기술. 작물과학원.
- 김충희. 2001. 『병충해 잡초의 생물학적 방제기술』. 연구동향분석과 금후연구방향. 농촌진흥청.
- 농과원. 2018. 최근 벼 주요 문제 해충의 생태와 방제감. 국립농업과학원 작물보호과.
- 농산물유통정보. 2022. 친환경 · 관행농산물 가격정보. 한국농수산식품공사.
- 농업과학원. 2012. 가축분뇨 퇴 · 액비품질관리와 활용. 국립농업과학원 토양비료과.
- 농촌진흥청 국립농업과학원. 1999. 『환경보전형 농업기술』. 삼미인쇄사.
- 농촌진흥청. 1999. 『유기 · 자연농업 기술자료집』. 상록사.

- 농촌진흥청. 2002.『녹비작물재배와 이용』. 표준영농교본 123. 농촌진흥청.
- 류종원. 2003.『유기경종농업에 의한 가축 분뇨의 활용방안』. 한국유기농업학회 2003년도 상반기 심포지엄. 21세기 친환경 순환농업의 발전모델과 정책과제. 한국유기농업학회.
- 木村伸男. 1983.『野菜經營の土地利用再再編と特徵·管理』. 農業技術 38:492~.
- 배원길. 2002.『한국 유기농업발전을 위한 농업정책』. 친환경농업을 위한 유기농업발전방향. 농촌진흥청.
- 배원길. 2003.『2003년도 친환경 농업육성정책』. 코덱스 유기경종과정. 전국농업기술자협회.
- 변영웅·김정환·김황용·최준열·최만영. 2012. 하늘이 내린 천적(天敵). RDA INTEROBANG 59.
- 西尾道德. 1997.『有機栽培の基礎和識』. 農文協.
- 서종혁. 2002.『친환경농업과 생명 환경교육』. 한국방송통신대학교 평생교육원 통합교육연수원.
- 손상목. 2000. Codex 유기식품규격 내용과 한국 유기경종과 축산의 적응 실천. 한국유기농학회지 8:18~34.
- 松田明. 1986. 連.輪作と土壤病害.農業技術大系. 土壤肥料編. 農文協.
- 송정흡. 2014. 제주 지역배추과 채소에 발행하는 해충 종류와 피해양상. 제주농업시험장.
- 松澤義郞. 1984.『施設栽培における靑刈作物の導入カツ土壤環境なら 野菜生産にぼす影響』. 茨城園試報 12:37~.
- 안종호. 2003.『우리나라 유기축산의 발전방향』. 한국유기농업학회 2003년도 상반기 심포지엄. 21세기 친환경 순환농업의 발전모델과 정책과제.
- 魚住道郞. 2000.『雜草とのつき合い方』. 有機農業ハンドブック. 日本有機農業研究会.
- 日本有機農業研究會. 2000. 有機農業ハンドブック.
- 有機農業研究會. 2000. 有機農業ハンドブック. 農文協.
- 유덕기. 1997.『가축 분뇨의 공동이용과 친환경적 적정사육두수』. 한국유기농학회지 5(2):37~.
- 일본농림성 축산국. 1978.『가축배설물의 처리와 이용』. 일본농림성.
- 정영목 옮김. 2003.『모든 것은 땅으로부터』. 시공사.
- 趙載英·李殷雄. 1999.『改訂 栽培學汎論』. 鄕文社.
- 최병렬. 2016. 도시농업재배작물 해충생태와 방제도감. 농과원.

- 崔炳七. 1992. 『環境保全과 有機農業』. 韓國有機農業普及會.
- 최용철. 1998. 『병해의 생물적 방제와 생물농약. 천적의 이해와 활용』. 농촌진흥청.
- 최재을 · 유승헌 · 김길하 · 조수원 · 김성태. 2019. 식물의학. KNOUPRESS.
- 축산기술연구소. 1999. 『답리작조사료 최대생산이용』. 축산기술연구소.
- 코덱스. 2021. 유기농 생산 식품의 생산, 가공, 표시 및 마케팅에 관한 지침. FAO.
- 河野武平. 河野一人譯有機農業の栽培技術とその基礎. 紀伊國室書店.
- 河野武平 · 河野一人 역(하버드 H. 케프 지음). 2002. 『有機農業の栽培技術とその基礎』(The Biodynamic Farm). 紀伊國室書店.
- 한국농수산식품공사. 2020. 친환경농산물 소비자 태도조사. 한국농수산식품공사.
- 한흥전 등. 1989. 『자급사료생산』. 농촌진흥청.
- 戶川英胤譯. 1988. 『土と雜草』. 農山漁村文化協会.
- Breimyer, Harold F. 1990. *Economics of Farming Systems. Organic Farming*. American Society of Agronomy.
- Ellis, Barbara W. & Fern Marshall Bradley. 1996. *The Organic Gardner's Handbook of Natural Insect and Disease Control*. Rodale Press.
- Macey, Anne. 2000. *Organic Livestock Handbook*. Canadian Organic Growers Inc.
- NSW Agriculture. 2000. *Organic farming*. NSW Agriculture.
- Pauline Pears. 2002. *Organic gardening*. DK Publishing.
- Podolinsky, Alex. 2002. *Bio-dynamics. Agriculture of the future*. Bio-dynamic Agricultural Association of Australia.
- Podolinsky, Alex. 2002. *Living Agriculture*. Bio-dynamic Agricultural Association of Australia.
- Podolinsky, Alex. 2002. *Living Knowledge*. Bio-dynamic Agricultural Association of Australia.

제 5 장

유기농업으로의 전환

유기농산물을 생산하기 위해서는 전환과정을 거쳐야 한다. 2년 또는 3년간의 과정이 끝나고 나서야 비로소 유기농산물로 인증받게 된다. 이러한 과정 동안 관행농업에서 사용하던 비료나 농약을 전혀 쓸 수 없기 때문에 여러 가지 문제에 봉착한다. 병충해 발생문제, 토양비옥도 유지문제, 생산량 저하에 따른 수입감소 등을 예상할 수 있다. 이 장에서는 이러한 문제를 극복하기 위해 필요한 지식이나 기술을 주로 다룬다. 전환기 농가가 알아야 할 일, 전환에 따른 영농계획, 토양관리 그리고 전환시 흔히 질문하는 문제 등에 대하여 알아본다.

1. 전환 준비

전통적으로 다농약·화학비료에 의존하던 관행농가가 전혀 새로운 개념의 농법인 유기농업을 실행하려 할 때 헤쳐 나가야 할 난관은 여러 가지가 있다. 소위 환경농업이라고 하여 화학비료나 농약을 적게 쓰는 방식은 유기농업의 초기 단계로, 차후에 설명하는 층으로 전환하는 것으로 이해하면 될 것이다. 지금부터는 이제까지 해 오던 관행농업과는 아이디어나 철학이 기본적으로 다른 유기농을 시작할 때 예상되는 제반 문제에 대하여 기술하고자 한다.

(1) 유기농가가 해야 할 일

유기농업이란 흔히 기술되는 것처럼 단순히 합성비료나 제초제를 천연물질로 대체하는 것만을 의미하지 않는다. 유기농업은 이론적 또는 실제적으로 그 이상의 많은 의미와 내용이 포함되어 있다. 앞 장에서 논의한 것처럼, 유기적 접근이란 살아 있는 우주의 불가사의한 복잡성과 살아 있는 생명체의 경이로운 생존방식이 상호 연결되어 있다. 유기농업은 이러한 미묘한 구조가 자연과 조화를 이루도록 하는 데 목적을 두고 있다.

이러한 관점에서 유기농가가 해야 할 일들을 요약하면 다음과 같다(Pears, 2002).

첫째, 농장을 자연친화적으로 만들어라. 예를 들면 병충해 문제를 해결할 때 인위적인 물질의 투입보다는 조류를 이용한 충해방제에 더 많은 관심을 두는 일이다.

둘째, 섭식자와 해충을 구분하는 것을 배워라. 자연계는 먹이사슬이 있어 생산자와 소비자 그리고 분해자로 구성되어 있다. 해충이 발생하면 이를 소비하는 동물이 어떤 것이 있는지 잘 관찰하여 이들을 이용한 방제가 이루어지도록 한다.

셋째, 주력 농산물을 선정하여 여기에 투자하라. 작부체계의 운영 또는 산지의 특성에 따라 주작물을 선정하고, 농산물의 생산에 전력을 다하여 부농산물은 주농산물의 보조수단으로 한다.

넷째, 토양관리를 우선으로 하라. 작물은 기본적으로 토양에 의존하여 성장하므로 양질의 토양에서 건강한 작물이 자랄 수 있다. 그러므로 적당한 유기물, 수분, 산도, 양분으로 균형된 토양이 되도록 최선을 다한다.

다섯째, 가축 분뇨나 인분을 이용하라. 유기농업은 지역순환이 기본원칙이다. 따라서 분뇨나 퇴비 없이 유기물을 경지에 투입할 방법은 없다. 그러나 공장형 퇴비는 사용하지 마라. Codex 기준에서는 이의 사용을 금하도록 하고 있다.

여섯째, 유한한 자재를 절약하여 재순환과 재이용을 하고, 쓰레기 처리문제를 감소시켜라. 유기농업에서는 재생 불가능 자원의 이용을 최소화하고 쓰레기를 줄여 재순환이 이루어지는 순환농업을 기본으로 한다. 영농에서도 이러한 철학이 실천될 수 있도록 한다.

일곱째, 유기농업으로 재배·생산된 종자를 사용하라. 유전자변형농산물을 사용하지 않는 것을 원칙으로 한다. 조작된 것들은 변형, 저항력의 약화, 다른 생태계에 심각한 영향을 미칠 수 있다는 보고가 있다. 자연적인 것을 강조하는 유기농업에서 인공적인 종자가 거부되는 것은 당연하다.

여덟째, 토양개량, 목책, 경계구획시에는 환경적인 것을 고려하라. 유기농업은 환경을 보호하고, 특히 자연경관을 염두에 둔 농업이기 때문에 농자재를 구입할 때는 이런 측면을 참고하여 선택하는 것은 당연하다.

아홉째, 최근에 발표된 유기적 농법이나 자재를 사용하라. 농업자재 중 특히 미생물 제제는 새로운 것이 많이 있다. 이들 중 유용한 자재를 이용하여 농사에 적용한다.

열째, 농약, 제초제 그리고 방부제가 사용된 목책 사용도 피하라. 화학적인 합성농약이나 제초제는 어떤 것도 사용이 금지되어 있다. 어떠한 경우도 이러한 농자재를 이용할 수 없음을 명심한다.

열한째, 외부투입물자를 최소화하라. 가능하면 그 지역에서 생산되는 물자를 최대한 이용하는 농법이다. 유기 농장 운영에서 석유나 가스의 사용도 가능하면 최소화하여야 한다.

열두째, 동물복지(animal welfare)에 관심을 가져라. 동물의 기아·갈증·저 영양으로부터의 해방, 병의 예방 또는 신속한 진단과 치료, 고통으로부터의 자유 그리고 적당하고 안전한 장소 제공 등이 해당된다. 케이지 가금사육, 코 뚜레에 의한 소의 속박은 동물복지와 거리가 있는 사육법이다.

(2) 지속성을 향해 가는 농업

이것은 영속적 농업이라고도 하는데, 관행농법의 부작용을 줄이고 장기 적으로 생산성을 유지할 수 있는 농법을 말한다. 지속적 농업(sustainable agriculture)과 유기농업은 유사하나 같은 것은 아니다. 지속적 농업은 화학 비료, 농약 사용 절감, 종합적 방제, 첨단농업기술 이용, 식물과 동물의 유전 학적 잠재력의 최대한 이용 등을 허용하고 있다. 그러나 유기농업은 지속성 (sustainability)은 유지하되 인공적 농약, 비료, 유전자 변형 종자 등을 이용하 지 않는다는 점에서 지속적 농업과는 다르다. 지속성 농업보다 더 융통성이 좁고 이용 자재가 제한된다는 것이 특징이라고 하겠다. 결국 지속성의 유지 는 가축 분뇨를 이용한 유기물 및 녹비작물 이용, 자연생태계 이용 등이 근 간이 되어 지역물질순환을 기본틀로 하는 농업이기 때문에 여타의 농업보다 는 더 자원환경보호적인 농법이고, 지속성을 더 오랫동안 담보할 수 있는 것 이 바로 유기농업이다.

2. 전환의 실제

유기농업이 관행농업과는 다른 철학과 영농방법이 동원되어야 하므로 이 에 맞는 영농계획 및 농장 이용계획을 설계하는 것이 필요하다. 이러한 농장

운영계획은 그림을 그리기 위한 데생 이상의 것이며, 자신의 철학, 가족의 이상을 실현할 수 있어야 한다. 뿐만 아니라 농장의 재정적 설계는 물론 외형, 미화, 농장 이름 짓기에 이르기까지 종합적이고 세부적인 내용을 담고 있어야 한다. 또한 월별로 어떤 작물을 재배하고, 지력유지를 위해 이용해야 할 작부체계까지도 포함된다.

(1) 월별 유기농작업계획

유기농인증을 위해 인증을 신청한 농가를 농작물별로 구분하면 곡류, 과실류, 서류, 채소류, 특용작물류, 축산물로 나눌 수 있고, 그 생산량은 곡류가 가장 많고, 그 다음이 과실류, 특용작물류의 순이다. 작목별로 각기 파종하는 시기나 계절이 다르다. 노지재배할 경우 보리는 가을에, 파종벼는 5월에 이앙하는데, 이에 따르는 종자의 준비와 파종과 이앙 및 그 후속 작업은 〈표 5-1〉에 제시하였다. 물론 온실에서 재배할 때는 파종 및 수확시기가 달라진다.

〈표 5-1〉 유기농가의 월별 영농계획

유기농 월별	유기 벼·보리	유기토마토	유기양계
1	영농설계, 품종 선택, 객토, 석회시비	유기농업판매처 순회, 작부체계, 생산계획서 소지, 출하계획 구두 확약, 1회 파종	혹한기 축사 관리(통풍, 환기), 옥수수·소맥 급여를 통한 체력 증강
2	종자, 상토 및 육묘자재 준비	육묘, 온실관리, 목질류 저질소퇴비 5~15톤/10a 시비	2~4월은 다산기이므로 사료의 질 유지, 육추 적기이므로 보온유의 취소용 둥우리 준비
3	파종, 육묘, 논두렁 정비, 보리밭 배수로 정비	정식, 다른 온실용 종자 파종, 유묘 관리	최다산기이며 취소성이 강한 암탉 선별 부화 시작, 병아리 모계육추 초생추 15수 정도

월별 \ 유기농	유기 벼·보리	유기토마토	유기양계
4	이앙(남부) 건답파종(중·북부)	유묘 관리, 퇴비 제조(치 프라이트)	외부 보온장치 제거, 부화중인 모계의 건강관리 유의, 모계육추 적기
5	못자리 관리, 직파파종, 이앙, 조생종 보리 수확 (남부)	1월 파종 토마토 수확·판매, 3월 파종 토마토 정식	중병아리는 90일경부터 3회의 환우를 하므로 양질사료 급여, 이에 대비한 양질곡류 녹사료 증가
6	발효비료 웃거름, 중간 물떼기, 보리 수확	수확(1월 파종분, 3월 파종분), 판매, 토양소독(3년 1회)	장마기 운동장 건조 유의, 축사 내 마른 깔짚 또는 톱밥 증가 살포
7	제초, 물 걸러대기, 보리 수매	수확(3월 파종분) 정식(5월 파종분)	청결한 물 공급, 과산계 발생, 사사시 축사내 환풍 유의, 이의 발생시 경유 분무
8	자운영 파종, 제초, 피사리	비배관리, 각종 제제사용 (천혜녹비, 토마토액비)	고온 식욕저하 방지, 단백질이 많은 사료 공급 (어분 등), 환우가 시작되는 시기
9	헤어리벳치 파종, 물 걸러대기, 조생종 완전 물빼기, 벼 수확	수확(5월 정식분) 비배관리(제제 사용)	살쾡이·도둑고양이·족제비 주의, 환우시 영양수준 향상에 초점을 맞춘 관리 필요
10	벼 수확, 보리 파종, 볏짚갈이	수확(5월 정식분) 비배관리(제제 사용)	환우 촉진을 위한 양질 사료 공급, 유기보리나 고구마를 사료로 공급시 적정비율 첨가
11	벼 판매, 객토	수확 및 비배 관리	약계를 위한 곡류 공급, 환우 후반기 깃털 발생 촉진을 위한 어분과 골분, 천연비타민 공급제 (녹사료) 충분히 공급
12	영농설계, 보리밭 배수로 정비	작목반 회의를 통한 농가별 생산작부체계 확정	보온 온도와 운동 촉진을 위한 깔짚 충분히 투입, 성계 산란개시 비타민 A·D 보급을 위한 발아맥·간유 공급

〈표 5-1〉의 유기토마토 재배에서는 연간 온실에서 3회 파종, 3회 수확을 하게 되어 5월 초에 이식하여 8월 중하순에 수확을 마치는 노지재배와는 다르다. 이 유기양계도 마찬가지이다. 모계육추가 3~4월에 집중적으로 이루어지므로, 이때부터 모든 것이 시작되기 때문에 관행양계와는 다른 사육 패턴을 갖게 된다. 유기농업은 보통 단지재배 또는 계약재배를 하여 출하하기 때문에 독자적인 방법보다는 단지 전체의 출하계획에 따라 파종과 수확을 하는 것이 필요하다.

유기농업 영농설계를 하기 위해서는 판매에 초점을 맞추되, 판매시점의 생산량을 고려해야 한다. 물론 이는 출하(판매) 단체와의 구두협약을 근거로 영농계획서를 짜는 것이 필요하다.

(2) 유기영농 설계원칙

유기영농을 하기 위해서는 계획을 세워야 한다. 유기농업은 관행농업과는 접근방법이 다르고, 또 농장관리에도 특수한 기술과 판매전략이 필요하므로 이에 대한 철저한 계획을 세워야 한다. 계절별로는 어떤 작목을 어떻게 배치하고 농작업에 필요한 인원과 경비 그리고 농기계의 이용을 어떻게 할 것인지, 그리고 최종적으로 목표로 하는 수입에 대하여 구체적인 설계를 하는 것이 필요하다. 이는 건축물에서의 설계도면과 마찬가지다. 영농설계는 안(2003)에 의하면 6단계를 거치는 것이 필요하다고 하며, 이를 소개하면 다음과 같다.

첫째, 목표설정단계로 단계별 조사분석, 예측 혹은 대안을 위하여 무엇을 어떻게 준비할 것인가와 그 목록을 적는다.

둘째, 자료수집단계로 인터넷, 각종 통계자료, 연구소의 시험연구결과 보고, 전문잡지나 전문서적을 찾아본다. 특히 식품수급표(농촌경제연구원, 매년 발행), 농업전망(농촌경제연구원, 매년 발행), 농업관측(농촌경제연구원, 월 2회 발행), 표준소득분석표(농촌진흥청 농업경영관실, 매년 발행), 농림통계연보(통계청, 매년 발행)를 이용한 기초 데이터를 수집하여 이용하면 좋다.

셋째, 수집된 자료의 분석 및 정리로 영농목표에 맞게 분석하는데, 여기에는 생산 예상품목의 시기별 시장가격을 도표로 만드는 일 등이 이에 포함된다.

넷째, 대안 작성으로 주제별로 대안을 작성하는데, 이때 그림·도표·수식 또는 그래프 등을 사용한다.

다섯째, 최선안 선택이다. 이때는 투자분석기법 등을 이용한다.

여섯째, 계획 완성으로 종합적인 최종안이 된다.

한편, 아렌슨(NSW, 2000)은 유기농업 전환계획을 크게 농장평가(farm assessment)와 실행계획(action plan)으로 나누어 설명하고 있는데, 그 요지는 다음과 같다.

첫째, 농장평가로서, 이는 목구 크기, 배치, 관개, 사용한 비료, 토양구조, 병충해, 잡초방제(사용한 농약 포함), 가축과 작물의 건강, 강우, 작물재배기간, 장비 등이다. 일단 농장평가가 완료되면 실행계획개발은 유기농업 전환 과정에 필요한 실행계획을 구체적으로 수립해야 한다.

둘째, 실행안의 개발로서, 경작계획은 효과적인 윤작을 확립하는 방향으로 초점을 맞추어야 한다. 전환이 시작될 때 적당한 필지만 우선 실시하여 농가가 위험을 감당할 정도의 면적만 실험적으로 해 보는 것이 중요하다. 다음의 예는 1년생 작물과 다년생을 전환시킬 때의 경우이다.

① 정보수집: 정보는 성공적 전환기를 위해 필요한 분야이다. 여기에는 유기 인증의 요구사항, 인증기관, 시장, 시비관리, 투입이 허용된 농자재와 유기농업의 정의 등이다.

② 토양비옥도 개선과 영양공급: 알맞은 제제의 개발은 토양비옥도를 유지하는 데 중요하다. 양분공급과 토양의 구조발달을 동시에 추구하도록 한다. 유기농업은 저투입농업이다. 어떻게 비료를 공급할 것인지, 토양비옥도는 영양상태와 구조적 특징 측면에서 검토해야 하며, 농가는 이 평가를 개선기준으로 삼아야 한다.

③ 윤작계획: 지속적 농업체계 확립에 매우 중요한 윤작의 역할을 이해한다. 균형된 윤작은 경제적 작물 생산, 토양영양상태, 유기물과 질소공급 그리고 곤충, 잡초와 토양유래 병원체 방제에 필수적이다.

윤작은 비옥도 증진작물(화·두과 혼파초지로 미생물과 토양생물을 위한 지하부 생물의 양질 공급원이 된다)과 자원개발작물(곡류, 유채) 및 잡초의 발아를 감소시키는 호밀과 수수 같은 작물과의 균형이 중요하다. 다양한 작물은 안전성과 위험을 최소화시킬 수 있다.

④ 잡초, 해충, 병의 방제: 농업적 화학약품에 의존하면 자연적 유익동물이 폐사해 오히려 충해문제가 증가한다고 보고되기도 한다. 작물 윤작은 충해방제 및 자연 유익동물의 이용에 중요하며 초본식생의 식재로 실시할 수 있다. 잡초방제는 윤작, 식재밀도, 방목, 기계적·열적 잡초방제를 통해 기본적으로 검증된 방법을 이용해야 한다.

⑤ 농장 하부구조(목책, 물, 그늘, 기계): 유기농업으로의 전환은 다른 장비와 특별한 영농을 지지하기 위한 하부구조가 필요하다.

⑥ 가축문제와 방목비율: 혼합농장에서 작물과 가축 사이에 균형이 있어야 한다. 유기농업은 농장에서 생산된 사초를 급여하기 위해 가축 수는 감소되어야 한다. 혼합가축은 내부기생충 구제, 초지관리, 영양소 순환에 도움을 준다.

⑦ 재배와 경작요구사항: 장비는 관행농업과 다를 수 있다. 치젤 쟁기, 토양 공기 주입기는 토양 공기유통을 위해 필요하고, 한편으로 잡초방제를 위해 완전히 다른 장비 세트가 필요할 것이다.

⑧ 시장요구: 사전 시장조사는 예상된 생산물에 대한 판매기회를 확실히 하기 위해서 필요하다. 그 농산물품에 대한 시장요구가 있는가, 시장은 어떤 상품을 원하며 또 어떻게 수송할 수 있는가 등이다.

⑨ 노동요구: 유기농업은 해충과 잡초방제에 화학약품을 사용하지 않기 때문에 많은 노동력이 필요하다는 것을 전제로 할 때, 의도하는 유기작목에 필요한 노동력을 구할 수 있으며, 계절적 노동력도 충분히 조달될 수 있는가 등이다.

⑩ 재정관계: 식물과 농기계 그리고 노동력에 대한 모든 재정적 고려는 하였는가, 수입이 감소되었을 때 이를 보충할 적당한 충격완화장치는 있는가 등이다. 전환기간 동안 수량감소는 10~15% 또는 그 이상이 될 수 있다.

⑪ 위험평가와 가격: 기획하는 작목의 위험평가는 유능한 기관 또는 농장

컨설턴트로부터 받는다. 전환의 모든 관점을 고려해야 하는데, 최초 유기농 시도 연도의 수입감소와 새로운 자본재 구입 그리고 성공적인 운영을 확실히 하기 위한 내부구조 변화가 그것이다.

⑫ 투입: 유기농업이 일반적으로 저투입이지만 그 작동은 퇴비와 무기비료를 이용하는 것이다. 전환계획에서 요구되는 투입과 이에 대한 준비가 필요하다.

(3) 유기영농설계 실행안

[그림 5-1]은 구체적인 실행안으로 일반영농계획과 유사하다.

[그림 5-1] 유기영농설계 흐름도

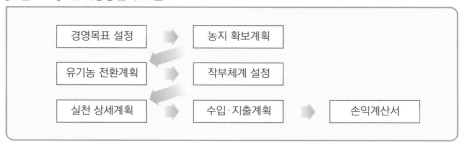

1 경영목표

먼저 경영목표로, 이때 고려해야 할 사항은 다음과 같다(임, 2003).

첫째, 어떠한 경우에도 파산하지 않고 살아남아야 한다.

둘째, 이윤 및 투자수익을 극대화한다.

셋째, 경작규모 혹은 사육규모를 적정 수준까지 확대한다.

넷째, 일정 수준 이상의 소득을 확보한다.

다섯째, 농업자산과 자기자본 비중을 동시에 제고한다.

여섯째, 부채를 점차 축소하여 궁극적으로 무차입경영을 실현한다.

일곱째, 여가시간을 늘려 건강을 유지하고 삶의 질을 향상시킨다.

구체적인 경영목표는 다음과 같이 세울 수 있다.

① 벼는 ha당 350kg을 생산한다.

② 합리적인 잡초방제를 통하여 노동력을 최소화한다.

③ 후작으로 쌀보리(보리)를 재배하여 250kg 이상을 수확한다.

2 농지 확보계획

유기농업 적지 설정에 관해서는 이미 제3장에서 언급한 바 있다. 현재 대부분의 전환기 유기농업이 도시 근교에 밀집해 있으나 생태적·경제적 여건을 고려하면 도심에서 떨어진 곳이 유기농의 적지라고 할 수 있다. 현재 관행농을 하고 있는 농가는 선택의 여지가 없으나, 새로 유기농을 시작하려는 농가는 토지를 구매하는 경우와 임차하는 두 가지 경우가 발생할 것이다.

임차하여 유기농업을 하는 경우의 가장 큰 문제점은 전환기가 끝나고 완전히 유기농업으로 인증을 받기에는 2~3년의 기간이 필요하다는 것이다. 그러나 임차해지나 도시개발계획 등에 의해 반환을 요구하는 경우에는 전환기에 소요된 노력이나 경비를 보상받을 방법이 현실적으로 전무하기 때문에 이에 대한 대비를 해야 한다. 따라서 임대한 토지에 유기농업을 한다는 것은 커다란 위험부담이 따르게 된다는 점을 인식해야 한다.

3 유기농업 전환계획

유기농업이 관행농업의 대안으로서 각광을 받고 있으며, 성장 잠재력이 높은 새로운 영농기법임에는 틀림없지만 기술을 요하는 농업이다. 유통이나 판로 개척 없이 전체 농장을 유기농업으로 전환하는 것은 위험부담이 높다. 따라서 유기농업이 고부가가치 창출농업이라는 확신이 서기 전까지 농장의 일부만을 유기농장으로 전환하고 나머지는 관행농업을 함으로써 위험성을 경감시킬 수 있다. 관행농장을 유기농장으로 전환시키는 방법은 다음의 두 가지가 있다.

[그림 5-2]에서 보는 바와 같이 구획으로 나누어 한 구간씩 관행농업에서 유기농업으로 전환하는 것은 이 그림에서 설명된 대로 한 농장에서 두 가지 방식으로 농장을 운영하면 복잡하고 번거로울 수 있으나 점진적으로 전환

[그림 5-2] 매년 농장의 일부를 전환하여 전체 농장을 유기농장으로 만드는 모델

1년차	무농약 1년(신규) 2,000평	관행농 2,000평
	관행농 2,000평	관행농 2,000평
2년차	무농약 2년	무농약 1년(신규)
	관행농	관행농
3년차	무농약 3년	무농약 2년
	무농약 1년(신규)	관행농
4년차	유기 1년(유기 신규)	무농약 3년
	무농약 2년	무농약 1년(신규)

시킴으로써 위험을 경감시킬 수 있다. 또 전농장이 전환되는 데는 수년이 걸리기 때문에 이익을 내는 데도 그만큼 많은 시간이 소요된다. 이것을 부분별 전환방식(conversion in stages)이라 한다.

이 방법은 매년 농장의 일부를 유기농으로 전환해 가는 것인데 첫해부터 농장의 1/4씩을 무농약 재배를 실시하여 4년째는 유기농작물을 생산하는 것이다. 전체가 유기농장으로 변하기 위해서는 7년이 걸린다. 이와 같은 모델은 규모가 큰 목장의 초지 등에서 할 수 있고 우리나라에서는 이러한 방식을 채택하지 않는다. 농장은 부분적으로 유기농장으로 전환시키기 때문에 그만큼 더 많은 시간이 걸린다.

한편 단계별 전환방식(conversion in layers)는 [그림 5-3]에서 보는 바와 같

[그림 5-3] 단계별 전환방식의 예

1년차	무농약 + 토양비옥도 증진
2년차	무농약 + 토양비옥도 증진
3년차	무농약 + 토양비옥도 증진
4년차	유기농 신규 인증

〈표 5-2〉 농장 일부분(부분별)을 유기전환시 장단점

구 분	장 점	단 점
관리의 복잡성	농장의 일부만 전환, 여기서 교훈 얻음. 새롭고 간단한 방법으로 창의적 아이디어를 시도	두 가지 형태 농장운영으로 전체 농장을 전환하는 것보다 복잡
투자비용	전환기간에 걸쳐 분할	부가가치 투자효과 또는 재정적 이익 창출에는 장기간 소요
수량감소와 수업 대가	전환기 전체에 분산, 실수하면 때로는 수확량이 거의 없음.	얼마나 많이 전환하느냐에 따라 다름. 유기초지에 밀을 재배하여 유기밀을 생산한다면 주소득원은 유기밀이 됨. 따라서 성공 여부 및 시장에 따라 경비 증가
실행 정도	농가는 실행에 옮길 수 있음. 만약 좋아하지 않으면 유기전환을 고집할 필요는 없음.	만약 농가가 통합 운영방법을 통해 수익을 내지 못한다면, 농가에 불리하게 작용할 것임. 전환을 좋게 생각하지 않음으로써 관행농으로 다시 환원하기 너무 용이
편안함	농가의 방법이 점차 유기농업체제로 가고 있어서 확신을 얻음.	때로는 혼돈. 재래농과 유기농업 사이에서 방황 가능
가 축	농가는 유기농업에 부적합한 가축을 선별하여 손실 없이 관행 양식 가축무리에 합류 가능	가축은 종료시까지는 전환되지 않을 수 있음.
연령에 따라 가축 전환을 단계화	젖뗄 때 어린 양과 송아지를 유기축산으로 전환시키며, 이들을 유기목구에서 사육할 수 있을 것임. 늙은 가축은 필요에 따라 점진적으로 도태 가능	어린 양과 송아지를 외부에서 구입시 새끼 가축의 적응과 수송에 따른 불편 및 비용 증가
요구되는 관리기술	유기농업에 대해 좀더 많이 배움에 따라 비전환 농토의 관리기술을 향상시킬 수 있음. 만약 전환할 농토가 있으면 그 부분을 점차적으로 전환 가능	—
전환까지 소요시간		장기간 소요

(NSW, 2000)

이 농장 전체를 유기농장으로 전환시키는 것으로 첫해부터 농약과 화학비료를 사용하지 않고 토양비옥도 증진을 통해 비옥도를 높이면서 3년간 같은

구분	장점	단점
투자 비용	생산물을 관행농산물로 판매하여 손실의 일부를 보충할 수 있음.	수량 및 품질이 나빠 수익이 감소함.
전환여부결정	경과를 보아 무농약 농산물로 판매할 수 있음.	화학비료를 사용하지 않아 수량이 줄어듦.
전환방법	매년 같은 방법으로 관리할 수 있음.	-
복잡성	나중에 유기농으로 전환했을 때 토양생태계 및 병충해 발생 등을 이해할 수 있음.	많은 노력과 시간이 듦.
기간	3년간 완전히 같은 방법 재배, 사육하여 방법에 익숙해짐.	시행착오를 겪을 수 있음.

방식으로 무농약으로 재배하고 4년째는 유기농산물을 생산하는 방식이다.

〈표 5-3〉은 이렇게 층별로 점진적으로 농장 전체를 유기농업 전환농장으로 전환시켰을 때의 장점과 단점을 열거한 것이다. 이 표를 보면 농장 전체가 어떻게 흘러가고 있다는 것을 알 수 있다. 농약과 화학비료를 완전히 사용하지 않게 되어 병충해가 발생하고 농산물의 상품가치가 떨어져 당장 농장에 타격을 줄 수 있다는 것을 예상할 수 있다.

4 작부체계의 설정

어떤 벼 재배지대에서 유기벼와 유기보리를 생산하기로 하였다면 구체적 실천계획을 세워야 한다. 이것은 작부체계를 결정하고 어떤 시기에 무슨 작물을 재배하며 언제 수확할 것인가를 그림으로 나타내는 것이 좋은데, 유기벼와 유기보리를 생산하는 농가를 모델로 하면 [그림 5-4]와 같은 작부체계를 제안할 수 있다. [그림 5-4]의 계획은 전환 1년차의 계획이나 2년차에 가면 지력이 떨어져 병충해 발생 및 수량감소가 예상되기 때문에 퇴구비나 녹비작물을 재배하여 지력을 보충할 수 있는 수단을 강구해야 한다.

[그림 5-5]에서 보는 바와 같이 답리작으로 보리를 재배하는 대신 녹비작물인 자운영을 재배하여 이듬해 이앙 전 갈아엎는 방식으로 토양비옥도 증

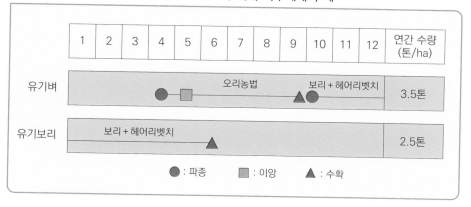

[그림 5-4] 전환 1년차의 유기벼·유기보리 재배 작부체계의 예

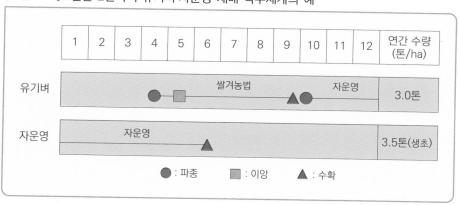

[그림 5-5] 전환 2년차의 유기벼·자운영 재배 작부체계의 예

진을 꾀할 수 있다. 한 연구에 의하면(농촌진흥청, 2002), ha당 35톤의 자운영을 투입했을 때 벼 재배 표준시비량인 100kgN/ha을 시용한 구의 98.2%의 수량을 나타내었다고 한다.

[그림 5-6]에서 보는 바와 같이 3년차는 벼를 수확한 후에 녹비작물로 호밀 또는 자운영을 파종한 후 이듬해 봄에 이를 갈아엎으면서 다시 보리와 완두를 재배한다. 보리와 완두는 완두의 질소고정능을 이용하기 위한 것이다. 봄에 보리와 완두는 녹비로 다시 토양에 환원시키는 것을 말한다. 이 경우에 토양비옥도에 따라 완두와 보리를 수확하여 유기보리와 완두로 이용할 수 있을 것이다. 그리고 이때는 벼의 이앙시기가 늦어지기 때문에 유기벼의 수

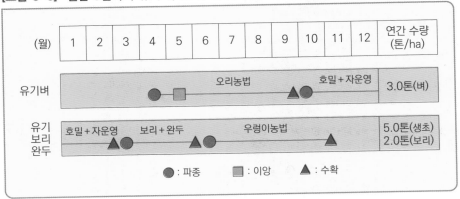

[그림 5-6] 전환 3년차의 유기벼, 보리, 완두, 호밀 또는 자운영 재배 작부체계의 예

량이 감소될 것으로 예상된다. 그림으로 제시된 것은 모델에 지나지 않으며, 지력이나 기후조건에 따라 변형이 가능할 것이다.

5 경영실천계획

이것은 영농설계상 경영실천계획에 해당하는 것으로, 재배 전 과정 동안 무엇을 언제, 어디서, 어떻게 충당하고 동원할 것인지를 미리 예상하는 것이다. 여기에 포함되어야 할 사항은 기본 영농계획과 노동력 소요량 측정 그리고 월별 농작물관리계획이 포함된다.

우선 재배 생산계획은 재배에 필요한 개략적인 계획서로 종자 소요량, 종자 파종과 이앙 예정일, 수확일, 총수량을 추정한다. 유기농업에서는 비옥도 증진을 위해서 녹비작물을 재배하는데, 이에 대한 계획도 첨부한다. 개략적 그림은 [그림 5-6]과 같이 그릴 수도 있다. 실천계획에서 간과해서는 안 되는 것이 노동력 사용 및 동원계획이다. 특히 유기농업은 농약을 사용하지 않기 때문에 농약 살포 노력이 감소되는 대신 잡초 및 충해 방제에는 상당량의 노동력이 필요하므로 이를 고려해야 한다. 특히 농촌에는 고령화·여성화로 인해 적기에 노동력을 구할 수 없는 경우가 있어 이에 대한 대비가 필요하다. 한 조사(하영호, 2003)에 의하면 0.7ha의 관행벼 재배에는 총 1,741시간의 노동이 필요하고, 고용노동이 288시간 소요되는 것으로 조사된 바 있다.

그러나 앞에서도 언급한 바와 같이 유기농업에 대한 경험이 일천한 우리나라에서 ha당 필요한 노동력의 산출에 대한 과학적 근거가 없어 정확한 자료를 제시할 수는 없다. 또한 어떤 농법(오리, 쌀겨 등)을 사용하느냐에 따라 달라질 것이다. 다만 여기서 제시할 수 있는 것은 이앙하는 방식을 이용하면 재래농과 같은 정도의 노력이 소요될 것으로 예상된다. 다만 제초의 경우 일본의 조사결과를 보면 〈표 5-4〉와 같다.

그리고 〈표 5-5〉와 같은 개략적인 재배력을 설계한 후 그 세부적 상세한

〈표 5-4〉 재래식과 회전식 제초기의 비교

구 분	1인당 1일 달성면적(ha)
재래식 제초기	7.2
손 김매기	8.1
인력 회전제초기	40.0
두 줄 동력제초기	90.0

(민간벼농사 연구소, 2003)

〈표 5-5〉 유기 벼·보리 재배력

월별 \ 주요 관리 \ 작목	벼		보리(헤어리벳치, 자운영, 완두)	
	기본관리	시비, 제초관리	기본관리	시비, 제초관리
1	객토	퇴비(11.5톤/ha)		
2	종자 · 상토 준비	규산(2톤/ha)석회		
3	파종 · 육묘			
4	이앙(납부)건답파종(중 · 북부)	발효비료 웃거름 심수관리		
5	못자리 관리이앙	제초, 쌀겨 흘려 넣기 (300kg/ha)		
6	예찰	발효비료 웃거름 제초		
7	예찰	발효비료 웃거름 제초, 피 뽑기		
8	예찰		② 자운영 파종	

작목 / 주요 관리 / 월별	벼		보리(헤어리벳치, 자운영, 완두)	
	기본관리	시비, 제초관리	기본관리	시비, 제초관리
9	예찰 · 수확		① 파종(헤어리)	퇴비(5.0톤/ha)
10	수확 · 건조		배수	
11	판매		배수	
12	익년 계획			
1	익년 계획		③ 파종(봄보리+완두)	인분, 가축 분뇨 시비
2	객토	퇴비(11.5톤/ha)	배수	독새풀 제초
3	종자 · 상토 준비	규산(2톤/ha)석회		제초
4	파종 · 육묘			
5	이앙	발효비료 웃거름 심수관리		
6	예찰	제초, 쌀겨 흘려 넣기	수확(보리) 수확 (봄보리+완두)	

* 석회사용량은 토양상태에 따라 다를 수 있음.

계획은 따로 만든다. 여기에는 종자량, 모판 수, 품종, 이앙가격, 정확한 시비 및 이앙 일수가 포함된다. 또 각 작업에 따른 노동력 소요 및 동원 그리고 농기계 이용 등을 따로 계산하도록 한다.

〈표 5-5〉가 관행벼나 보리 재배력과 다른 것은 토양비옥도를 유지하기 위한 녹비작물 또는 두과의 이용이다. 즉 답리작으로 ① 은 보리 재배시 보리와 헤어리벳치를 혼파하여 두과의 질소고정능을 활용하고자 하였고, ② 는 벼의 수확 전 입모 중에 자운영을 산파하여 녹비로 이용하고자 시도된 것이다. ③ 은 초봄에 보리(봄)와 두과인 완두를 재배하여 역시 두과를 이용한 토양비옥도 유지를 꾀하였다. 그러나 이 세 가지 경우 작물이 필요한 영양소 중에 질소만을 충족시켜 줄 수 있는 재배법이기 때문에 인산이나 칼리 등은 다른 방법으로 보충해 주어야 하며, 미량 요소 또한 보충해 줄 수 있는 방식을 모색해야 하는데, 이러한 의미에서 유기농업의 복합영농은 필연적이라고 할 수 있다.

6 수입 및 지출계획

① 수입: 유기벼, 유기보리 재배를 통하여 얻을 수 있는 수입은 보리와 벼이다. 관행농업에서 볏짚 판매를 통한 수입을 기대할 수 있으나 유기농업에서는 논으로 환원시키는 것을 원칙으로 한다. 단, 유기축산을 위한 유기조사료로 판매할 수 있으나 현재는 전환기이기 때문에 형성된 가격이 없다.

② 지출: 지출은 보통 종묘비, 비료비, 농약비, 광열동력비, 재료비, 소농구비, 임차료, 농기계 및 농용시설, 감가상각비, 고용노동비, 자가노임, 고정자본용역비, 토지자본용역비, 유동자본용역비 등을 합산한 것이다.

7 손익계산서

이것은 일정 기간 동안 경영성과를 알아보기 위하여 수익과 비용을 대비시켜 순이익 또는 순손실을 계산하는 보고서이다. 유기쌀·유기보리에 관해서는 발표된 것이 없기 때문에 〈표 5-6〉과 같은 예만을 제시하고자 한다.

〈표 5-6〉 손익계산서의 예

○○○농장 2002. 1. 1~2002. 12. 31(계정식)

비 용	금 액	수 익	금 액
노 임	1,900,000	유기벼 수익	15,600,000
비료비	500,000	유기보리 수익	4,000,000
농약비	260,000	수입이자	400,000
감가상각비	900,000	잡수익	1,000,000
조세공과금	100,000		
지급이자	600,000		
잡 비	300,000		
당기순이익	16,440,000		
합 계	21,000,000	합 계	21,000,000

(김 등, 2002)

(4) 전환관리지도

유기농장은 기본적으로 농장의 활력과 자연적 균형이 이루어지도록 하는 영농방식이 되어야 한다. 농장을 한 필지의 밭 또는 일부의 농토로 보는 것이 아니라 자연생태계의 일부로 이해하는 것이 필요하다는 점을 여러 번 지적하였다. 예를 들어 방풍림을 설치하면 인근 농장에서 농약이 이동되는 것을 방지할 수 있을 뿐만 아니라 익충이나 익조의 서식지가 될 수 있다. 또 둑이나 분리도랑을 만들어 이웃으로부터 원하지 않는 물질의 유입을 막을 수 있다. 목장의 목책도 철조망이 아닌 나무목책을 이용하고 몇 줄의 나무를 식목함으로써 잡초·바람으로 전염되는 가축전염병과 비유기농장에서 탈출한 가축의 유입까지도 막을 수 있다.

[그림 5-7]은 1만 4,500평 규모의 전환기 유기농가의 농장배치도를 나타낸 것이다. 전체적으로 볼 때 북쪽의 화학공장에서 오염물질이 방출될 수 있으며, 이의 방지를 위해서는 나무를 조림하여 수대(tree belt)를 만들 필요가 있다. 또 부근 양돈과 유기농장 사이에는 작은 실개천이 있는데, 양돈장의 오폐수가 장마철에 범람할 가능성이 있으므로 둑을 높게 쌓을 필요가 있다.

그리고 유기농장 앞의 평화농장에서 제초제 살포시 농약의 유입이 우려되므로, 경계에 나무를 식재하여 이러한 가능성을 미리 차단하였다. 이와 같이 오염원을 알고 이를 방지할 수단을 강구하는 것이 필요하며, 이는 바람의 방향, 오염원의 표시, 농기계 수리장소, 농약 또는 비료 및 인공적 화합물의 보관창고 등을 지도상에 표시하고, 이러한 오염물이 인증 예정지역에 확산되지 않도록 하는 것이 필요하다.

(5) 전체 농장관리

유기농업은 유기물에 의한 토양비옥도 향상을 통한 무공해 농산물생산을 의미하는 것은 아니다. 핵심은 종합적인 농토관리로 농토에 대한 세심한 배려와 돌봄이 필요하고, 이러한 방법이 과거로의 회귀일 수도 있지만 또한 경

[그림 5-7] 유기농업 전환관리지도와 예

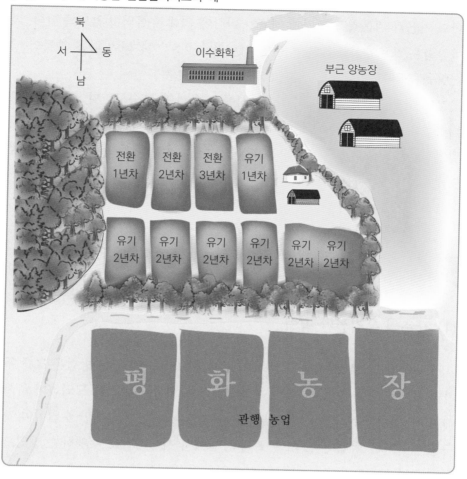

비를 절약할 수 있는 방법일 수도 있다.

　외국에서 제시된 방법은 방목지에서 등고선에 사료급여를 통한 토양침식 방지, 관목의 보호를 위한 조림비용의 절감, 수대(tree belt)를 만들어 다목적으로 이용하기 등이다. 수대가 주는 혜택은 가축의 휴식지, 지주목, 화목, 한발시 사료로 이용, 잡초 유입 방지, 인근 농가로부터 분무농약 유입방지, 조류 유인 등이다. 과방목으로 인한 토양침식을 방지하고, 출입문은 저지대보다는 고지대에 설치하는 등의 배려를 하며, 가축에 의한 목도(track)가 등고선에 생기지 않도록 하는 등의 조치를 취한다.

우리나라에서 가을철 수확이 끝난 포장은 피복작물 또는 녹비작물을 재배하여 가을과 겨울철 건조기에 지표가 바람에 의해 유실되지 않도록 한다. 피복작물은 표토유실을 방지할 뿐만 아니라 녹비로 이용되어 다음 작물의 생산량을 높일 수 있다.

뿐만 아니라 퇴구비는 전용 퇴비사를 이용하여 부숙시킨다. 간이적으로 퇴비를 퇴적할 때도 장마철 범람에 의한 유실을 피하기 위해 수로에서 멀리 떨어진 곳에 만들도록 한다. 양분유실을 방지하기 위해 모아서 비닐 등을 덮어 놓는 등의 조치를 한다.

3. 가축의 유기전환

(1) 가축의 유기전환 방법

관행적 방법으로 사육하던 가축을 유기가축으로 전환하는 방법은 크게 두 가지 형태로 나눌 수 있다. 외국에서 모든 필요한 유기사료를 도입하여 축사에서 사육하는 방법과, 유기조사료 또는 농후사료 중 한 가지만 수입하여 가축을 사육하는 방법이다. 이는 현재 농협에서 시험적으로 수행하는 방법으로, 농협은 농후 및 조사료를 전부 수입하는 방법을 취하고 있으며, 안성의 한 법인에서는 러시아에서 유기적으로 재배한 조사료를 수입하여 급여하는 방식을 이용하고 있다.

이때 문제가 되는 것은 이러한 사료를 급여하여 가축을 사육한 후 얼마가 지난 것을 유기축산물로 간주하느냐이다. 친환경 시행법에는 인증을 받기 위해서 2년 이상의 경영 관련자료를 보관하도록 되어 있으나 새로 지은 축사에 입식하는 경우[유기적 지위에 도달한 농지(축사): Codex]에는 유기사료+유기축사가 만족되었으므로 유기사료를 급여하는 시점을 전환기간으로 보고, 일정한 기간이 경과한 후부터는 유기축산물로 인정하여야 할 것으로 보인다. 즉 유기식육으로 인정받기 위해서는 생후 12개월 이후에 도살된 것은 유기육으로 인정을 해도 무방할 것으로 보인다.

한편 자가농장에서 모든 사료를 유기적으로 생산하는 경우는 초지를 조성하여 이를 유기사료로 이용하거나 오리농법으로 유기볏짚을 생산하여 사용할 수 있을 것이다. 곡류인 경우는 유기보리를 생산하여 이용할 수 있고, 이때 필요한 단백질원은 어박을 이용한다. 작부체계 및 예상 생산량은 제4장의 윤작체계와 앞의 작목별 작부체계의 내용을 참고하기 바란다.

유기축산은 모든 유기농업의 최종 단계이기 때문에 우선은 토지를 유기화하고 여기에 작물을 재배하여 작물을 유기화한 다음 최종적으로 가축을 유기화하는 방식으로 진행되어야 한다. 유기농업에서 가축의 의미는 크다. 양분순환이라는 전제와 농장 전체를 하나의 시스템으로 볼 때 가축에 의한 분뇨생산은 순환의 시발점이 되기 때문이다. 뿐만 아니라 가축은 방목에 의한 잡초방제를 할 수 있고, 돼지는 주둥이로 흙을 굴토하기 때문에 잡초방제나 개간의 효과가 있으며, 닭의 방사를 통하여 작물에 해로운 애벌레를 구제하는 효과가 있기 때문에 통합적인 의미에서 이해하는 것이 필요하다. 즉 가금과 젖소를 함께 방목했을 때 닭에 의한 초지의 위생증진(벌레 섭취로)과 소에 의한 비육도 증진을 꾀할 수 있는 것이다.

(2) 유기가축으로의 전환

유기축산은 관행축산과는 달리 항생제나 인공적 물질을 사용하지 않으며 동시에 사료도 유기적으로 사육한 것을 급여하도록 되어 있다. 관행축산에서는 과밀조건에서 사육할 때 여러 가지 스트레스를 받고, 이를 방지하기 위한 수단으로 영양수준을 높인다거나 또는 각종 항생제나 호르몬제 등을 사용하였다.

그러나 유기축산에서는 저영양상태라도 영양보충제 사용이 전혀 없고 항생제를 쓰지 않기 때문에 쾌적하여, 스트레스가 없는 조건에서 가축을 사육하여 질병치료보다는 예방에 주안점을 두는 방식을 이용해야 한다. 이를 위해서는 우선 축사의 조건은 관행축사보다 두당 넓은 면적이 되도록 하여야 하는데, 친환경육성법 시행규칙 및 축산법에 의한 가축별 축사밀도는 〈표 5-7〉과 같다.

〈표 5-7〉 가축별 축사밀도

1) 유기축산물

축종	성장단계/ 종류별	축사시설면적 (m²/두(수))	축사형태
한육우	송아지	2.5(송아지, 6개월 미만, 육성우=6~14개월 미만)	방사식
	비육우	7.1(성우 1두=육성우 2두)	
	번식우	10	
젖소	착유우	프리스톨=9.5	깔짚=17.3
	건유우	프리스톨=9.5	깔짚=17.3
	초임우	10.9	깔짚
		8.3	프리스톨
	육성우	6.4	깔짚
		6.4	프리스톨
	송아지	4.3	깔짚
		4.3	프리스톨
돼지	번식돈	3.1	임신돈
		4.0	분만돈
		3.1	종부대기돈
		3.1	후보돈
	비육돈	초기=0.2, 후기=0.3	자돈
		1	육성돈
		1.5	비육돈
	웅돈	10.4	-
닭	산란성계, 종계	0.22	-
	산란육성계	0.16	-
	육계	0.1	-

축종	성장단계/ 종류별	축사시설면적 (m²/두(수))	축사형태
오리	산란용	0.55	-
	육용	0.30	-
면양·염소	육용	1.3	-
사슴	꽃사슴	2.3	-
	레드디어	4.6	-
	엘크	9.2	-

2) 무항생제 축산물 및 기타 축산가축밀도

축종	성장단계/ 종류별	축사시설면적 (m²/두(수))	축사형태
한·육우	번식우	10 5	방사식 계류식
	비육우	7 5	방사식 계류식
	송아지	2.5 25	방사식 계류식
젖소	착유우	16.5 8.4 8.3	깔짚 계류 프리스톨
	건유우	13.5 8.4 8.3	깔짚 계류 프리스톨
	미경산우	10.8 8.4 8.3	깔짚 계류 프리스톨
	육성우	6.4 6.4 6.4	깔짚 계류 프리스톨
	송아지	4.3 4.3 4.3	깔짚 계류 프리스톨
	기타(일괄 경영)	12.8 8.6 9.0	깔짚 계류식 프리스톨

축종	성장단계/ 종류별	축사시설면적 (m²/두(수))	축사형태
돼지	웅돈	6.0	-
	임신(후보)돈	1.4	-
	분만돈	3.9	-
	육성(비육)돈	0.45(초기)	군사
	비육돈	0.8(후기)	군사
	종부대기돈	1.4 2.6 2.3(새끼돈) 0.2(새끼 초기) 0.3(새끼 후기)	스톨 군사 군사
닭	종계, 산란계	0.075 9수/m²	케이지 평사
	산란, 육성계	0.075	케이지 사육(100일령)
	육계	39kg/m² 36kg/m² 33kg/m² 0.046kg/수	무창계사 개방계사, 강제환기 개방계사, 자연환기 케이지
오리	산란용	0.333	평사
	육용	0.246	평사
		0.15	무창시설
메추리	산란용	0.0076	-
사슴	꽃사슴	2.3	-
	레드디어	4.6	-
	엘크	9.2	-
면양·염소	면양	1.3	-

한편 방목지의 경우도 최소밀도가 정해져 있다. 즉 축우는 두당 74m², 면양은 37m², 돼지는 깔짚이 있는 경우는 25/ha, 또 깔짚이 없는 경우는 15/ha로 규정하고 있다(COABC).

또 다른 문제는 질병을 미리 예방하는 일이다. 이를 위한 방법으로 추천되고 있는 것은 먼지, 진흙 바닥, 추운 바람 그리고 사람이 먹을 수 있을 정도의 깨끗한 물공급, 적정한 사료공급(성축은 8%, 자축은 24% 단백질과 8시간의 방목 및 사료섭취시간 허용) 등이다. 또 미량 광물질의 균형을 맞추어 주어야 하는데, 이를 위해서는 방목지에서 목초의 2/3만 방목시키고 철수시킨다. 그 밖에 적당한 운동을 시킬 것 등을 권하고 있다. 이 같은 관리를 통하여 질병을 예방할 수 있다. 유기가축의 질병치료는 제7장을 참고하기 바란다.

유기적 조건이 갖추어졌을 때의 전환기간은 앞으로 다루어질 것이나 요약하면, 식육은 입식 후 12개월, 송아지는 6개월 미만은 입식 후 6개월 이후, 젖소는 유기사료 급여 후 90일 지난 우유, 경산우는 6개월 이후, 산양은 젖소와 같다. 돼지는 6개월, 육계와 닭은 부화 7주 후, 삼계탕용은 부화 3~4주 후, 산란계 알은 입추 후 5개월, 오리는 부화 10주 후, 알은 입추 5개월 이후에 생산된 축산물을 유기축산물로 간주한다.

4. 전환시 예상되는 문제

관행농업을 하던 농가가 유기농업으로 전환할 때 제기할 수 있는 의문점은 많다. 핵심적인 것은 판매과정 그리고 노동력 소모, 수량의 차이에 관한 문제로 집약할 수 있다.

(1) 판 매

유기농업을 시작하려는 농가는 어떻게 생산물을 판매할 것인가란 질문을 던질 수 있다. 현재 우리나라의 유기농산물 판매는 [그림 5-8]에서 보는 바와 같이 여섯 가지 경로를 통하여 이루어진다. 소비는 직거래, 학교급식, 생협, 대형유통업체, 친환경전문점 등이며 이 중 가장 큰 비율을 차지하는 것은 학교급식이고 그 다음이 대형유통업체, 친환경전문점 순이다. 생협과 기타도쇄경로의 한 축을 담당하고 있다.

[그림 5-8] 친환경인증 농산물의 유통체계도

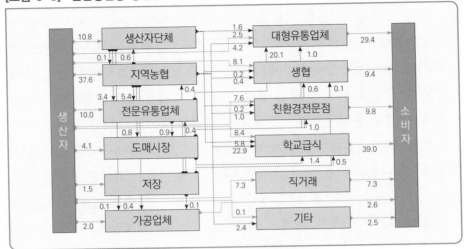

(농림축산식품부 보도자료, 2019)

〈표 5-8〉 친환경농산물 출하처 구성비율

형태	유통경로	비율(%)
중간유통업자	→ 1차 → 2차 → 3차	45.4
지역농협	→ 1차 도매시장, 가공업체	38.8
기타	인터넷 판매 등	15.8

(김석철, 2016)

따라서 생산된 유기농산물을 판매할 것인가를 결정하는 것이 필요하며, 그 선택은 전적으로 농가의 여건에 달려 있다.

적정 물량과 수집이나 운반 등을 고려할 때 소규모의 유기농산물은 자급자족용으로 이용될 수 있고, 일정 규모화하거나 또는 집단적으로 재배하여 판매하는 계약출하방식을 취해야 한다. 따라서 관행농에서 유기농업으로 전환할 때는 구체적인 판매계획을 세워야 한다. 유기농업생산자 조직에 가입하거나 전문유통회사와의 계약이 일반적인 판매방식이다. 이와 같은 사실은 [그림 5-8]에 잘 나타나 있는데 학교급식을 제외하고는 대형유통업체나 생산자 조직인 친환경전문점의 판매비율이 높다는 사실에서 찾아볼 수 있다.

[그림 5-9] 유기농산물 전문판매점

(2) 과정 및 노동소요

유기농업으로의 전환은 단순히 과정을 이행하는 것을 의미하지 않는다. 어떤 무술이나 단련에서처럼 각개 동작에 의해서 완성된 동작이 만들어지는 것과는 차원이 다르다. 즉 다른 과정을 진작시키는 것으로, 예컨대 영양소 순환 및 자기균형생태계를 증진시키는 과정이다.

유기농업은 기본적으로 과거에 대한 회귀라는 요소가 기본적인 배경이라고 할 수 있는데, 옛날부터 농민이 매년 소나 돼지를 사육하고 볏짚이나 산야초를 사용하여 퇴구비를 만들어 토양비옥도를 유지시키면서 수천 년간 영농을 계속할 수 있었던 원리를 적용하는 것이다(金子, 1999).

그리고 이러한 사실은 미국에서도 유사한 시각을 갖고 있어 유기농업은 1940년대 농업으로의 복귀이며, 또한 단지 화학물질 없는 재래농업인 채전(backyard garden) 농사와 관련이 있고, 산업적 과정에 의해 합성된 화학물질과 생물적 유기체에 의한 화학물질 사이의 차이점에 그 차별성이 있는 것이다(Harwood, 1984).

농약을 사용하지 않았을 때 발생하는 해충은 내부기생충이나 섭식자를 유인하여 방제하는 방식이 유기적 과정이다. 작물영양의 유지에서도 단지 농업자재, 또는 유기적으로 인정되는 대체물(substitutes)을 투입하는 것만은 아니다. 토양비옥도에 알맞은 작목을 선택하며, 화학비료를 사용하지 않아 관행재배 농작물보다 수량과 질이 저하할 수도 있는데, 전환 과정에서 이러한 문제를 극복해야만 한다.

전환의 과정에는 관행농업의 접근방식으로부터 유기농업 관점의 영농방식으로 바꾸고자 하는 사고의 전환이 필요하다. 왜 이러한 병충해가 발생하였을까, 화학약품이나 합성제를 사용하지 않고 천연재료를 이용하여 방제할 방법은 무엇일까 등에 대해서 방법을 모색하고 대안을 찾는 노력이 필요하다. 농업자재 없는 순수한 의미의 유기농업에 대한 지식과 경험이 축적되지 않은 우리의 현실에서, 본래 의미의 유기농업을 하기 위해서는 부단한 노력과 연구 및 새로운 가능성에 대한 실험이 필요하다.

유기농업은 관행농업보다 더 많은 노력이 소요될 수 있다. 농산물 부가가치를 높이기 위한 수단으로서 농약·비료 등의 화학제품 대신 노동력으로서이를 보상하기 때문이다. 현재 관행농업에서 나타나는 고투입은 산업으로서의 농업의 총체적 붕괴를 가져올 가능성이 있지만, 유기농업은 고투입을 노력과 토양 및 생태계의 합리적 관리로 저투입함으로써 고부가가치 농산물 생산에 역점을 두고 있다. 미국의 조사에서는 옥수수 생산에서 관행농업이 9.6시간(ha), 유기농업이 14.8시간(분뇨) 및 12.2시간(앨팰퍼 재배 후), 13.6시간(콩 재배 후), 17.8시간(1년 스위트클로버 재배 휴경)이 소요되어 관행농업에 비해 최고 약 2배 정도의 노동력이 더 소요되는 것으로 나타났다. 또한 호밀에서는 4.5시간(관행) 대 5.8시간(유기–분뇨), 감자에서는 35시간(관행) 대 45시간(유기) 및 47.5시간(유기)으로 역시 더 많은 노동시간이 소요되고 있음을 알 수 있다. 유기옥수수 재배의 노동생산성은 관행농업에 비해 22~46% 저하되었다(Pimentel, 1980).

이렇게 노동이 많이 소요되기 때문에 외부의 도움을 받을 필요가 있다. 예를 들어 경실련, 한국여성민우회 그리고 유기환경농업에 관심이 있는 단체의 협조를 받아 유기농업체험단이나 자원봉사자의 도움을 받는 방법도 모색할 수 있다.

(3) 관행농가와 수량 및 노동생산성 차이

유기농업이 관행농업에 비하여 어느 정도의 수량저하가 예상되느냐는 각 작목이나 재배방법에 따라 현격한 차이가 있다. 예를 들어 감자의 경우에 병해손실(disease losses)이 30%, 충해손실(insect losses)이 20%로 전체 손실은 50% 정도에 이르는 것으로 보고된 바 있다. 또 잡초방제를 위해 다섯 번의 추가 트랙터 중경(Additional tractor cultivation)으로 ha당 5시간의 노동과 50리터의 경유가 더 소요되었다고 한다(Oelhaf, 1978).

호밀에서는 해충 및 잡초에 의해 4%의 수량감소가 발생되며, 사과에서는 수량을 비교한 보고가 없다고 한다. 한편 옥수수에서는 노동생산성이 관행

〈표 5-9〉 노스다코다에서 전작 후 유기 및 관행 봄호밀의 ha당 에너지 투입과 생산

항 목	관 행		유기(가축분)	
	양/ha⁻¹	kcal/ha⁻¹	양/ha⁻¹	kcal/ha⁻¹
노동(시간)	4.5	—	5.8	—
농기계(kg)	19.0	342,360	19.0	342,360
석유(L)	26.6	268,798	26.6	268,798
경유(L)	46.3	528,925	46.3	528,925
전기(L)	13.3	38,192	13.3	38,192
질소(kwh)	67.3	807,360	12,000 ↑	180,000
인산(kg)	25.8	77,370	7.8 ↕	10,140
칼리(kg)	7.0	11,120	0§	0
종자(kg)	104.3	312,870	104.3	312,870
살충제(kg)	0.3	26,073	0	0
제초제(kg)	1.7	173,843	0	0
이동(kg)	182.6	46,938	182.6	46,938
총 계		2,633,849		1,728,223
호밀(kg)	1.90	6,279,500	1.82	6,028,320
kcal생산/kcal투입		2.38		3.49
생산/노동시간(Mg/hour)		0.422		0.314

농업에 비하여 35% 감소되었다. 또 노동시간당 옥수수 수량은 관행농업에 비하여 30% 저하되었다. 그러나 유기옥수수 생산은 관행농에 비해 26~70% 이상의 에너지 효율을 나타내었다. 이와 같은 연구결과에서 보는 바와 같이 유기농가는 관행농가보다 수량이 낮다. 특히 처음 시작단계에서는 더욱더 그러하다. 따라서 토양의 생물학적 활력과 비옥도가 형성되고, 생물적 다양성의 형성으로 병충해의 내부기생충이 만들어지기까지는 수량감소를 예상할 수 있다. 생태계가 안정될 때까지 이러한 상태는 계속될 것이며, 그 기간의 단축은 유기농가의 진지한 노력이나 연구에 비례할 것이다.

(4) 유기농업 전환시도농가에 대한 충고

1 유기농장을 방문하라

유기농을 알기 위한 가장 좋은 방법은 성공적인 유기농을 하고 있는 선도농가에서 배우는 일이다. 실제로 주위에 이러한 농가는 많지 않지만, 이 같은 모범농가가 있으면 금상첨화라고 할 수 있다. 국내에서는 유기농업학과가 없어 직접적인 교육이나 훈련을 받을 수 있는 기관이 없다. 농과대학 또는 농업생명과학대학의 농학계열에서 친환경농업, 작물재배, 토양 등의 과목을 통해 학문적 기초를 닦을 수 있다. 인증기관연합체인 친환경인증기관협회에는 2시간의 온라인 교육이 있다. 문제는 실습이며 유기농장에서 직접 농사를 보고 배울 수 밖에 없다. 많은 경험과 실무를 토대로 익히면서 실제 경작을 하는 것이 현재로서는 최선의 방법이다.

2 한꺼번에 너무 많이 변화시키지 마라

관행농업을 한꺼번에 포기하고 전혀 새로운 방식의 영농을 하면 실패할 확률이 많다. 따라서 무농약에서 유기로 전환하는 것이 좋다. 농약이나 제초제를 사용한 농가는 이러한 화학약품의 사용을 중지하기 전에 유기물에 의한 토양비옥도 증진을 시키고, 또 적절한 윤작과 작부체계의 변화로 잡초 발생을 감소시키는 따위의 시도를 하여야 한다. 지금까지 사용했던 방법을 즉

[그림 5-10] 관행농업과 유기농업 1년차 고추

관행농업 고추

화학비료와 농약 사용을 중지한
유기농업 1년차 고추

각 중지하면 생태계가 급격히 변화하여 병충해로 인한 수량의 급감이 야기
될 수 있다.

❸ 자기 농장에 적용할 전환방식을 찾아라

전환하는 방법은 여러 가지가 있다. 점진적으로 또는 한꺼번에, 아니면 농
장의 일부만 할 수도 있다. 자급자족용으로 할 수 있는 반면, 한 작목씩 할
수도 있다. 자신의 형편에 가장 알맞은 방법을 선택하여 합리적인 방법이라
고 생각하는 방법을 쓰면 된다. 이와 같은 내용은 이미 앞의 영농계획에서
설명한 바 있다.

[그림 5-11]에서 설명된 한 작목(enterprise)씩이란 어떤 농장의 규모가 클
때를 말하는 것으로, 예를 들면 축산, 작물, 과수 등이 있을 때 한 가지씩 유
기농업으로 전환하는 것을 의미한다. 제일 먼저 초지를 유기초지로 하고, 여
기에서 생산된 조사료를 이용하여 유기축산을 한다. 그리고 이 유기초지에
서 작물을 재배하여 유기농작물을 생산하고, 다음은 유기과수로 사업의 영
역을 확대하는 것이다. 또 단계(layer)별로 전환한다는 의미는 우선 토양비옥
도를 높여서(1단계) 토양미생물의 활동을 진작시키고(2단계), 마지막으로 해
충이나 해로운 미생물의 포식자나 기생충 수를 증가시켜 생태적으로 완전한
단계가 되도록 하며, 종국에 가서는 농약이나 화학비료 그리고 제초제를 사

[그림 5-11] 유기농업 전환방법

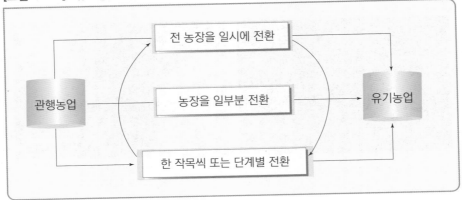

[그림 5-12] 토마토에 사용할 유기발효통

(조전권, 2003)

용하지 않고 농작물을 생산함을 의미한다.

[그림 5-11]에서 일부분이란 의미는 포장의 일부를 유기농업으로 전환하여 점차적으로 전 농장을 유기농장으로 만드는 것이며, 이에 따른 예를 유기농업 전환농계획에서 자세히 다룬 바가 있다.

농장의 일부씩을 유기농업으로 전환하는 경우 시간이 너무 많이 걸리기 때문에 일시에 전 농장을 유기농장으로 바꾸려는 시도가 그림에서 제일 아래 칸의 예이다. 지금까지 쓰던 제초제 농약을 중지하고 이러한 화학물질을 쓰지 않는 새로운 방법을 적용하는 일은 결코 쉬운 일이 아니다. 그러나 전 농장을 유기농장으로 전환하기 위해서는 이를 실천에 옮기기 전에 퇴비와 토양미생물 활력 증진, 그리고 주위의 생물이 활력을 유지하도록 하는 사전 준비가 필요하다. 우리의 실정에서도 소위 농자재를 준비해야 하는데, 예를 들면 설탕과 미생물 제제와 발효재료(각종 농산물, 사과, 토마토 등)를 통에 넣고 발효시키는 등의 준비를 해야 한다. 농장을 완전히 유기전환하는 데는 보통 3~10년이 걸린다고 한다.

4️⃣ 어디부터 출발할 것인가를 결정하라

유기농업 전환을 결정한 농가는 제일 처음 무엇부터 시작해야 하는가 하는 질문을 자주 한다. 그러나 이것은 본인이 결정할 문제로, 주위 환경이나 자신이 재배하여 왔던 작목에 따라 다르다. 어떻게 판매할 것인가, 또 마지막으로 사용한 화학물질은 무엇인가, 농장 중 비옥도가 높은 곳부터 시작할 것인가 박토인 곳부터 시작할 것인가, 어떻게 농산물에 부가가치를 높일 것인가, 인삼이나 각종 약초, 기타 어떤 독특한 물질을 농토에 넣어 각종 과일, 야채, 곡류 등을 생산하여 고가의 농산물을 생산할 전략이 있는가 등에 따라 달라진다.

5️⃣ 초기 어려움을 잘 극복하라

앞에서 설명한 대로 유기농가의 농산물 수량은 관행농가에 비해 적다. 그러나 적당한 출하처와 계약을 맺는다면 관행농산물보다 가격이 높고 안정적인 판매수익이 보장된다. 그러나 전환 초기의 소득은 낮은데, 그 이유(NSW, 2000)로는 첫째 전환기 동안 시행착오를 경험하기 때문이며, 둘째 완전유기 농산물이 될 때까지 가격할증(price premium)이 낮기 때문이고, 마지막으로 수량 또한 관행농법보다는 적기 때문이다. 그러므로 초기 몇 년 동안 수입감소에 대비할 대책을 세워야 한다.

⑥ 유기농업을 성공시키기 위해서는 몇 가지 원칙을 지켜라

호주의 뉴사우스웨일즈 계속교육농업대학(2000)의 자료에 의하면, 성공적인 유기농업을 위해서는 다음의 몇 가지 자질이 있어야 한다고 지적하고 있다.

첫째, 독단으로 하지 말고 단지를 조성하여 서로 의지하고 토론하며 문제를 해결할 수 있는 동료를 만들어야 한다. 단지를 조성하면 유기농산물의 판매, 농자재의 공동구매를 할 수 있어 실질적 도움이 된다.

둘째, 유기농업을 실천하려는 농가는 용기가 있어야 된다. 관행농업에 익숙한 농가, 즉 우리나라의 농촌문화에서 흔히 "그것도 농사냐", "그 꼴이 무엇이냐", "미쳤냐, 정신 나간 사람아" 등과 같이 비난하는 경우가 있으나 유기농업을 시도하는 농가는 이에 과감히 맞서 나름의 철학과 의지를 견지하는 용기가 필요하다.

셋째, 기술이 필요하다. 유기농업은 현대농업의 고투입·대량생산과는 다른 생태계 유지 중심의 농업이다. 독특한 접근과 기술이 필요한 농업이므로 이러한 기술은 서적과 견학 그리고 경험을 통해 축적시켜야 한다. 특히 윤작, 녹비작물 재배, 유축농업에 의한 퇴구비의 이용 등 한국의 농촌현실에서 잘 이용하지 않는 방법이다. 새로운 농업기술을 익히는 데 주저하지 말아야 한다.

넷째, 태도가 중요하다. 유기농가는 농장에서 발생되는 미세한 변화나 해충이나 토양생물의 움직임을 면밀히 관찰하고 기록하는 태도가 필요하다. 영농일지를 통하여 작업내용, 포장의 전반적인 상황, 작황, 병충해의 발생, 포장 작물의 생육상황, 바람의 방향, 조류의 이동, 강우 후의 포장 배수, 각종 생물의 이동이나 새로운 생물의 출현 등을 꼼꼼히 기록하는 습관을 기르도록 한다.

다섯째, 인내심을 갖도록 한다. 관행농법과 전혀 다른 농작물 관리방법이 동원되기 때문에 이전에는 예기치 않았던 일이 발생한다. 예를 들어 병충해가 발생하면 천적이 이것을 해결하도록 해야 하는데, 천적은 하루이틀에 자연히 생기는 것이 아니라 수개월 또는 수년 동안 투자와 관심 그리고 유인조건을 만들어야 된다. 그때까지 기다릴 수 있어야 한다. 유기축산에서도 마찬가지이다. 초기의 저조한 성장에 인내할 수 있어야 한다. 병충해나 저품질의 농작물 생산에 따른 소득감소에 대해서도 얼마간 참고 견딜 수 있어야 한다.

결국 유기농업은 작물이나 가축을 보는 관점이 다르고 접근방법에서 차이가 있다. 이것에는 생각과 행동의 변화가 요구된다. 즉 관행이라는 습관으로부터 벗어나야 한다.

5. 유기농업 관심농가의 예상질문

유기농업은 관행농업과는 다른 영농방식과 철학을 가지고 하는 것이기 때문에 이에 대한 여러 가지 질문을 하게 된다. 다음은 흔히 할 수 있는 몇 가지를 질문으로 만들어 질문과 대답의 형식으로 구성해 본 것이다.

(1) 특별한 기술이 필요한가?

물론이다. 다른 장에서 여러 번 언급하였지만 현대 농가는 단작과 다모작에만 익숙해 있고, 윤작이나 두과를 이용한 토양비옥도 증진과 녹비작물의 이용에 관한 경험이 적다. 관행농업은 생산성 향상에만 관심이 있기 때문에 화학비료와 농약이 투입된다. 유기농업에서는 인공적인 합성물질을 사용하지 않기 때문에 병충해를 생물적 방제를 통하여 해결한다. 따라서 종 다양성, 생태학, 농업생태학에 대한 이해가 필요하다. 윤작기술도 숙지해야 한다.

(2) 우선 경험을 쌓고 싶은데 좋은 방법이 없는가?

텃밭이나 정원에서부터 시작해서 경험을 쌓아 보는 것이 좋다. 1~2년의 재배경험을 통하여 자신감을 얻고, 포장의 일부 또는 전체 농장을 유기농업으로 전환할 수 있을 것이다. 그곳에 자신이 장차 재배 또는 사육하고자 하는 가축을 길러보는 것이다. 예를 들어 옛날 방식을 이용하여 토종닭을 사육한다든지, 야채를 유기적으로 재배하고 이때 문제점을 파악하고 그 가능성을 검토하는 것이다.

(3) 주말유기농장 운영은 가능한 것인가?

자급자족용으로는 가능하나 생산물을 판매하기 위해서는 질적으로 또 외관은 일정한 수준을 유지하여야 한다. 유기농장은 농약과 비료를 사용하지 않기 때문에 하루 또는 2~3일 만에 병충해가 발생하여 전포장을 가해할 수 있다. 또 바랭이나 피와 같은 1년생 잡초는 한 여름철 생육이 왕성하여 삽시간에 포장을 뒤덮어 버릴 수도 있다. 그리고 어떤 의미에서 관행농업보다 더 많은 노력이 소요되기 때문에 토요일과 일요일에만 농장을 돌보는 것만으로는 부족하다.

〈표 5-10〉 국제 규약과 종래의 국내 유기농업기술의 차이

구 분	유기농업 기본규약·규격 또는 핵심기술
Codex	ⓐ 두과작물, 녹비작물 또는 심근성 작물의 재배와 윤작
	ⓑ 규정된 가축 사육두수에서 생산되는 축산 분뇨나 퇴비 등 유기물질의 토양 혼입
	⇒ 퇴비효과나 토양개량을 위하여 시용하는 각종 자재는 ⓐ, ⓑ의 조처에도 불구하고 부족한 양분공급을 위하여 시용하는 경우에만 사용 가능
종래의 국내 유기농업	ⓐ 퇴비 시용
	ⓑ 효소제, 미생물제, 광물질 등 사용
친환경농어업 육성 및 유기식품 등의 관리·지원에 관한 법률 시행규칙(2022)	ⓐ 장기간의 윤작계획에 의한 두과작물, 녹비작물 또는 심근성 작물을 재배
	ⓑ 무항생제 축산물 인증농장 또는 동물복지출산농장에서 유래한 것을 부숙하여 사용

(류 등, 2002)

<표 5-11> 유기농으로 전환하는 동안 농가의 유기농업에 대한 이해(양평군 유기쌈채소 농가의 경험)

년차	농장 변화	농가의 유기농업에 대한 이해
1	무농약 채소생산 시도, 각종 병충해 발생으로 채소 생산은 반감됨.	작물을 무농약으로 재배할 때 여러 가지 어려움이 있었으나 생산물이 부가가치가 향상되어 관행농산물보다 고가로 판매되어 농장의 수지를 맞출 수 있음을 발견함.
2	화학비료와 농약을 전혀 쓰지 않아 병충해 발생이 심해짐. 농약 대신 친환경 제제를 사용하여 문제점을 해결함.	유기생산의 가능성을 확인함. 건전한 작물재배를 위해서는 유기물에 의한 토양비옥도 유지가 중요함을 인식함.
3	농장생태계가 잘 유지됨. 해충관리 및 토양비옥도 문제점은 여전히 존재함.	과도한 퇴비투입에 의한 염류축적 가능성에 대한 우려. 유기농업생태계의 전반적인 이해폭이 증진됨.
4	유기적으로 작물 생산. 친환경 제제에 대한 비용이 늘어남.	농장생태계를 이해하고 문제가 발생하면 해결방안을 모색할 수 있음.

(4) 어떤 비료를 사용할 수 있는가?

토양개량을 위해서 유황, 재, 퇴비, 석회, 석고 그리고 인광석을 사용할 수 있다. <표 5-11>은 유기농가가 무농약에서 유기농으로 전환하는 동안 농장 변화 및 유기농업에 대한 이해가 수록되어 있다. 1년차부터 화학비료를 전혀 사용하지 않는 무농약으로 재배하자 병충해가 만연되는 등의 문제점이 발견되었고, 이러한 문제는 친환경 제제를 사용하여 해결하였다. 비료 대신 유기물이나 퇴비 등을 이용한 토양비옥도 문제를 해결하여 화학비료를 대체하는 데 성공하여 생태적으로 안정된 농장으로 만들었다는 것이 요지이다.

(5) 전환에는 얼마나 많은 시간이 소요되는가?

단정적으로 말할 수 없다. 여기에는 두 가지 요인이 작용한다. 하나는 과거 농토관리방식이며, 다른 하나는 전환기간 동안 어떤 조치를 취하느냐이

다. 농지는 유기물이 부족한 토양이거나 농약 사용으로 토양생물의 활동이
저조한 농지일 수도 있다. 또 전환을 하면서 화학비료를 쓰지 않기 때문에
더욱 나빠질 가능성이 있다.

뿐만 아니라 잔류농약이 오랫동안 토양에 존재하여 검사에서 불합격하거
나 가축약품의 남용으로 쇠똥구리가 사라졌을지도 모른다. 이 모든 것들이
전환의 장해가 된다.

(6) 유기농산물 판매는 어떻게 하나?

친환경농산물은 무농약과 유기농산물 두 가지밖에 없기 때문에 둘 중 하

[그림 5-13] 유기농산물 인증서

친환경농산물 인증서

1. 인증번호 : 제3-04-1-16호
2. 생산자 : 조전권
3. 주민등록번호 : ＊＊＊＊＊＊ － ＊＊＊＊＊＊＊
4. 주소 : 충남 아산시 영인면 신봉리 549-12번지
5. 농장(포장)소재지 : 충남 아산시 영인면 신봉리 549-3번지
6. 인증의 구분 : 유기재배
7. 재배면적 : 5,353m²
8. 유효기간 : 2003년 11월 7일~2004년 11월 6일
9. 인증품목명(품종) : 토마토, 애호박, 감자

친환경농업육성법시행규칙 제7조의 규정에 의하여
위와 같이 친환경농산물임을 인증합니다.

2003년 11월 7일

국립농산물품질관리원 충남지원 천안·아산출장소장

나를 선택하여 재배하여야 한다.

보통 유기농가는 생산량이 적으므로 몇몇 농가가 유기농업 집단재배단지를 조성하여 법인을 만들고, 유기농업 인증서와 생산계획서를 연초에 출하처에 제출하여 그 해에 어떤 유기농산물을 얼마나 생산하여 출하할 것인지를 협의한다. 출하단체로는 아이쿱, 한살림, 전문유통업체 등이 있다. '아산 향토영농법인'의 예를 들면 다음과 같다.

출하하려는 회사에 품과원 또는 기타 인증단체가 발급한 인증서와 단지 전체 농가의 생산계획서(〈표 5-14〉) 그리고 각 농가가 언제, 어느 정도의 수

[그림 5-14] 아산 향토영농법인 전체 농가 생산계획서

토마토	1월	2월	3월	4월	5월	6월	7월	8월	9월	10월	11월	12월
김현성												
조전권												
이호상												
장종윤												
이태우												
지영환												

육묘 - - - - - - -   정식 _____   수확 - - - - - - -

* 조전권 회원은 1년 2회 재배, 전체 면적: 플라스틱 하우스 33,000m², 일반 포장 18,000m²

[그림 5-15] 아산 향토영농법인 생산계획서(플라스틱하우스 5,000m², 일반포장 5,400m²)

토마토	1월	2월	3월	4월	5월	6월	7월	8월	9월	10월	11월	12월
토마토												
애호박												
고구마												
배 추												

* 연간 예상생산량: 토마토 - 35톤, 애호박 - 1만 개, 고구마 - 5톤(공급기간 표시), 배추 - 1,500포기(공급기간 표시)

[그림 5-16] 조전권 회원 생산계획서(플라스틱하우스 12,000m², 일반포장 4,100m², 배 과수원 10,000m²)

토마토	1월	2월	3월	4월	5월	6월	7월	8월	9월	10월	11월	12월
토마토	├─	──	──	──	──	──	┤					
애호박			├─	──	──	──	──	──	──			
감 자												
배										├─	──	┤

* 연간 예상생산량: 토마토 – 20톤, 애호박 – 2만 개, 감자 – 보류, 배 – 7.5kg 1,000상자(공급기간 표시)

량을 생산하여 출하할 것인지를 나타내는 개별농가 생산계획서(〈표 5–15, 16〉)를 제출해야 한다. 이렇게 함으로써 유기농가는 연간 출하량 및 매출액을 예상할 수 있고, 유통회사 역시 계약농가에서 조달될 물량을 추계하여 판매계획을 수립할 수 있다.

(7) 유기농업에 주는 정부의 보조는 어떤 것이 있는가?

친환경농업 작물에 대한 직불제는 크게 밭과 논으로 나누어 지급하고 있다. 밭은 무농약은 1m²당 100원이며 매년 최대 3회, 유기인 경우는 1m²당 120원이고 매년 최대 5회 지급할 수 있다. 논에서도 무농약과 유기농으로 나누어 지급하는 데 무농약은 1m²당 40원, 유기는 1m²당 60원이다. 그러나 상한선이 있어서 1m²당 최대 50,000원을 넘지 않도록 규정하고 있다.

6. 유기농업체험기

유기재배는 화학농약이나 화학비료, 제초제, 기타 생장조절제 등을 전혀 사용하지 못하므로 극복해야 할 난제가 많다.

우선 지력향상을 위해서 퇴비를 넣어 주는데, 퇴비재료로 가축 분뇨를 사용하면 좋겠으나 대부분이 공장식 축분으로 유기재배에 적합하지 않아 현재 사용하지 않으며, 퇴비재료는 주로 톱밥이나 우드칩 등의 목질류를 주원료로 하며, 여기에 미강이나 전분과 질소성분을 보충하기 위해 건계분을 일부 첨가하여 발효미생물을 넣고 수분을 65% 정도로 하여 4개월 이상 발효시켜 만든다. 이렇게 만들어진 퇴비를 10a당 5톤 이상 전층 시비해 준다.

작물은 윤환재배를 원칙으로 해야 하나(경제적인 면에서) 마땅한 작목을 찾지 못해 토마토를 연작하고 있으며, 연작장해를 극복하기 위해 주기적으로 태양열 소독과 담수를 해 주고 있으며, 작물 정식 전에 항상 퇴비를 넣어 식물체가 건강하게 자랄 수 있는 환경을 마련해 준다.

추비도 미리 확보해 놓아야 하는데, 주로 상품성이 없어진 토마토를 흑설탕에 재워서 몇 개월 발효시켜 두었다가 그 추출물을 2~3일 간격으로 관비를 해 주며, 청초류를 발효시킨 천해녹비도 수시로 관비를 한다. 작물의 생육 상태에 따라 직접 만들어 둔 유기질 발효비료를 생육중 2~3회 표층 시비한다. 이렇게 자가생산한 비료들은 생산원가면에서는 절감이 될 수 있으나 몇 개월 전부터 미리미리 준비해 두어야 하고, 제조과정에서도 노동력이 많이 투입되며, 시용시에도 번거롭고 귀찮은 경우가 많고 시간도 많이 걸린다. 그러나 화학비료 대용으로 반드시 시행해야 하는 과정이다.

그 외에 농자재 판매업소에서 아미노산액비나 목초액 기타 영양성분의 액비 등을 구입하여 관비 및 엽면 시비하는데, 사용상의 편리한 면은 있으나 자가생산 비료와 달리 가격이 비싸고 포장용기의 처리가 문제점으로 대두되고 있다. 대개 플라스틱 용기나 비닐 자루에 포장되어 있는데, 다량 소비할 경우 이들 폐 포장재의 처리가 문제가 되고 있다. 이왕 친환경적인 농자재를 생산하였으면 다소 어렵더라도 폐 용기는 회수하여 재활용하든지 분해가 가능한 재료를 사용하는 등의 사후관리제도가 시급히 이루어져야 한다.

병충해 방제는 농약 제조회사에서 친환경적인 방제제가 많이 개발되어 있어 방제력은 아직 미미하나 일부 병해충은 어느 정도 효과를 보고 있으며, 앞으로 더욱 효과가 향상된 제품이 많이 개발될 것으로 기대된다. 그러나 아직까지는 시설 외부에 방충망을 쳐서 해충의 침입을 방지하고, 끈끈이를 여러 곳에 걸어놓아 해충 밀도를 낮추고 있다. 또 시설 내의 큰 벌레는 직접 손으로 잡아 없애고, 병해의 예방을 위해 환기를 자주 해주며, 작물생육에 적합한 적정온도를 유지하면서 수시로 이병주를 제거하는 등의 물리적인 방법에 많이 의존하고 있다. 그리고 온실가루이 등 일부 해충에서 천적을 이용하는 방제법이 실용화되어 2년째 천적을 이용하여 방제하고 있으며 효과가 상당히 좋다.

몇 년째 꾸준히 퇴비를 넣어 준 결과 토양의 유기물 함량이 높아지면서 상대적으로 지렁이가 많아져 비 오는 날 시설 하우스 내부로 들어가면 입구에 지렁이가 땅 위로 기어나와 발디딜 틈도 없을 지경이다. 토마토의 경우도 토양환경이 좋아지면서 잎의 전개상태나 잎의 두께가 충실하며 담록색을 띠는 등 전반적으로 수형이 안정적으로 유지되어 생육상태가 상당히 양호한 편이고, 열매도 단단하고 숙기상태도 검붉은 색을 나타내어 겉보기에도 훌륭한 상태임을 볼 수 있었다. 최근에는 시설 하우스 내에도 메뚜기와 사마귀, 기타 풀벌레가 눈에 띄게 많아졌으나, 이들에 의한 피해는 별로 나타나지 않고 있다. 그러나 지렁이를 먹이로 하는 두더지의 개체가 많아져 두더지에 의한 피해가 문제점으로 대두되고 있으며, 이에 대한 방책을 연구 중에 있다(조전권, 충남 아산시 영인면 신봉리).

- 유기농가는 관행재배와는 다른 시각으로 농작물을 재배해야 한다. 지켜야 할 원칙으로는 자연친화적 농장, 주력생산물 생산, 가축 분뇨의 이용, 자재의 순환, 환경적 친화성을 들 수 있다.

- 영농설계를 하기 위해서는 관행농업에서 실시하는 영농방법을 참고로 나름의 재배력을 만드는 것이 필요하며, 이때 음력의 절기 등도 참조한다. 유기영농설계는 여러 가지 목적이 있다. 크게 농장을 평가하고 이에 따른 실행안을 만드는 것이 필요하다. 그 경과는 경영목표 설정 → 농지 확보계획 → 유기농 전환계획 → 작부체계 설정 → 실천 상세계획 → 수입·지출계획 → 손익계산서의 순으로 한다.

- 전환은 크게 농장을 한 필지씩 하는 방법과 생태적으로 층별로 하는 방법이 있다. 실천 상세계획은 퇴비나 종자량까지 계산하고 월별로 예상작업량이나 작업순서까지 계획하는 것이다. 토양관리의 요점은 윤작, 두과의 이용, 가축 분뇨 사용으로 요약할 수 있다.

- 전환시 흔히 갖는 의문은 판매를 어떻게 할 것인가, 노동은 얼마나 많이 소요되는가, 수량은 어떠하며 노동생산성을 관행농과 비교하여 좋은가 등이다. 한편 실제 전환하고자 하는 사람은 유기농장을 직접 방문하거나 교육기관에서 교육을 받는다. 일반 사람들은 주말농장으로 가능한가, 비료는 어떤 것을 사용하는가, 전환에 소요되는 시간은 얼마나 되는가 등의 의문을 갖고 있다.

연구과제

1. 귀농대상자를 교육하는 기관을 찾아가 유기농업 교육내용을 알아보라.

2. 근처의 유기농업 판매 전문점을 방문하여 농산물을 어떻게 조달받는지 알아보라.

- 강위금. 1999.『자운영·아졸라 이용법』. 유기·자연농업기술지도자료집. 농촌진흥청.
- 교육인적자원부. 2002.『고등학교 재배』. 한국직업능력개발원.
- 김석철. 2016. 국내외 유기농업 R&D 정책 및 현황. 농촌진흥청 공무원 교육교재. 농촌진흥청.
- 김용택·김석현·김태균. 2002.『농업경영학』. 한국방송통신대학교출판부.
- 농촌진흥청. 2002.『유기·자연농업 기술지도 자료집』. 상록사.
- 농림축산식품부. 2019.「생산현장에서 식탁까지, 친환경농산물의 유통과정을 알려드립니다」. 농림축산식품부 보도자료.
- 농림축산식품부. 2019. 친환경농산물 유통. 농림축산식품부 보도자료.
- 민간벼농사연구소(김광은 역). 2003.『제초제를 쓰지 않는 벼농사』. 들녘.
- 손상목. 2003.『유기농법의 토양비옥도 유지 및 증진기술』. 코덱스 유기경종과정. 전국농업기술자협회.
- 송한철. 2003.『농협을 통한 친환경농산물 유통』. 친환경농산물 총람. 농경과 원예.
- 안덕현. 2003.『영농설계 이렇게 합시다』. 농경과 원예.
- 이종성. 2001.「우리나라 친환경농산물의 생산실태와 소비자 의향」. 박사학위논문.
- 이효원·김동암. 2002.『초지학』. 한국방송통신대학교출판부.
- 임재현. 2003.『연작장해와 염류집적해결방법』. 환경농업총람. 농경과 원예.
- 崔炳七. 1992.『環境保存과 有機農業』. 韓國有機農業補給會.
- 韓國農村經濟研究院. 1983.『複合營農의 現場』. 한국농촌경제연구원.
- 하버드 H. 캐프저(河野式平. 河野一人 공역). 2000.『유기농업의 재배기술과 그 기초』(*The Biodynamic Farm*). 紀伊國室總店.
- 金子美登. 1999.『有機農業 ハンドブク』. 土づくリと肥料. 日本有機農業研究會編.
- 新農業教育研究會. 1982.『畜産図圖說』. 農業図書株式會社.
- Harwood, Richard R. 1984. *Organic Farming*. Organic Farming Research at the Rodale Research Center. American Society of Agronomy.
- NSW Agriculture. 2000. *Organic Farming*. NSW Agriculture.
- Oelhaf, R.C. 1978. *Organic Agriculture: Economic and Ecological Comparisons*

with Conventional Methods. John Wiley and Sons.

• Pears, Pauline. 2002. *Organic Gardening.* DK publishing.

• Pimentel, D. and M. Burgess. 1980. *Energy Inputs in Corn Production.* In D. Pimentel (ed.) Handbook of Energy Utilization in Agriculture. CRC Press. (pp.67~84)

제6장

인 증

개 관

　　유기농산물이라는 이름을 붙여 판매하기 위해서는 특정 기관으로부터 적절한 절차와 방법을 이용하여 생산된 농산물이라는 증명을 받아야 하는데, 이를 인증이라고 한다. 이러한 증명을 받기 위해서는 여러 가지 조건을 충족시켜 주어야 한다. 이러한 조건을 법으로 규정한 것이 친환경농어업법이다. 이 법은 무농약과 유기농산물을 친환경농산물이라 하여 일정한 마크를 붙여 판매할 수 있도록 규정하고 있다.

　　이 장에서는 세계적으로 어떤 인증제도가 있으며, 유기농산물로 인정받기 위해서는 어떤 절차와 과정을 거쳐야 하는지를 친환경농어업육성 및 유기식품 등의 관리·지원에 관한 법률시행규칙의 규정을 중심으로 설명하고자 한다.

1. 인증의 종류

유기농산물로 판매하기 위해서는 국가 또는 국가가 인정하는 기관으로부터 정당한 절차와 과정을 밟아 생산된 농산물임을 증명해야 한다. 이것이 곧 인증인데, 인증(certification)이란 법률적으로 어떠한 행위 또는 문서의 성립 기제가 정당한 절차를 거쳐 이루어졌음을 공적 기관에서 증명한 것을 말한다.

김(2002)에 의하면 인증은 대상, 목적, 기준, 주체에 따라 분류할 수 있는데, 이를 요약하면 〈표 6-1〉과 같다.

농산물품질관리원은 유기농산물을 친환경농산물로 분류하며 구매한 상품에 대한 정보를 제공하고 있다. 인증의 종류, 즉 유기인가, 무농약인가 혹은 무항생제 축산물인가 등을 표시하고 이를 생산한 농가의 전화번호 및 인증기관명을 소비자가 알 수 있도록 하고 있다. 그 밖에 우수관리농산물, 우수식품, 지리적표시농산물을 두어 그 생산과정을 알 수 있게 하여 생산물을 신뢰할 수 있는 제도적 장치를 마련하고 있다. 여기서 지리적 표시제란 이천쌀, 횡성한우와 같은 산지를 표시한 농산물을 말한다.

〈표 6-1〉 농산물 인증의 종류 및 정보제공 내용

인증분야	제공내용
친환경농산물	인증번호, 인증 종류, 품목, 유효기간, 재배지, 전화번호, 인증기관명
우수관리농산물 (GAP)	인증번호, 품목, 유효기간, 생산자, 재배지, 전화번호, 인증기관명
우수식품 (전통, KS)	인증번호, 품목, 유효기간, 업체명, 대표자, 주소, 전화번호, 인증기관명
지리적 표시 농산물	등록번호, 등록명칭, 등록일자, 대상지역, 생산계획량, 구성현황

2. 친환경 인증 종류별 표시방법

다음 표에서 보는 바와 같이 친환경 인증은 작물과 축산 그리고 이를 이용한 가공식품 그리고 비식용유기 가공식품이라 하여 유기사료(일반 가축 및 애완동물사료) 무농약과 이를 원료로 이용하여 만든 가공식품까지 포함하여 유기의 범위가 점차 확대, 재생산되고 있음을 보여 주고 있다. 친환경이 곧 유기농산물인 것으로 오해할 우려도 있다. 유기농산물과 무농약 모두 친환경적으로 재배한 것임은 틀림없으나 유기농산물은 무농약 3년 재배 후에 생산되는 농산물이기 때문에 생태적, 생산적 측면에서 고도의 기술과 노력이 필요한 농산물이다.

기타 우수관리인증(GAP), 지리적 표시 인증, 전통식품, 가공식품 등에도 인증표시마크가 있다.

〈표 6-2〉 친환경 식품의 표식방법(마크)

종류	표시방법				문장 표기법
유기	유기농 (ORGANIC) 농림축산식품부	유기농산물 (ORGANIC) 농림축산식품부	유기축산물 (ORGANIC) 농림축산식품부	ORGANIC MAFRA KOREA	유기농산물, 유기축산물, 유기재배사과, 유기축산 쇠고기
유기가공식품	유기가공식품 (ORGANIC) 농림축산식품부	ORGANIC MAFRA KOREA			유기가공식품, 유기농, 유기농견과
비식용유기 가공품	유기 (ORGANIC) 농림축산식품부				유기사료, 유기농사료, 유기농개사료
무농약	무농약 (NON PESTICIDE) 농림축산식품부	NON PESTICIDE MAFRA KOREA			무농약, 무농약농산물, 무농약배추, 무농약재배 열무
무농약원료 가공식품	무농약원료 가공식품 (NON PESTICIDE FOODS) 농림축산식품부	NON PESTICIDE FOODS MAFRA KOREA			무농약원료 가공식품, 무농약원료로 만든 과자

3. 외국의 유기농산물 인증

(1) 미국의 유기농식품 인증제도

미국의 친환경 또는 저투입농업에 대한 법적 장치는 1990년 유기식품생산
법으로 거슬러 올라간다. 그리고 2002년부터는 연방정부 차원에서 유기농식
품 인증기준이 제정되었다. 미국 유기농식품의 종류는 크게 네 가지로 나눌
수 있는데, 이를 요약하면 〈표 6-3〉과 같다. 인증마크는 미국 농무성(USDA)
에서 보증한다는 의미로 유기농산물(ORGANIC) 위에 'USDA' 글자를 표시하
도록 되어 있다(허, 2003). 그 밖에 단체가 인증하는 인증마크도 있다.

〈표 6-3〉 미국 유기농산물의 종류

종 류	제품구성	인증표시의 예
완전 유기(100%)	완전히 유기적으로 생산된 것. 유전자 조작, 하수 슬러지, 방사선 조사 허용 안 됨.	USDA ORGANIC
유기(95%)	95% 이상 유기적 생산, 인증마크 사용 가능	
유기 함유(75%)	70% 이상이 유기적 생산, 인증마크 사용 가능	
단순 유기	70% 미만의 유기적 생산, 유기재료 성분표시는 하지만 마크 사용 불가	

(허, 2003)

(2) 국제유기농운동연맹(IFOAM)의 인증제도

국제유기농업연맹(International Federation of Organic Agriculture Movement)
은 미국 델라웨이에 본부를 둔 비영리기관이며, 유기농업에 대한 국제기준
을 설정하는 데 선구적 역할을 하고 있는 기관이다. 매 4년마다 인증기관을
재평가하고 있으며, 인증표시(IFOAM ACCREDITED)를 인증기관의 자체 로고와 함께 사용

할 수 있다(천, 2007).

(3) 호주의 유기농산물 인증제도

호주는 유기 및 생태역학적 농산물에 대한 국가표준을 정하고 이 기준을 수출하는 모든 유기농산물에 적용하고 있다. 호주생명농민협회에서 유기농 제품에 대한 검사와 인증을 실시하고 있다. 기타 70% 이하의 유기성분을 함유하거나 전환기의 경우 성분표상에 표시할 수 있다.

[그림 6-1] 여러 나라의 유기농산물 인증 마크

(4) 일본의 유기농산물 인증제도

일본은 기본적으로 일본농산물표준협회(JAS)에서 관장하며 유기농산물과 특별재배농산물로 구분한다. 유기농산물생산은 유기농업의 추진에 관한 법률에 따른다. 유기농산물생산기준은 수확, 운송, 선별, 제조, 세정, 저장, 포장, 그 외 수확 이후 공정에 관한 11개 항으로 나누어져 있으며 그 핵심은 2년 이상 재배 중(다년생은 3년) 원칙적으로 화학비료 및 농약을 사용하지 않고 유전자가 변형된 종자에서 생산된 종묘는 사용하지 않는다는 것이다.

(5) 중국의 유기농산물 인증제도

중국의 유기농업은 "특정한 농업생산 원칙에 따라 생산과정에서 유전자변형을 거치지 않으며 화학적으로 합성한 농약, 비료, 생장조절제, 사료첨가제 등을 사용하지 않으며 자연법칙과 생태원리를 따르고 재배업과 축산업의 균형을 추구하며 지속적이고 안정적인 농업생산체계를 유지하는 농업생산방식"라고 정의하고 있다. 특이한 것은 전환기 유기농산물이 존재하고 있다는 점이다.

[그림 6-2] 중국 주요 인증기관의 유기식품 인증표식

| COFCC | OFDC | OTRDC |

<표 6-4> 중국의 품질인증 대상 농산물 개념 비교

구분		개념 정의
유기식품	유기	생산, 가공, 판매과정이 국가표준에 부합하고, 인류가 소비하고 동물이 식용할 수 있는 생산품
	유기전환	국가표준에 따라 관리를 시작한 때로부터 유기인증을 획득하기까지 기간인 전환기(conversion)에 생산 및 가공된 생산품
녹색식품	AA급	생산지역의 환경이 산지환경표준(NY/T 391)에 부합하고 생산과정에서 화학 합성비료 농약, 수의약, 사료첨가제, 식품첨가제 및 기타 환경과 신체건강에 유해한 물질을 일절 사용하지 않으며, 유기 생산방식에 따라 생산하고 생산품의 품질이 녹색식품 생산품표준에 부합하며, 전문 인증기관의 인증을 거쳐 AA급 녹색식품 표지의 사용을 허가받은 생산품(각종 녹색식품 표준)
	A급	생산지역의 환경이 산지환경표준에 부합하고, 생산과정에서 녹색식품 농자재 사용준칙과 생산조작 규정의 요구에 의거하여 엄격히 화학합성 농자재의 사용량을 제한하며, 생산품의 품질이 녹색식품 생산품표준에 부합하고 전문 인증기관의 인증을 거쳐 A급 녹색식품 표지의 사용을 허가받은 생산품(각종 녹색식품 표준)
무공해농산물		산지환경, 생산과정, 농산물 품질이 무공해농산물 표준의 요구조건에 부합하며, 인증에 합격하여 인증서를 획득하고 무공해농산물 인증 표지의 사용을 허가받은 가공을 거치지 않았거나 단순기공한 식용 농축수산물

위의 표에서 보는 바와 같이 중국의 유기식품은 크게 유기식품, 녹색식품, 무공해식품으로 대별할 수 있으며, 공통점은 이들은 식품의 안전성을 보장하면서 친환경 생산기술 방식을 동원한다는 것이다. 그 자세한 설명은 위의 〈표 6-4〉와 같다(전, 2014).

(6) EU 유기농산물

2014년 유럽연합 집행위원회는 지금까지의 규정을 폐지하고 새로운 유기농산물 생산방법과 표시제를 도입하였다. 여러 가지 내용 중 유기농산물 생산에 대한 세칙은 다음과 같이 요약할 수 있다. 토양은 가장 중요한 것으로 화학비료(무기질비료)의 사용을 제한하고 대신 토양미생물의 중요성을 강조하며 박테리아와 같은 미생물의 작용을 통한 식물의 토양양분 이용을 독려한다는 점이다. 뿐만 아니라 두과나 녹비작물과 같은 다년생 작물을 작부체계에 도입하여 토양비옥도를 향상시키는 데 이는 토양의 생물학적인 활성화를 촉진하는 것으로 이를 위해서는 가축이 배설한 축분이나 유기질 비료의 투입을 장려하고 있다. 토양활성화를 촉진하기 위한 미생물 제제의 이용은 허가하되 잡초, 해충, 질병의 방제를 위해 화학성 해충제나 제초제의 사용을 금지하고 다년생 작물의 윤작과 적합한 재배기술의 조합을 통해 해충, 잡초, 질병을 방지해야 한다고 기술하고 있다.

각종 유기작물용 제제의 사용은 허가하고 3년간 유기농법 시행 후 4년째 생산된 농산물을 유기농산물로 간주하는 것은 국제적인 유기농산물 생산 규칙과 동일하다. 일부 지역에서 자연에서 생산된 것을 유기농산물로 간주하고 있으나, 조건은 생물다양성 보존에 악영향을 주지 않는 범위에서 채취해야 한다고 권고하고 있다.

(7) 코덱스 기준

1 코덱스 기준의 의미

코덱스(Codex)란 Codex Alimentarius Commission의 약자로, 'Codex'는 라틴어로 '법령'(Code), 'Alimentarius'는 '식품'을 뜻하며, 전체적으로는 '식품법'이라는 의미를 가지고 있다. 이것은 1962년 식량농업기구(FAO) 및 세계보건기구(WHO)가 합동으로 설립한 기구이다.

이 위원회에서 유기농산물 생산에 대한 기준을 마련하기 위한 작업이 1990년부터 진행되었다. 그 결과 1994년 ① 정의, ② 검사인증제도, ③ 사용가능자재, ④ 축산규정, ⑤ 전환기관을 제정하고, 2001년 7월 제24차 총회에서 가축 및 가축제품 등에 관한 내용을 합의하여 기준으로 채택하였다. 이 규정은 WTO 체제하의 유기식품 무역을 전제로 한 것이며 2010년, 2013년에 개정을 거쳐 오늘에 이르고 있다.

2 코덱스 기준의 핵심내용

코덱스 기준은 서문과 본문 8장, 부속서 3장으로 구성되어 있다.

서문에는 유기식품의 생산·표시에 관한 내용이 제시되어 있는데, 목적에 관해 8개 항목으로 제시하고 있다. 그리고 유기농업에서 사용하지 말아야 할 화학비료 및 살충제에 관해 언급하고, 아울러 유기농업체계는 어떤 목적과 방법으로 유지되어야 하는가에 대해 기술하고 있다.

〈표 6-5〉에서 보는 바와 같이 코덱스 기준은 화학비료나 농약 사용을 금할 뿐만 아니라 지역 내의 물질순환을 목표로 한다. 즉 생태계의 유지·보전을 기초로 하고 있다. 따라서 무분별한 유기물의 투입이나 과도한 농업자재의 투자에 의한 우리나라의 관행 유기농산물 생산과는 큰 차이가 있음을 알 수 있다. 그렇기 때문에 토양비옥도 유지에서도 유축 또는 복합영농에 의한

〈표 6-5〉 코덱스 기준의 유기생산의 원칙

	식물과 제품		가축 및 축산물
전환기간	단년생 식물 : 2년 다년생: 3년 휴한지: 12개월 이상	시설	• 초식 가축의 경우 초지 필수 • 다른 가축은 개방지 필수
약품, 농약, 화학비료	사용 금지	전환기간	〈산란계〉 • 알(달걀 등) 6주 〈낙농〉 • 관할기관이 정한 시행기간에는 90일, 그 후에는 60일
유기농 목적	토양생물, 식물, 동물의 건강과 생산성 최적화	영양사료	• 유기사료 - 관할기관이 정한 시행기간에는 유기사료 비율을 반추가축의 경우 85%, 비반추가축의 경우 80%로 공급
비옥도 유지	두과·녹비·윤작·축산업에서의 구비, 미생물 사용, 식물성분으로 만든 제품		

	식물과 제품		가축 및 축산물
병충해, 잡초방제	• 알맞은 작목과 품종 선택 • 적절한 윤작, 기계적 경운 • 울타리, 보금자리를 제공한 서식지 제공 • 생태계 다양화 • 화염을 이용한 제초 • 포식생물이나 기생동물 방사 • 돌가루, 구비, 식물성분으로 만든 생물활성제 사용 • 멀칭이나 예취 • 동물 방사 • 덫, 울타리, 빛, 소리를 기계적 사용수단 • 수증기 살균(토질 갱신이 이루어지지 않을 때)	보충급여 사료	• 질병 치료 이외의 약품 사용 금지 - 천연약제로 치료 불가능시 치료제(항생제), 예방 접종 허용 • 유기가축 상태 유지를 위해 필요한 치료제 사용을 중지하면 안 됨. • 사용시 법정시간의 2배 이상 휴약기간 준수 • 필요시 구충제 사용

퇴구비의 이용, 두과작물을 이용한 질소질비료의 보충, 작물 윤작에 의한 건전한 토양생태계 유지가 근간이 된다.

가축사육에서도 동물복지를 기초로 하여 반추동물과 비반추동물에 적어도 85% 및 80%의 유기사료를 급여하도록 하고 있다. 그러므로 우리나라와 같이 농후사료의 전량을 외국에서 수입하는 환경에서는 축종에 따라 유기축산의 가능성이 없는 축종도 있다는 점을 알아야 한다. 이런 측면에서 양돈이나 낙농과 같이 농후사료의 요구도가 큰 축종은 코덱스 기준에 따른 유기축산이 불가능하다는 것을 암시하는 기준이라고 하겠다.

(8) 한국의 유기농산물 인증기준

1 인증기준

규정은 유기농산물 뿐 아니라 유기임산물도 함께 정의하고 있다. 그중 특이한 것은 유기농산물을 생산하는 농가는 친환경농업에 관한 교육을 인수하도록 정하고 있다는 점이다. 2년마다 1회, 2시간 이상 국립농산물품질관리원

〈표 6-6〉 유기농산물과 무농약농산물의 심사사항 및 구비요건

심사사항	구비요건	
	유기농산물(유기임산물)	무농약농산물
가. 일반	• 농약 사용량·비료 사용량 생산량 및 출하처별 판매량보관 2년 • 최근 2년 이내 친환경교육을 받을 것	• 영농자료를 보관하고 요구에 응할 것 • 친환경교육을 2년마다 2시간 이상 받을 것 • 5년 이상 인증유지시 4년마다 1회
나.재배포장, 용수, 종자	• 토양오염기준을 초과하지 말아야 함 • 전환기간 3년 이상 • 토양에 재배하지 않은 작물(싹틔운 것, 버섯, 어린잎 채소)는 이 전환기간 미적용 • 농업용수에 적합한 용수 사용 • 유전자변형농산물 제외	• 토양 1년 1회 검사 • 용수는 먹는 물 수질기준 이상을 견지 • 종자는 유전자변형농산물이 아닌 것 • 병충해, 잡초 방지: 멀칭, 예취, 화염방사 • 윤작, 기계적 경운, 천적활동조장 생태계 • 유기합성농약 미검출
다. 재배방법	• 화학비료·합성농약 및 이의 성분이 함유된 농약사용 금지 • 윤작, 2년 주기 답전윤환재배 • 가축분뇨는 유기축산물·무항생제 농장의 퇴·액비 및 경축순환 농업으로 가축을 사용하는 농가의 것 • 병충해·잡초는 유기농업에 적합한 방법으로 방제(윤작, 경운, 멀칭, 화염)	• 유기합성농약은 사용하지 않고 화학비료는 권장량의 1/3을 사용 • 윤작 장려 • 완숙퇴비 사용 • 미인증 제품과 혼합판매금지
라. 생산물의 품질관리	• 수확·저장·포장·수송에서 유기적 순수성 유지토록 관리 • 포장재는 분해성, 재생품, 재생이 가능한 자재상용 • 합성농약성분 미검출 • 미인증 제품과 혼합판매 금지	• 취급과정에서 방사선 사용 금지 • 합성농약성분검출되지 않을 것 • 인증품이 아닌 것과 혼합사용 금지 • 소독시 과산화수소, 오존수, 이산화염소수 등 사용 가능
마. 기타	• 토양을 기반으로 하지 않은 물질 사용 금지(물 이외) • 식물공장에서 생산된 것 제외	• 수경재배 양액의 환경오염 방지 • 잡초, 해충방제을 위한 물질로 인한 환경오염 방지 • 포장내 합성농약보관 금지

장이 정하는 교육기관에서 받도록 되어 있다. 다만 5년 이상 유기농업을 하고 있는 농가는 4년마다 1회씩 교육을 받을 수 있는 예외규정을 정하고 있다.

2015년에는 그 기준이 바뀌어 유기농산물과 무농약 농산물로 바뀌었다. 그 후에 유기농산물은 농약, 비료사용량, 출하처별 판매량에 대한 기록은 2년간 보관하고 토양은 토양오염기준을 초과하지 말아야 한다. 유기전환기간은 3년이며 4년째에 들어 생산된 농산물을 유기농산물로 판매할 수 있다. 물은 농업용수로 적합한 용수를 사용해야 하며 유전자변형농산물을 종자로 사용할 수 없다.

유기농산물은 화학비료·합성농약 및 이의 성분이 함유된 농약의 사용을 금지하며 윤작(돌려짓기)을 해야 하며 가축분뇨는 무항생제 농장의 퇴·액비 및 경축순환농업으로 가축을 사용하는 농가의 것을 사용해야 한다. 생산물의 품질관리는 수확·저장·포장·수송에서 유기적 순수성을 유지하도록 관리하고 합성농약자재의 성분이 미검출되어야 한다. 미인증 제품과 혼합판매를 허용하지 않는다. 기타로는 식물공장에서 생산된 것은 유기농산물로 인정하지 않는다는 단서조항이 있다. 유기농산물은 유기적 조건에서 3년간 재배한 후 4년째에 유기농산물 인증마크를 부착하여 판매할 수 있다.

무농약 농산물은 합성농약은 사용하지 않고 화학비료는 권장량의 1/3을 사용할 수 있다는 점이 다르며 그 외의 재배방법, 생산물의 품질관리 기타는 유기농산물 생산기준과 유사하다고 할 수 있다. 전반적인 내용은 친환경농어업육성 및 유기식품 등의 관리·지원에 관한 법률시행규칙에 제시되어 있다. 이 법에서는 유기농산물뿐만 아니라 유기가공식품, 비식용유기가공품(양축용 유기사료, 반려동물 유기사료)의 제조·가공에 필요한 인증기준, 무농약원료가공식품에 관한 세부사항 등이 고시되어 있다.

개정된 법에는 유기축산물의 종류를 2가지로 단순화시킨 것이 특징이다. 유기 및 무항생제 축산물이 그것이다. 유기축산물로 인증받기 위해서는 가축의 복지를 고려하고 동물치료를 위한 약품은 제한적으로 사용해야 한다. 그리고 축종에 따라 사육 조건이 다르게 규정되어 있다. 소는 개체관리, 번식돈은 군사권장, 오리는 연못이나 시내 등에 접근하게 하는 것 등이다. 초

〈표 6-7〉 유기축산물과 무항생제축산물의 인증기준

심사사항	구비요건	
	유기축산물	무항생제축산물
일반	• 기록을 보관하고 인증기관이 요구하면 보여 주어야 함 • 초식가축 목초지 접근 • 최근 2년 이내 친환경교육 이수	• 기록을 보관하고 인증기관이 요구하면 보여 주어야 함 • 교육 이수자료는 2년 이내의 것 • 생산관리자는 인증품의 과정을 예비심사함
축사 및 사육조건	• 오염방지 및 사육밀도 유지 • 무항제와 분리하여 사육 • 축사 주변에 합성농약이 함유된 자재를 사용하지 말 것 • 축사는 가축행동요구, 밀도, 소요면적 충족. 축사밀도는 한육우 방사식에서는 번식우 $10m^2$, 비육우 $7.1m^2$, 송아지 $2.5m^2$, 젖소는 착유우는 깔짚우사 $17.3m^2$, 프리스톨 $9.5m^2$, 돼지는 웅돈 $10.4m^2$, 임신돈 $3.1m^2$, 육성돈 $1.0m^2$, 닭은 성계종계 $0.22m^2$ • 번식돈 군사 • 가금류 깔짚 제공 • 반추가축 축사면적 2배 운동장	• 온도, 습도, 가스농도가 가축의 건강에 유해하지 않은 상태, 적절한 단열, 보온, 환기 유지 • 면적당 적정 사육두수 유지 면양, 염소 $1/1.3m^2$. 사슴: 꽃사슴 $1/2.3m^2$, 레드디어 $1/4.6m^2$, 엘크 $1/9.2m^2$, 산란육성계(케이지) $1/0.075m^2$, 난용메추리 $1/0.0076m^2$ • 같은 축사 내에 무항생제 가축과 일반 가축을 함께 사육하지 말 것 • 동물의약품과 기타 의약품 구매 사용내역을 기록보관 • 젖소의 경우 착유실 청결 유지, 위생적 관리
자급사료 기반	• 초식가축의 경우 유기적 재배목초지(사료포) 확보. 한육우 $2,457m^2$ 또는 사료작물재배지 $825m^2$. 젖소 $3,960m^2$ 또는 사료작물포 $1,320m^2$	-
가축의 선택, 번식방법·입식	• 수정란 이식기법, 호르몬 처리, 유전공학 이용한 번식기법사용 불가 • 유기가축을 확보할 수 없는 경우 다음 중 하나의 방법으로 인증기관의 승인을 받아 일반가축 입식 가능 가) 부화 직후의 가축 또는 젖을 뗀 직후의 가축인 경우 나) 원유, 알 생산용으로 육성축 성축이 필요한 경우 다) 번식용 수컷이 필요한 경우 라) 전염병 폐사로 새로운 가축을	• 다른 농장에서 입식할 경우 무항생제 가축임을 인증할 수 있는 자료 구비. 단, 아래의 경우는 승인을 받아 입식 가능 가) 부화 직후의 가축 또는 젖을 뗀 가축 나) 원유 생산용 또는 알 생산용으로 육성축 또는 성축이 필요한 경우 다) 번식용 수컷이 필요한 경우 라) 가축전염병 발생에 따른 폐사로 새로운 가축을 입식할 때 마) 신규 인증을 신청한 경우

심사사항	구비요건	
	유기축산물	무항생제축산물
	입식하려는 경우 • 유기가축 없을 시 대체 방법 사용하여 일반 가축 사용 가능	
전환기간	• 한육우(식육): 입식 후 12개월 • 젖소(시유) 착유우: 입식 후 3개월 • 새끼를 낳지 않은 암소: 입식 후 6개월 • 면양: 식후의 경우는 입식 3개월 • 새끼를 낳지 않은 암소: 입식 후 6개월 • 돼지(식육): 입식 5개월 후 기타: 육계 입식 후 3주, 산란계 3개월, 오리(식육) 6주, 메추리 알 3개월, 사슴(식육) 입식 후 12개월	• 일반 가축을 입식하는 경우 가축종류별 전환기간 이상을 사육할 것. 이 경우 전환기간의 2/3 이내에서 무항생제축산물 사육기간으로 인정할 수 있음

사료,
영양관리
	• 유기사료 100% 급여할 것
	• 반추가축에게 담근먹이 단용 금지
	• 비반추가축도 조사료 이용 권장
	• 유전자변형농산물 또는 이로부터 유래한 물질 공급 불가
	• 합성화학물을 첨가하지 말 것
	• 생활용수에 적합한 물 공급
	• 합성농약이 성분이 함유된 동물의약품 사용 금지. 합성화합물, 비단백태질소화합물, 합성질소, 항생제, 합성항균제, 성장촉진제, 호르몬제 사용 금지
		• 동물의약품이 첨가된 사료 급여 금지
		• 사료에 첨가 금지 물질
		  가) 항생제, 합성항균제, 성장촉진제, 구충제, 항콕시듐제 및 호르몬제
		  나) 반추가축에 포유동물에서 유래한 사료(우유 및 유제품 제외)
		  다) 합성착색제

동물복지 및 질병관리	• 질병 없는 경우 동물의약품 투여 금지 • 치료용 동물의약품은 전환(휴약) 기간의 2배 이상을 사육한 후 출하 • 꼬리에 접착밴드, 꼬리, 이빨, 부리 또는 뿔을 자르지 않음 • 성장촉진제, 호르몬제 사용은 치료 목적에만 한함 • 동물의약품을 사용하는 경우 수의사의 처방에 따라 사용	• 동물의약품·동물용의약외품은 용량 준수하고 기록을 보관할 것 • 동물용의약품을 사용한 가축은 휴약기간의 2배 시간이 경과 후 출하 • 불가피 동물의약품을 사용할 시 그 기록을 보관하고 투약한 경우 인증기관에 보고할 것

심사사항	구비요건	
	유기축산물	무항생제축산물
운송, 도축, 가공과정의 품질관린	• 운송과정에서 충격과 상해 방지 • 저장, 유통, 포장 등의 취급과정에서 도구와 설비는 위생적으로 관리 • 합성농약성분은 검출되지 않을 것 • 인증품이 아닌 제품과 혼합하여 판매하지 말 것 • 도축은 안전관리기준(HACCP) 적용 도축장 이용	• 도축 작업은 HACCP을 적용한 도축장에서 도축 • 외부에 의뢰하는 경우 인증받은 작업자에 의뢰할 것 • 출하 전 농약성분 잔류검사하고 그 결과를 인증기관에 제출(가축의 털, 분뇨, 사료 등에서 검출된 경우) • 합성물질을 첨가하지 않을 것
가축분뇨의 처리	• 분뇨의 자원화 • 오염수 외부배출 금지	• 배출시설로 허가된 사육시설에서 사육할 것 • 무처리 분뇨를 배출하지 말 것 • 처리내용을 기록·보관할 것
기타		• 자료는 준비하고 인증기관의 요구 시 제출할 것

식가축용 사료작물포의 확보, 이러한 경지에 화학비료나 농약을 사용해서 재배하지 말아야 한다는 규정이 있다. 또한 인증된 축산농가에서 생산한 것을 사용해야 한다. 번식에서는 자연교배를 권장하고 번식호르몬의 사용을 금지하며, 유전공학적 기법을 동원한 번식도 불허하는 것으로 규정하고 있다. 유기축산물은 100% 유기사료를 급여하는 것으로 하되, 반추가축에게 담근먹이 단용을 금지하며 비반추가축은 조사료이용을 권장하고 있다. 따라서 자급사료포로 한육우인 경우 2,457m² 또는 825m²를 확보하도록 되어 있다. 유전자변형농산물 또는 이로부터 유래한 물질 공급불가, 합성화학물을 첨가하지 말고 생활용수에 적합한 물공급과 합성농약 성분이 함유된 동물의약품 사용을 금지하고 있다. 합성화합물, 비단백태질소화합물, 합성질소, 항생제, 합성항균제, 성장촉진제, 호르몬제의 사용을 금하고 있다.

유기축산물에서 치료시 약을 쓸 수는 있으나 예방을 권장하고 따라서 백신은 사용할 수 있도록 규정하고 있다. 성장촉진제, 호르몬제를 사용할 수 없고 치료용으로 항생제 등을 사용한 경우 휴약 기간의 2배가 지난 뒤에 도축하거나 생산된 축산물을 유기축산물로 규정하고 있다. 가축관리에서 제

〈표 6-8〉 유기축산물 중 유기양봉의 산물 부산물: 생산에 필요한 인증기준, 심사

심사사항	인증기준
일반	• 꿀벌과 벌통의 관리는 유기농업의 원칙에 따라 이루어져야 • 벌집은 유기적으로 생산된 밀랍, 프로폴리스, 식물성 기름 등을 소재로 • 친환경농업 교육이수자료는 최근 2년 이내의 것
꿀벌선택·번식, 입식	• 유기농장에서 유래된 것을 원칙, 없을 경우 인증기관 승인 후 입식
전환기간	• 1년의 전환기간, 전환기간 동안 밀랍은 유기적 생산된 것으로 교체 • 유기적으로 생산된 것을 사용하지 않을 시 일반 밀랍을 사용할 수 있 으나 파라핀 등 비허용물질이 포함되어서는 안 됨
먹이 및 영양관리	• 자연에서 생산된 밀원, 단물 꽃가루이어야 함 • 먹이 부족의 경우 일시적으로 임시 먹이 제공 가능(유기설탕, 꿀)
동물복지, 질병관리	• 꿀을 채취하기 위한 벌을 죽임, 여왕벌 날개 자르기 허용 안 됨 • 질병은 예방조치를 통해(여왕벌 갱신, 청소, 밀랍 교체, 벌의 수 조정) • 병충해관리용 허용약품: 젖산, 옥살산, 초산, 개미산, 황, 증기, 직사 화염 • 병충해관리용 화학약품 사용시, 그때 생산된 꿀의 판매금지 • 훈연 최소화
생산물의 관리	• 비유기 꿀과 혼합금지 • 훈연 최소화 • 화학합성 방충제 사용 금지, 이은화 방사선은 이물질 탐지만으로 사용 • 저장시설 병충해 방지용 허용약품: 이산화탄소, 산소, 질소, 규조토 • 경영 관련자료: 벌의 품종, 사용약품, 먹이, 가공판매 등 • 꿀 속의 합성성분 미검출

각, 단미, 침지절단이 금지되어 있다.

한편 무항생제는 일반사료를 사용하여 사육하나, 번식 호르몬은 사용할 수 없고 항생제가 첨가되지 않은 사료를 사용한다. 포유동물 유해사료, 합성 질소, 합성항균제 등을 사용할 수 없도록 하고 있다. 치료용으로 약품을 사용할 수 있지만 원칙적으로는 사용하지 않고 성장촉진제, 호르몬제 등도 사용규제의 대상이다.

2021년 3월에 국립농산물품질관리원의 유기식품 및 무농약인증에 관한 고시에는 유기벌에 관한 인증 내용도 제시되어 있다. 이에 의하면 유기꿀을 생산하기 위한 제 규정이 6가지 사항으로 규정하고 있다. 중요한 것은 동물

복지적 접근이며 전환기간은 1년이고 벌집에 사용되는 밀랍도 원칙적으로 유기적으로 생산된 것을 사용해야 한다. 병충해 방지를 위해서는 허용된 물품인 젖산, 옥살산, 초산, 개미산, 황 등을 쓸 수 있음을 제시하고 있다. 동물 복지적 차원에서 벌을 죽이는 행위, 여왕벌의 날개를 자르는 것과 같은 할 수 없도록 하고 있다.

유기농산물을 원료로 하여 가공식품을 만드는 경우와 유기사료를 생산하여 가축이나 개와 고양이 같은 동물에 급여하는 경우를 대비하여 만든 인증기준이 〈표 6-9〉에 제시되었다. 주요 내용은 가공원료를 95% 유기가공인 경우와 70%만 유기원료가 함유된 것을 나누고 있다. 그 이유는 유기사료를

〈표 6-9〉 유기가공식품 및 비식용유기 가공품 제조·가공에 필요한 인증기준

종류	유기가공식품	비유기가공(유기사료 및 반려동물용)
일반	• 경영자료, 생산과정, 생산계획서 보관 • 친환경농업이수자료는 최근 2년 이내 수료할 것	• 경영자료, 생산과정, 생산계획서 보관 요구시 제출 • 친환경농업이수자료는 최근 2년 이내 수료할 것
가공원료	• 종류 1) 95% 유기가공식 2) 70% 유기가공식품(나머지 30%는 비유기원료 사용 가능) • 유기, 비유기 동일성은 인증기관 판단 • 유전자변형생물체 사용 금지 • 허용물질 사용 가능	• 종류 1) 95% 유기가공식 2) 70% 유기가공식품(나머지 30%는 비유기원료 사용가능) • 유전자변형생물체 사용 금지 • 불가한 첨가물: 대사기능 촉진용 합성화합물, 합성질소 또는 비단백태질소화합물, 항생제합성항균제, 성장촉진제, 구충제, 항콕시듐제, 호르몬제, 유전자조작물
가공법	• 가공법은 절단, 분쇄, 혼합 등등과 발효와 숙성을 포함 • 성분추출에 사용 가능한 물질: 물,에타놀, 식물성 및 동물성 유지, 식초, 이산화탄소, 질소	• 성분추출에 사용 가능한 물질: 물, 에타놀, 식물성 및 동물성 유지, 식초, 이산화탄소, 질소 • 최종 산물의 유기적 순수성 유지 • 가공과정 중 사용할 수 없는 물질: 해충방제, 가공품보존제
해충 및 병원균 관리	• 방사선 조사 금지 • 해충관리를 위해 자외선, 온도, 성호르몬 처리 가능	• 해충관리를 위해 자외선, 온도, 성호르몬 처리, 빛 가능

종류	유기가공식품	비유기가공(유기사료 및 반려동물용)
세척 및 소독	• 가공품은 설비, 원료의 세척, 살균, 소독에 사용된 물질을 쓰지 말 것	• 가공품은 설비, 원료의 세척, 살균, 소독에 사용된 물질을 쓰지 말 것
포장	• 포장제는 유기식품의 순수성 훼손 금지	• 포장제는 유기식품의 순수성 훼손 금지 • 포장재, 용기, 저장고: 합성살균제, 보존재, 훈증제 사용 금지
유기원료 및 가공식품의 수송 및 운반	• 수송장비는 세척에 허용되지 않은 물질 사용 금지	• 벌크사조료 운반은 유기전용차량 이용 • 수송장비는 세척에 허용되지 않은 물질 사용 금지
기록문서와 접근보장	• 문서화된 것은 인증기관 승인 필요 • 제조, 가공, 취급에 사용된 모든 내용을 기록(식품첨가물, 보조제 등)	• 문서화된 것은 인증기관 승인 필요 • 제조·가공, 취급에 사용된 모든 내용을 기록
생산물의 품질관리	• 비인증품 검출되면 판매 금지 • 위탁생산시 수탁자도 유기가공식품 인증사업자여야 함	• 위탁생산시 수탁자도 유기가공식품 인증사업자여야 함
제조시설기준	-	• 유기 및 비유기사료 혼합되지 않은 저장시설 및 생산라인 유지해야 함

만드는 과정에서 여러 가지 첨가물이 들어가기 때문이다.

가공과정에는 여러 가지 첨가물이 들어가기도 하고 또는 물질을 추출하는 경우도 있는데 유기가공식품에 사용할 수 있는 첨가물은 에타놀, 식물성 및 동물성 유지, 식초 등이다. 가축용 유기사료도 이와 유사하다. 해충관리를 위해서 자외선, 온도, 성호르몬 처리를 두 가공방법에서 공히 사용할 수 있다. 모든 제조과정에 사용된 재료, 경과 등을 문서로 작성하여 보관하고 인증을 받을 때 심사원에 제시하는 것을 골자로 하고 있다. 유기사료에서는 사료회사의 제조라인은 유기농과 일반사료 제조와 각기 다른 라인을 사용하도록 권유하고 있다.

사용 가능한 농자재 및 단미사료와 해충관리를 위하여 이용할 수 있는 천연제제나 물질을 요약한 것이 〈표 6-10〉이다. 유기농축산에 허용된 자재는 크게 유기축산물 및 비식용유기가공품이 있고 여기에는 식물성 곡류가 속하

〈표 6-10〉 유기농·축산에 허용된 자재

구분	분야별	
농자재.단미사료	작물	축산
토양개량과 작물 생육을 위해 사용 가능한 물질	퇴구비 및 가축배설물, 식물 또는 식물 잔류물로 만든 퇴비, 버섯양식퇴비, 지렁이나 곤충의 부식토, 식품섬유공장의 유기적 부산물, 대두박, 제당부산물, 오줌, 벌레 등의 자연유기체, 구아노, 톱밥, 목제부산물, 숯, 광물질(황산칼륨), 석회소다 염화물, 석회질 마그네슘 암석, 사리염, 점토광물(벤트나이트 등), 질석·붕소 등의 미량 광물질, 칼륨암석 등의 천연인광석, 자연암석분말, 광물 제련 찌꺼기, 소금 및 해수, 목초액, 해수, 키토산, 이탄, 해조류와 그 추출물, 황, 주정 찌꺼기, 클로렐라	1. 유기축산물 및 비식용유기가공품 • 식물성: 각종 곡류 등 • 동물성: 단백질류, 낙농가공부산물 등 • 광물성: 식염류 등 2. 사료첨가제: 천연결착제 등, 규산염제와 아미노산제 및 비타민제 등 3. 가축질병 예방 및 치료제: 생균제, 예방백신 등 4. 유가공식품 첨가물: 과산화수소 등
병충해관리용· 사료의 첨가제 등	추출물: 제충국, 데리스, 쿠아시아, 라이아니아, 님, 해수 및 천일염, 젤라틴, 난황, 식초, 누룩곰팜이속 발효생산물, 목초액, 담배잎차, 키토산, 밀랍, 프로폴리스, 동식물성 오일, 해조류 및 그 추출물, 인지질, 카제인, 클로렐라, 천연식물에서 추출한 제제, 식물성 퇴비발효 추출액, 구리염, 보르도액, 수산화동, 산염화동, 부르고뉴액, 생석회 및 소석회, 석회보르도액, 석회유황합제, 에틸렌, 규산염 및 벤토나이트, 규산나트륨, 규조토, 맥반석, 인산철, 파라핀오일, 중탄산나트륨 및 중탄산칼륨, 황, 미생물 및 그 추출물, 천적, 성 유인물질(페르몬), 메타알데하이드,이산화탄소 및 질소가스, 비누, 에틸알콜, 허브식물 및 기피식물, 웅성불임곤충	광물성(식염류, 인산염류, 칼슘염류, 다량광물질류, 혼합광물질), 천연결착제, 천연유화, 천연보존재, 효소제, 미생물제제, 천연향미제, 천연착색제, 천연추출제, 올리고당, 규산제, 각종 아미노산제(아민초산 등), 비타민제(프로미타민 포함), 완충제 가축의 질병예방 및 치료를 위한 물질: 생균, 효소, 비타민, 무기물, 백신, 구충제, 포도당, 외용소독제, 국부마취제, 약초 등 천연물질유래

고 동물성 원료사료로는 단백질류, 낙농가공부산물 그리고 광물성은 식염류 등이 속한다. 사료첨가제는 천연결착제, 규산염제와 아미노산제 그리고 비타민이 있다. 기타 가축 예방 및 치료제로 생균제, 예방백신을 사용할 수 있다. 유기가공식품 첨가물은 과산화수소가 속한다.

② 인증절차

신청자는 정부에서 인정한 인증기관에 신청서를 제출하고 이때 필요한 서류는 인증품생산계획서, 영농관련자료 등이다. 서류를 접수한 인증기관은 서류를 보고 인증에 적합한지를 검토하고 농장현장조사를 통해 토양, 금지물 사용, 용수 및 생산물을 조사한 후 적합 여부를 판단하여 인증서를 교부하고 부적합하면 사유를 통보하게 된다. 한편 국립농산물품질관리원에서는 친환경농산물로 판매되는 제품을 조사하여 인증표시사항의 적합 여부를 판정한다. 뿐만 아니라 잔류물질 검사를 하여 사후관리를 하고 있다. 인증의 유효기간은 1년이다.

[그림 6-3] 친환경농산물 인증관리절차

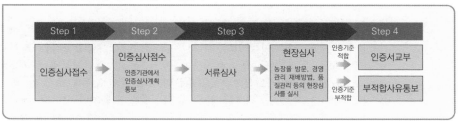

(국립농산물품질관리원, 2022)

[그림 6-4] 유기농가 영농일지의 예

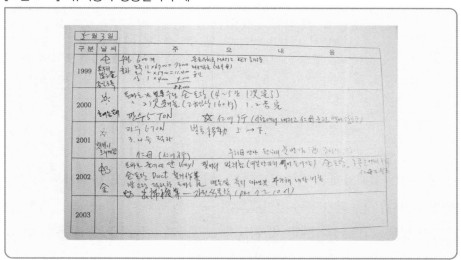

- 유기농산물은 관련단체의 인증을 받아 시중에 판매할 수 있다. 인증은 농산물에 국한된 것도 아니고 외형과 품질을 보는 것이 있는데, 유기농산물은 재배과정을 중시하여 인증을 한다. 그 밖에 일반농산물과 전통농산물 그리고 유기농산물 가공품도 인증을 해준다.
호주는 유기 및 생태역학적 농산물에 대한 국가표준을 정하고 이 기준을 수출하는 모든 유기농산물에 적용하고 있다. 현재 호주는 인증기관이 이 표준을 적용하고 있다. 호주생명농민협회에서 유기농제품에 대한 검사와 인증을 실시하고 있다. 기타 70% 이하의 유기성분을 함유하거나 전환기의 경우 성분표상에 표시하고 있다.

- 유기농산물의 인증을 위해서는 재배과정 절차와 과정에 대해 검사를 거쳐야 한다는 것을 규정으로 제시하고 있는데, 유명한 것이 코덱스 기준이다. 세계적으로 유기농산물의 인증에 대한 규정은 다양하지만, 대체로 코덱스 기준을 토대로 하고 있다. 유기농산물인 경우 전환기간은 3년 이상을 유기적인 재배 후에 유기인증을 받을 수 있다. 축산물 역시 유기적으로 일정기간 사육한 후에 유기인증을 받을 수 있는 데 예를 들면 한육우는 유기적 사육 후 12개월이 경과한 후, 시유는 90일 이후, 염소는 5개월 이후, 산란계는 3개월 등이다. 사슴육이 유기사슴고기로 인증을 받기 위해서는 적어도 12개월 이상을 유기적으로 사육해야 한다.

- 유기 축산물인 경우 100% 유기사료를 급여해야 하는데 그렇다고 하더라도 반추가축에 담근먹이(사일리지)만을 단용할 수 없도록 규정하고 있다. 뿐만 아니라 유전자변형농산물 사료의 급여 금지 및 합성화합물 첨가한 사료 금지 등의 규정을 준수해야 한다. 질병이 없는 경우 약품을 투여할 수 없고 치료용 동물의약품은 휴약기간의 2배 이상을 사육한 후 출하할 수 있도록 규정하고 있다.

- 유기농산물로 인증을 받기 위해서는 인증기관에 서류심사와 현장심사를 거쳐야 한다. 이때 필요한 서류로는 인증품생산계획서, 영농관련자료 등이고 인증기관의 종사원이 현장을 방문하여 시료를 채취하여 분석한 후 그 가부를 판정한다.

1. 유기농업인증농가를 방문하여 어떤 과정을 거쳐 인증을 받았는지 알아보라.

2. 토양이나 수질이 오염되어 인증을 받지 못하는 경우 어떤 조치가 필요한가를 알아보라.

참고문헌

- 국가법령정보시스템. 2021. 「무항생제축산물 인증에 관한 세부실시요령」. 법제처.
- 국립농산물품질관리원. 2003. 『유기식품의 생산·가공·표시·유통에 관한 코덱스 가이드라인』. 국립농산물품질관리원.
- 국립농산물품질관리원. 2021. 「유기식품 및 무농약농산물 등의 인증에 관한 세부실시 요령」. 국립농산물품질관리원.
- 국립농산물품질관리원. 2021 유기식품 및 무농약 농산물 중의 인증에 관한 세부실시요령 제4호(친환경농어업법 시행규칙). 국립농산물품질관리원.
- 국립농산물품질관리원. 2022. 「친환경농산물 인증절차」. 국립농산물품질관리원.
- 국립농산물품질관리원. 친환경인증관리정보시스템. 2022. 「인증신청도우미」. 국립농산물품질관리원
- 김기흥. 2015. 「일본의 유기농업 인증제도」. 『해외농업·농정포커스』. 농촌경제연구원.
- 김선오. 2002. 『친환경농산물관리의 이해』. 한국방송통신대학교 평생교육원.
- 김성훈·권광식. 2003. 『자원·환경경제학』. 한국방송통신대학교출판부.
- 농림부. 2003. 『친환경육성법 및 시행규칙』. 농림부.
- 농림축산식품부. 2017. 「친환경인증 농식품가공산업 활성화를 위한 관리범위 확대 및 인증표시기준 설정방안 최종보고서」. 농림축산식품부.
- 손상목. 2001. 『FAO/WHO Codex 유기식품규격에 의한 친환경 유기채소생산』. 충청남도 농업기술원.
- 신광용·황윤제. 2007. 「해외 유기농산물 인증제제와 시사점」. 농촌경제연구원.
- 안수정. 2015. 「유럽 유기농업 현황」. 『세계농업정보』. 농촌경제연구원.
- 안종호. 2003. 『우리나라 유기축산의 발전방안』. 한국유기농업학회 2003년 상반

기 심포지엄. 한국유기농업학회.

• 이광하. 2003. 『친환경인증제도 및 국제(Codex)기준』. 친환경농업총람. 농경과 원예.

• 전형진. 2014. 「중국 유기식품 인증제도」. 『세계농업정보』. 농촌경제연구원.

• 천경욱. 2007. 「IFOAM과 국제유기농인증제도」. 한국식품저장유통학회 학술발표회.

• 허장. 2003. 『미국의 친환경농업』. 친환경농업총람. 농경과 원예.

제7장

유기농법의 실제

개 관

　제1~6장에서는 유기농업에 관련된 여러 가지 기초적인 문제를 언급하였다. 현대농업의 문제점, 농업생태계, 우리나라에서 유기농업의 가능성, 유기농업의 기초와 전환 그리고 인증에 대하여 다루었다.

　이 장에서는 이런 것을 기초로 하여 작물로는 벼의 유기적 재배와 가축으로는 염소를 사육할 때를 가정한 여러 가지 모델을 제시하였다. 벼는 경지면적이 가장 넓고 또 가능성이 많으며, 특히 오리농법, 직파재배, 자연농법 등의 유기벼 재배가 시행되고 있다. 현재 유기농법으로 불리는 토착벼 재배기술에 약간의 기술적 보완을 한다면 지속적인 생산이 가능한 원래 의미의 유기벼 생산이 가능할 것이다. 염소는 조사료 이용성이 좋고, 또 체구가 작아 닭이나 산양과 함께 우리나라에서 시도해 볼 만한 유기가축이라 생각하기 때문에 채택하였다.

1. 유기벼 재배

(1) 지력 증진

유기농업은 농업생태계와 지역의 물질순환을 중시하여 지력을 유지·증진시켜 생산력을 장기적으로 유지하며, 인근의 환경부하를 감소시키고 자연과 조화를 이루면서 충분한 양의 식량을 생산하여 농가의 만족감과 소득을 보장하는 데 목적이 있다. 이와 같은 유기농업의 대원칙은 유기벼 재배에서도 적용되어야 한다. 따라서 유기벼의 생산을 위해서 생태학적 순환을 유지하고, 재생 가능한 물질을 사용하며, 오염을 피하고 서식지를 보호해야 한다.

화학비료가 자유롭게 사용되기 이전에 우리 농부들은 집 주위의 풀을 베어 두엄을 만들거나 가축의 분뇨로 만든 퇴비나 인분 등을 사용하여 탈취된 양분을 보충하였다. 현재 우리나라 논에서 관행농법으로 벼농사를 지었을 때 10a당 600kg 정도의 수량을 얻을 수 있다. 벼 전체의 건물량(수분을 제외한 중량)은 현미 500kg, 이삭 590kg, 벼 왕겨 90kg, 뿌리 100kg 정도가 된다. 이들이 토양에서 흡수한 양분 중 질소만을 고려한다면 각 부분의 질소함량을 수량에 곱하면 계산이 가능하며, 전체적으로 보았을 때 12.6kg 정도된다. 벼의 수확으로 5.9kg의 질소가 탈취되고 나머지는 볏짚을 그대로 썰어 넣었을 경우 6.7kg의 질소는 볏짚, 왕겨, 이삭, 뿌리를 통하여 토양에 환원된다는 것을 의미한다. 일본의 연구에 의하면 볏짚 500kg, 뿌리 200kg, 왕겨 100kg을 매년 환원할 경우 1년째에 약 0.13kg 부족, 10년째에 3.8kg, 20년째에 4.3kg의 무기태질소가 환원된다고 한다([그림 7-1] 참조). 논으로 질소를 투입하면 비, 관개수, 질소고정 미생물에 의한 천연공급량도 발생하는데, 그 양의 추정은 [그림 7-2]와 같다(西尾, 1997). 따라서 전체 공급량은 9.3kg(왕겨＋볏짚＋뿌리＋강우·관개수＋질소고정)이 된다. 그러나 공급량과 흡수량이 동일하지 않아 흡수량은 공급량의 약 50% 정도로 보고 있다. 문제는 부족분의 질소를 어떻게 유기적으로 보충해 줄 수 있느냐이다.

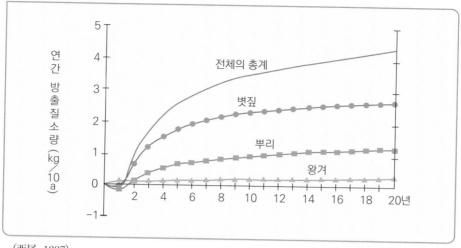

[그림 7-1] 현미 500kg/10a의 수량을 올리는 경우의 짚, 뿌리, 왕겨로부터 매년 환원할 때 방출되는 무기태질소의 추이

(西尾, 1997)

[그림 7-2] 현미 500kg/10a의 수량을 올릴 때 작물 잔재를 전부 토양에 환원시켰을 경우 질소수지의 추정

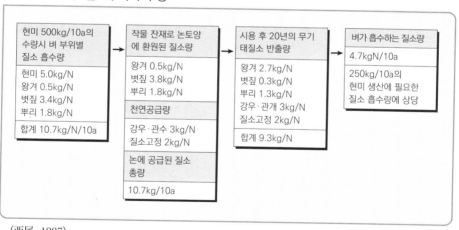

(西尾, 1997)

　세이비(西尾, 1997)에 의하면, 관행재배는 10a당 8kg의 화학비료에 1~2톤의 퇴비를 시용하는 것이 표준이며, 이를 매년 계속하면 10년째는 4.9kg의 질소를 방출하게 된다. 화학비료와 퇴비에서 공급되는 질소는 모두 12.9(4.9+8)kg이 되어 부족분 6kg을 충족시켜 줄 수 있다.

벼의 질소수지는 [그림 7-2]에서 보는 바와 같다. 여기에서는 가장 중요한 영양소인 질소만을 언급하였으나, 인산이나 칼리를 비롯한 다른 영양소도 알곡을 수확한 후 벼나 보릿짚의 환원만으로는 부족하다. 유기농업에서는 화학비료를 쓰지 않기 때문에 일부 천연 광물질을 보급하는 이외에 상당량의 퇴구비를 통하여 부족한 성분을 보충해야만 관행재배와 유사한 수량을 올릴 수 있다. 따라서 가용 퇴구비의 사용을 최대한으로 해야 한다. 지금까지 오리농법 등에서 사용했던 공장형 퇴비는 2004년 12월까지만 시용할 수 있기 때문에, 그 후의 유기농 쌀 생산을 위해서는 공장형 퇴비를 대치할 수 있는 유기퇴비의 투입방안을 강구해야 할 것이다.

〈표 7-1〉을 보면 특히 칼리와 규산의 흡수량이 많다는 것을 알 수 있다. 이 연구는 규산염 시비가 상당량 흡수되어 벼의 생육과 수량을 증대시키는 데 중요한 역할을 하고 있다는 것을 말해 준다. 따라서 유기물 시용과 함께 규산질 비료의 시용을 통해 수량을 증수시킬 수 있다는 점을 감안하여 충분히 주어야 된다는 것을 나타내고 있다.

〈표 7-1〉 각기 다른 토양에서 규산염의 시용이 실리카 흡수에 미치는 영향(지산토양, 보통토양)

종류	토양(지산토양, 보통토양)		
	종실(%)	짚(%)	흡수(kg/ha)
실리케이트 무시용구	2.15	5.30	571
130	2.20	5.68	637
200	2.47	6.53	714
270	2.75	7.07	781

(송 등, 2007)

1 부식 증가

유기벼 재배의 핵심은 결국 앞에서 언급한 바와 같이 벼가 필요로 하는 양분을 어떻게 공급해 주느냐에 있다고 할 것이다. 농업과학기술원의 추천에 의하면 이앙재배시 N-P-K의 시비량은 11-4.5-5.7kg/ha이며, 이론적으로 볼 때 '토양 중 성분+시비성분+천연공급량(강우, 고정)의 벼 양분이용효율 = 적정 시용량'이라는 등식이 가능하다. 이를 위해서는 소위 작물종합 양분 관리(Integrated Nutrients Management)를 이용한다. 이는 토양, 퇴구비 분석, 추정 천연공급량 등을 계산하면 가능한 일이다.

유기재배에서 유기는 곧 부식(humus)이다. 한 문헌에 의하면, 적정 가용성 부식은 5~6%이나 우리나라는 2.3~2.6%에 지나지 않는다고 한다(이 등, 1988). 벼를 1회 재배하면 10a당 20×3.75kg이 소모된다고 한다. 퇴비 375kg에는 37.5kg의 부식이, 녹비 375kg에서는 3.75×6 = 22.5kg의 부식이 생성된다고 한다. 18cm 깊이로 갈 때 10a당 부식 1%를 증가시키기 위해서는 6000 ×3.75kg의 퇴비를 주어야 한다. 부식 함량을 증가시키는 방법 중 하나는 답리작으로 녹비작물을 재배하는 것이며, 수량은 시비량에 따라 차이가 있다. 화학비료를 거의 사용하지 않았을 때의 성적은 〈표 7-2〉에서 보는 바와 같다. 화학비료를 전혀 주지 않은 구에서는 헤어리벳치의 처리구의 50% 수량 밖에 되지 않는다. 녹비 중 헤어리벳치는 107.9%, 헤어리벳치와 호밀 투입구는 90.5%의 수량을 보여 녹비만으로도 상당한 시비의 효과가 있다는 것을 알 수 있다.

〈표 7-2〉 헤어리벳치와 호밀의 논토양 환원시 벼의 정조수량 및 수량지수

처리	정조수량		수량지수	
	'07	'08	'07	'08
관행	542.3	561.9	100.0	100.0
무비	306.2	278.4	56.5	49.5
헤어리벳치	571.3	606.2	105.7	107.9
호밀	502.4	412.8	92.7	73.5
헤어리벳치+호밀	527.1	508.3	97.2	90.5

(농촌진흥청, 2009)

2 객 토

우리나라의 논 토양은 노령화되어 객토가 필요하다. 즉 논 토양은 환원상

태가 되어 작토층에서 철, 망간 등이 환원되어 용탈된다. 뿐만 아니라 칼슘, 마그네슘, 칼륨 등도 씻겨 내려가며 인산이나 부식도 흡수되어 버린다. 이와 같은 토양에 객토를 하면 염기치환용량을 높이고 유용한 염류를 보급하게 된다. 그리고 유해물질의 생성을 방해하여 뿌리의 흡수기능을 향상시켜 튼튼한 알곡을 맺는 데 도움을 준다(이 등, 1988).

③ 미량 원소의 보급

논 토양은 건조와 담수가 반복되기 때문에 염류가 용탈되어 미량 광물질의 결핍으로 미질이 떨어지는 경우가 많다. 특히 앞의 〈표 7–1〉에서 보는 바와 같이 벼는 다른 성분에 비해 규산 흡수가 특히 많기 때문에 시비해 주어야 할 주요한 성분이다. 미량 원소는 광합성 진작, 암모니아태질소 동화활력화, 세포벽 구성성분 공급 확대, 광합성 물질의 뿌리로의 이동을 촉진시키는 등의 역할을 한다. 따라서 볏짚 퇴비, 재, 규산석회 등으로 보충해 주도록 한다(이 등, 1996).

(2) 벼의 생육

① 벼의 특징

벼의 기원에 대한 학설은 여러 가지가 있지만 아시아나 아프리카라는 것이 정설이다. 아시아는 중국 또는 인도에서 기원하며, 여기에서 파생한 품종은 인디카형, 자포니카형, 자바니카형으로 분류하고, 아프리카에서 온 것은 오리자 글라베리마(*oryza glaberrima*)라고 한다. 어느 곳에서 기원하였든 이들은 습한 조건에서 자라며, 특히 아시아 지역이 그 재배 적지인데, 이는 이 지역의 습지면적이 육지면적의 17%라는 것과 무관하지 않다. 벼는 화본과작물로서 생리적으로 강한 햇볕과 습한 곳에서 잘 자라는 특성을 가지고 있다. 뿐만 아니라 연작(continuous cropping)에도 잘 견디며, 내병성도 비교적 강한 편이다. 이런 이유로 해서 B.C. 1000년경 이전부터 재배되기 시작하였다(이 등, 1996). 이러한 특성 때문에 우리나라(남한)에는 약 100여 만ha의 논이 있으며, 농산물 중에서 유일하게 자급이 가능한 품목이기도 한 것이다.

2 벼의 생육과정

벼는 1년생 화본과작물로서 조만에 따라 130~180일 범위의 생육기간을 갖는다. 생육과정은 잎, 뿌리, 줄기가 왕성히 자라는 시기와, 줄기 내에서 어린 이삭이 분화되어 발달하고 이것이 출수하며 나아가 개화와 수정을 거쳐 비로소 하나의 종실이 완성되는 두 시기로 대별할 수 있다.

잎의 줄기나 잎이 무성하게 자라는 시기를 영양생장기(vegetation growth

[그림 7-3] 관행벼의 생육사 및 관리

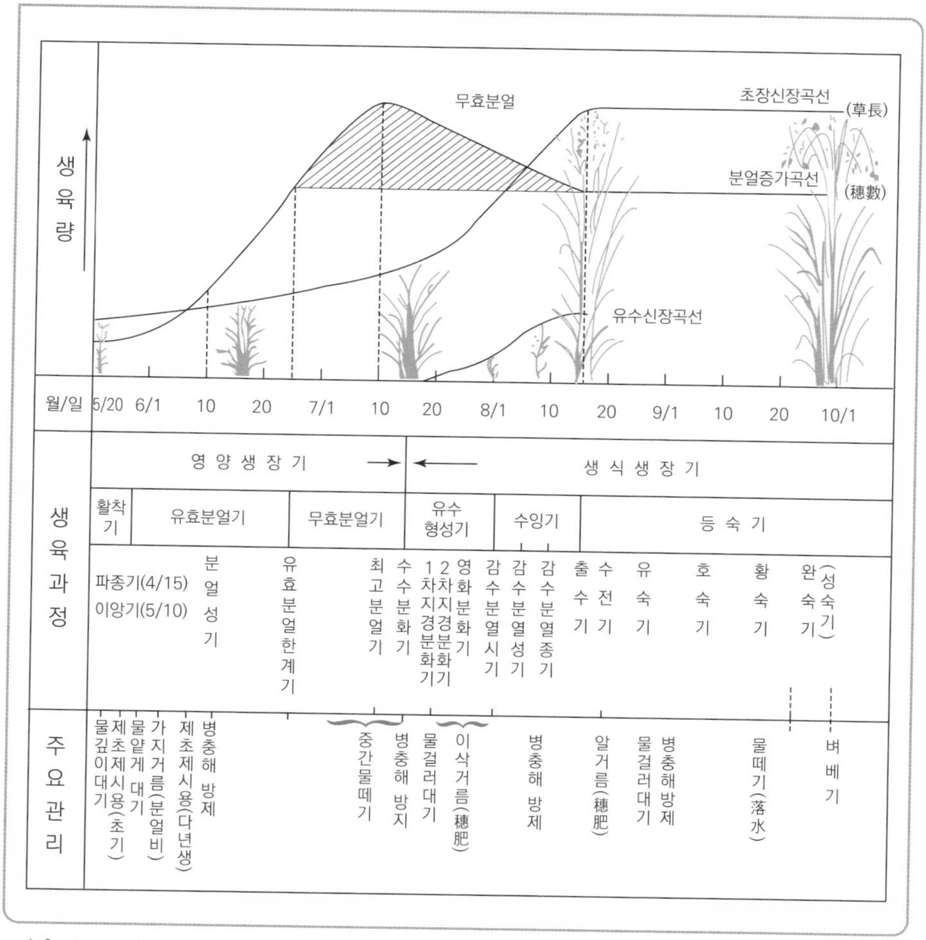

(이 등, 1996)

period)라 하며, 유수분화(young panicle initiation)에서 종실 형성까지 기간을
생식생장기(reproductive growth period)라고 한다. 좀더 세밀히 말하면 영양생
장기는 발아에서 분얼 말기까지, 그리고 생식생장기는 유수 형성기부터 종
실 완성기까지를 말한다. 이를 나타내면 [그림 7-3]과 같다.

이 그림은 4월 10일경에 못자리에 파종하여 9월 말 또는 10월 상순에 수
확하는 생육일수 160일의 중생종을 파종한 경우를 예로 든 것이다. 이때 영
양생장기는 90일, 생식생장기는 70일 정도가 된다.

① 영양생장기: 영양생장기는 종자 발아에서 최고분얼기 직전까지를 말하
는데, 이때 가장 큰 특징은 분얼수 증가이다. 관행재배에서 이 과정은 묘대
기와 본답기를 두루 걸친다. 즉 유묘기 → 착근기 → 분얼기를 거치는데, 분
얼기는 다시 유효분얼기와 무효분얼기로 나눈다.

ㄱ) 유묘기: 관행재배에서는 이앙재배를 하며, 보통은 육묘상자에서 길러
이앙기로 본답에 이식한다. 이 기간은 생리적으로 정확한 구분이 있는 것이
아니고 영양생장기 초입에 들어선 단계일 뿐이다. 묘는 종자가 발아하여 성
장한 것인데, 종자의 종단면은 [그림 7-4]와 같다. 과피는 종자를 감싸며, 과
피 안에는 배유(endosperm)와 배(embryo)가 함유되어 있고, 이곳은 싹이나 뿌
리의 근원이 되는 유아(plumule)와 유근(radicle)이 착상되어 있다. 현미경으

[그림 7-4] 벼종자 종단면

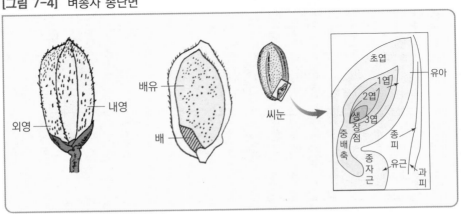

(이 등, 1988)

로 보면 초엽(coleoptile), 제1엽, 제2엽 등도 발견된다.

유근이 성장하여 종자근(seminal root)이 되는데, 이것은 일시적으로 존재하는 것으로 나중에는 관근(crown root)으로 대체된다. 관근을 흔히 부정근(adventitious root)이라고도 한다. 따라서 뿌리의 발생과 소멸은 [그림 7-5]와 같은 과정을 거친다.

기계이앙시 묘판에 파종한 벼종자와 태평농법이나 직파재배(건답직파)시 논 표면에 뿌린 종자의 발근상태는 다르다. [그림 7-6]에서 보는 바와 같이 종자근에 많은 근모가 발생하여 토양 부근의 양분을 흡수하여 착근하려는 노력을 한다. 그러나 물 속에서 발아한 경우 산소의 부족으로 종자근이 길게 성장하여 땅 속으로 신장한다. 태평농업의 이론에 의하면, 종자를 물 속에 뿌리면 호흡을 위해 종자로부터 초엽이 먼저 발생하여 자생력이 떨어진다는 것이다(이, 2003). 그러나 발아할 때 유아와 유근 중 어느 것이 먼저 나와 신장하느냐는 수심과 깊은 관계가 있는데, 수심이 5~10cm인 곳에 벼종자를 파종하면 초엽이 먼저 5~10cm까지 자라고 유근(종자근)은 거의 신장하지 않

[그림 7-5] 뿌리의 발생과 엽의 전개 모습

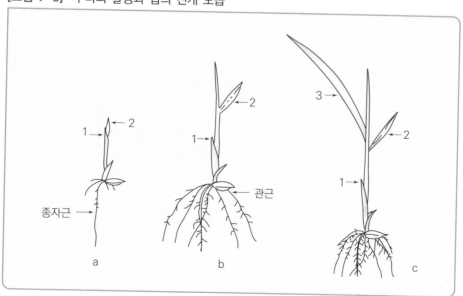

(이 등, 1996)

[그림 7-6] 발아와 산소와의 관계

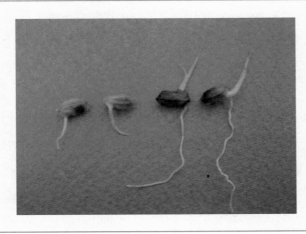

좌 2개: 산소가 부족한 경우(수심 10cm).
우 2개: 산소가 풍부한 경우.

는 반면, 물이 없는 표토 위에 파종했을 때는 초엽이 1cm 이하로 짧고 굵게 나오면서 종자근도 근초에 근모를 발생하여 건전한 뿌리로 발달한다(이 등, 1996).

따라서 묘를 기를 때 이런 점에 유의하여 가능한 한 산소를 많이 공급하여 건전하고 튼튼한 묘로 기를 수 있도록 해야 한다. 벼 건답직파 재배시에는 출아일수가 30~38일 정도가 되므로 이때가 유묘기가 된다.

ㄴ) 활착(착근)기: 이앙한 벼가 새로운 토양에 적응하여 완전한 개체로서 생존할 준비가 완료된 것으로, 새로 난 뿌리가 내려 양분 흡수를 하고 광합성을 통하여 성장을 준비하는 시기이다. 이앙 후 보통 5~7일 동안의 묘를 활착기라고 한다. 이 기간은 엽면에서는 증발이 심하게 일어나 뿌리는 아직도 착근하지 않은 기간이기 때문에 소위 몸살을 하는 시기이다.

착근기(root settling period)를 앞당기기 위해서는 우선 건강하고 튼튼한 묘를 생산하는 것이 필요하고, 이식하는 토양이 새로운 식물의 정착에 알맞도록 정지되어야 한다.

ㄷ) 분얼기: 묘의 분얼은 못자리 상태에서 계속되지만, 의미 있는 분얼은 착근 후 영양생장의 말기까지 계속된다. 벼는 줄기에 마디를 가지고 있는데, 3에서 20마디 사이에서 분얼이 일어난다. 분얼은 보통 줄기의 기부마디에서

발생한다. 흔히 새끼를 친다는 말로 표현되는 분얼기(tillering stage)에는 이론적으로 한 포기에서 최대 40개의 새로운 개체가 만들어진다고 한다(박 등, 1999). 그러나 이것은 특수한 상황이고, 평당 80주를 이앙하고 1주당 실제 조건에서는 3~4개의 유묘가 한 포기를 이룬다고 가정할 때 약 20개의 유효분얼이 이루어진다.

분얼경 중 나중에 출수하여 이삭이 달려 수량을 내는 줄기를 유효분얼경(effective tiller)이라 하고, 줄기로 성장하였으나 이삭이 달리지 않는 줄기를 무효분얼경(ineffective tiller)이라고 한다. 결국 이삭이 패는 분얼이 많도록 하는 것이 중요하며, 이러한 유효분얼경을 판단하는 지표(박 등, 1999)로는 다음의 네 가지를 들고 있다.

- 초장률: 최고분얼기로부터 1주일 후에 한 포기에서 가장 긴 초장의 2/3 이상의 크기를 가진 분얼경
- 출엽속도: 최고분얼기로부터 1주일 간의 출엽속도가 0.6엽 이상의 분얼경
- 분얼의 출현시기: 일반적으로 최고분얼기로부터 15일 전에 출현한 분얼경
- 청엽수: 최고분얼기에 청엽수가 4매 이상 나온 분얼경

이러한 유효분얼이 시기적으로 언제까지가 되느냐는 품종과 재배조건에 따라 달라진다. 몇 가지 예를 들면, 중부 평야지대에서 중만생종을 중묘 기계이앙했을 때는 7월 1일 이전까지이며, 이를 유묘 기계이앙했을 때는 7월 10일 이전, 중부 평야지대에서 중만생종을 건답줄뿌림을 할 때는 7월 4~5일경 이전에 분얼한 것만을 유효분얼이라고 한다(박 등, 1999).

② 생식생장기: 이 기간은 유수(young head)와 꽃의 기반이 만들어지고 이어서 출수, 개화 및 수정하여 벼알이 완성되는 시기인데, 이를 통틀어 생식생장기(reproductive growth period)라고 한다. 이 시기를 좀더 세분하면 유수형성기(young head forming period) → 수잉기 → 출수기 → 등숙기 → 수확기로 나눌 수 있다.

생식생장기 동안의 유수 발달과 외부 형태의 변화는 〈표 7-3〉에서 보는 바와 같다.

〈표 7-3〉 유수의 발달과정과 출수 전 일수 및 외부 형태와의 관계

유수의 발육단계		출수 전 일수	유수의 길이	엽령지수	외부 형태, 엽이간장
유수형성기	1. 수수분화기 　(유수분화기)	30~32			지엽으로부터 하위 4매의 잎이 추출 시작
	2. 지경분화기 • 1차 지경분화기 • 2차 지경분화기	28 26	0.04 0.1	80~83 85~86	3매째 잎 추출
	3. 영화분화기 • 영화분화시기 • 영화분화 중기 • 영화분화 후기	24 22 18	0.15 0.15~0.35 0.8~1.5	87 88~90 92	2매째 잎 추출 지엽추출
수잉기	4. 생식세포형성기	16	1.5.~5.0	95	
	5. 감수분열기 • 감수분열시기 • 감수분열 성기 • 감수분열 종기	15 10~12 5	5.0~20.0 5.0~20.0	97	엽이간장 -10cm 엽이간장 ±10cm 엽이간장 +10cm
	6. 화분외각 형성기	4	전장	100	엽이간장 +12cm 영화전장에 달함.
	7. 화분 완성기	1~2	전장	100	꽃밥황변
	8. 개 화	0			

〈참고〉 엽령지수=(일정한 시기까지 전개된 엽수/주간의 총엽수)×100

　　　　보정계수=(100-엽령지수)×{(16-총엽수)/10}

　　　　보정된 엽령지수=엽령지수+보정계수

　　　　예 주간의 총엽수 14의 경우
　　　　　• 현재의 출엽령수: 12.6엽기
　　　　　• 엽령지수: 12.6/4×100=90
　　　　　• 보정계수: (100-90)×{(16-4)/10}=2
　　　　　• 보정된 엽령지수=90+2=92(영화분화 후기)

　(박 등, 1999)

ㄱ) 신장기: 〈표 7-3〉에서 보는 바와 같이 어린 이삭이 생성되기 시작하는 시기는 출수 30~32일 전이며, 이때 분얼이 최대가 되며 동시에 줄기가 갑자기 크는 시기를 맞게 된다. 이 시기를 신장기라고 한다. 키가 크면서 볏짚의 내부에서는 소위 이삭 시원조직의 발생이 시작되어 이삭이 생기는데, 이 시기를 유수분화기라고 하며, 그 후 이삭이 2~3cm로 자라고 분화 낱알 속에 생식세포가 나타나는 때를 유수 형성기라고 한다. 출수 10~12일 전은 수잉

[그림 7-7] 수정 후 쌀알의 형성과정

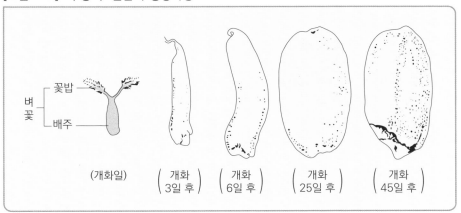

(이 등, 1997)

기라고 한다. 이때는 출수 10~12일에 이삭의 외형이 갖추어진 시기이다.

ㄴ) 출수기: 출수(heading)란 이삭이 패는 것을 말한다. 벼의 제일 위에 있는 잎을 지엽이라고 하는데, 이곳으로부터 잎 밖으로 이삭이 나오는 현상이다. 포기 전체의 이삭이 전부 패는 데는 1주일이 걸린다. 출수되면 개화하는데, 그 당일 또는 그 다음날부터 시작된다. 이것은 수술의 꽃밥이 싸고 있던 큰 껍질과 작은 껍질(벼알)이 밖으로 돌출하는 것이며, 1~2.5시간이 걸린다. 수정은 개화 이전에 이미 끝나 버린 상태이다.

ㄷ) 등숙기: 수정이 완료되고 쌀알이 발육하여 비대하는 시기를 등숙(ripening)이라 하고, 그 과정은 유숙(milk ripe), 호숙(green neck stag), 황숙(yellow ripe), 완숙(full ripe), 고숙(dead ripe)으로 나누기도 한다. 그 기간은 45일이고, 수확은 완숙기에 하는 것이 좋다.

쌀알의 형성과정은 [그림 7-7]에서 보는 바와 같다.

(3) 국내 토착유기벼 재배법

〈표 7-4〉에서 보는 바와 같이 국내에서 유기농업 또는 환경농업에 의한 유기벼 생산은 네 가지로 나눌 수 있다. 또 기타 방법은 쌀겨농법이 있는데,

〈표 7-4〉 몇몇 유기재배 관행의 특징

농법 기술적 특징	오리농법	우렁이농법	태평농법	자연농법
원리	잡초 및 유해충 제거, 분의 배설에 의한 추비효과 기대	잡초 제거 효과 기대	볏짚 피복으로 잡초 제거 및 양분보충 효과 기대	튼튼한 뿌리와 안정된 토양 생태계를 이용한 자연적응능력 이용
방법	10아르당 청둥오리 30수 방사	열대산 왕우렁이 방사(200평당 3~6kg 투입)	무경운, 건답직파	무경운, 볏짚과 낙엽을 이용한 피복, 토착미생물 이용, 각종 농업자재 이용
육묘 및 이앙	○	○	×	○
사료급여	○	○	×	×
방사	이앙 후 1~2주일	이앙 후 1주일	×	×
제초	×	×	○	×
특수용액제제 살포	×	×	×	○
관리·동물판매	○	×	×	×
지력유지용 보충 퇴구비 시용	○	○	×	○

이 방법은 이앙 후 물을 댈 때 쌀겨를 풀어 전면에 살포하여 제초 및 미질 향상을 기할 수 있다는 원리이며, 그 자세한 내용은 생략하기로 한다.

〈표 7-4〉의 네 가지 농법 중에서 특히 잘 알려져 있는 것이 오리농법이다. 핵심은 이앙 후 1~2주일경에 부화 1주일 된 새끼오리를 출수기까지 방사한 후 포획하는 것이다. 이 방법을 통하여 제초 및 충해 방제의 효과를 기대할 수 있으나 오리에 급여하는 사료가 유기사료가 아니라는 점, 논의 토양비옥도 향상을 위하여 공장형 퇴비를 투여한다는 점이 유기농업의 관점에서 볼 때 개선의 여지가 있다고 하겠다.

우렁이농법은 잡초방제효과가 있으나 일부는 월동이 가능하다는 주장이 제기되어 생태계 파괴가 우려된다는 지적을 받고 있다. 이에 대한 연구는 좀 더 진전되어야 할 것이다. 황소개구리나 외래 어종에 의한 국내 어종의 피해가 보고된 바 있어 정밀한 조사와 연구가 필요하다고 할 것이다. 일본의 경우 동사하지 않고 월동하여 벼에 피해를 주고 있으며, 계속해서 피해 한계선이 북상한다고 한다(최, 1999).

태평농법은 볏짚이나 보릿짚을 이용한 토양비옥도 유지가 핵심으로, 이러한 농법이 생태계 유지 및 미질이나 생산량을 영구적으로 유지시킬 수 있을 것인가에 대한 과학적 연구가 필요하다.

자연농법은 토착미생물, 천혜녹즙, 미네랄 A, 섞어띄움비료, 인산, 칼리, 한방영양제, 현미식초, 미네랄 D액, 천연칼슘, 천연염 등을 살포한다고 기술되어 있다(조, 1995). 일부 토착유기벼 재배에 대해서는 지력유지, 화학비료 사용 금지와 자연생태계 복원을 통한 병충해 및 제초방제라는 유기농업의 대원칙에 어긋난다는 지적이 있다. 특히 농업자재의 고투입 농법으로 인한 농산물 생산은 비용증가에 대한 문제점을 지적하지 않을 수 없다. 시장에서 경쟁력을 갖기 위해서는 고투입 유기농산물 생산보다는 저투입 농법에 좀더 관심을 가져야 할 것이다.

(4) 관행유사유기벼 재배와 토착유기벼 재배의 차이점

앞에서 지적한 바와 같이 소위 친환경 또는 유기농법에 의한 벼재배법은 쌀겨농법을 포함하여 다섯 가지이다. 그중 대중에게 많이 알려진 오리농법과 우렁이농법은 관행 벼농사에서 제초의 효과를 얻기 위해 오리나 우렁이를 이용한 것이 특징이다. 태평농법이나 자연농법 모두 볏짚이나 보릿짚을 유기비료원으로 이용한다는 점은 동일하나 태평농법이 그대로 이용하는 반면, 자연농법은 볏짚 위에 각종 제제(물엿, 소주, 요소)를 뿌린 후 다음해에 갈아엎고 이앙을 한다는 점이 다르다. 요소비료를 사용한다는 측면에서(소량) 유기농법에 대한 의문을 제기할 수도 있다. 그러나 관행농법 중 생태유기농업적 접근은 이미 오랫동안 시도한 것이 있다. 즉 벼 직파재배이다. 이에 대한 연구는 작시, 호시, 영시가 중심이 되어 1985~1998년 사이에 454항목이 시행되었고, 이를 바탕으로 『벼직파재배기술』이라는 간행물이 발간되기도

〈표 7-5〉 벼 직파재배의 장단점

장 점	단 점
• 노동력 절감 및 노력 분산 • 생산비 절감을 통한 농가소득 증대 • 강우 및 토양 가용 영양분의 조기 이용 • 관개용수 절약(건답직파) • 벼 생육기간 단축(이앙재배 대비 7~10일) • 단기성 품종 활용시 작부체계 도입이 유리 • 재해대책기술로 활용성이 높음. • 수수 확보 용이로 다수확 재배 가능성이 큼.	• 입모 불안정 • 도복 • 잡초 다발

(박 등, 1999)

하였다(박 등, 1999).

양분의 지역순환, 저투입, 재생 가능자원의 이용, 부가가치 향상 등과 같은 유기농업의 원리를 고려할 때 현재까지의 연구결과를 적절히 이용한다면 우리 환경에 맞는 유기벼 재배기술의 확립은 시간문제라고 할 것이다. 이 중 관심의 대상은 직파이다. 벼를 직파했을 때의 장점은 크게 여덟 가지로 지적하고 있으며, 반면 단점은 세 가지로 요약하고 있다.

예를 들어 노동시간은 기계이앙이 14.4시간/10a인데 비하여 직파는 4.3~5.8시간밖에 소요되지 않았고, 생산비는 14.8~11.3%의 절감효과가 있었다. 박 등(1999)에 의하면, 건답직파 가능면적은 한때 전체 논 면적의 51.6%가 되는 것으로 나타났다. 경운벼 직파재배법은 크게 건답, 무논, 호기무논, 혐기무논, 담수직파로 나눌 수 있다. 그러나 생태유기농업적 관점에서 볼 때 가장 주목받는 것은 무경운 직파재배와 쌀과 보리 2모작 직파재배기술이다. 이러한 재배기술과 소위 토착유기벼 재배법의 차이점을 비교하면 〈표 7-6〉과 같다.

이 표에서 보는 바와 같이 농진청에서 그간 확립한 벼 직파방법과 소위 토착유기벼 재배법과는 유사성이 많다는 것을 알 수 있다. 유기재배기술 준수라는 측면에서 관행재배에서 무농약, 비료, 제초제를 사용하지 않는다면 태평농법과 차이가 없다는 것을 알 수 있다. 그러나 태평농법과 자연농법에서도 약간의 화학질소를 사용하는 것이 원래 유기농법원칙과는 맞지 않는다.

〈표 7-6〉 관행유사유기벼 재배법과 토착유기벼 재배법 비교

구 분		관행유사유기벼 재배법		토착유기벼 재배법	
		무경운 직파	미맥 2모작	태평농법	자연농법
유기 재배 기준 준수 여부	농 약	○	○	×	×
	화학비료	○	○	△(30kg)	△(350g)
	제초제	○	○	×	×
	윤 작	×	×	×	×
	두과 이용	×	×	×	×
	양분순환	×	○	○	○
	생태복원	×	×	○	○
영농 특징	이모작	×	○	○	○
	경 운	×	○	×	×(○)
	제 초	×	○	×	○
	물관리	○	○	○	○
	제 자재 사용	×	×	×	○

○: 실시　　　×: 불실시　　　△: 일부 사용

물론 친환경 재배라는 이름으로는 허용될 수 있을 것이다. 유기재배기준이 서양의 전작을 기준으로 한 것이기 때문에 논에서 윤작을 실시한다는 것은 현실적 대안이 없는 상황에서 실행에 어려움이 있는 것도 사실이다. 그러나

[그림 7-8] 보리와 완두의 혼파(당진)

녹비작물재배시 두과를 혼파하여 토양비옥도 및 유기물 증진을 도모함으로써 윤작의 효과를 기대할 수도 있을 것이다. 그 예로 보리와 완두를 혼파하여 갈아엎은 후 벼를 재배하는 방법이 있다.

(5) 유기벼 재배기술

1 유묘관리

유묘관리는 채종에서부터 시작하는데, 특히 유전자전환생물체(genetically conversioned organism)인지의 여부를 확인해야 한다. 종자는 배(embryo)가 건전하고 충실한 것이 좋은데, 그 방법은 크기가 같더라도 무게(비중)가 무거운 것을 고르는 것이다. 탈곡시 또한 벼알에 상처를 주지 않기 위해 그네로 정밀하게 훑고, 또 줄로 심은 것 가운데 두껍고 건강한 포기를 선택하여 탈곡 후 그늘에서 말리면 수년 동안 사용해도 퇴화하지 않으며, 구입하는 것보다 자가채종한 것이 발아율이 우수하다(高松, 2000). 그러나 현재와 같이 농토면적이 넓고, 노동력이 부족하며, 기계화되어 있는 대규모의 조건에서 위와 같은 종자 준비는 현실감이 없다고 하겠다. 기계로 파종하기 위한 사전 작업으로 종자의 까락을 제거해야 하는데, 이런 과정을 통함으로써 작업뿐만 아니

[그림 7-9] 소금물 비중과 계란의 부유상태

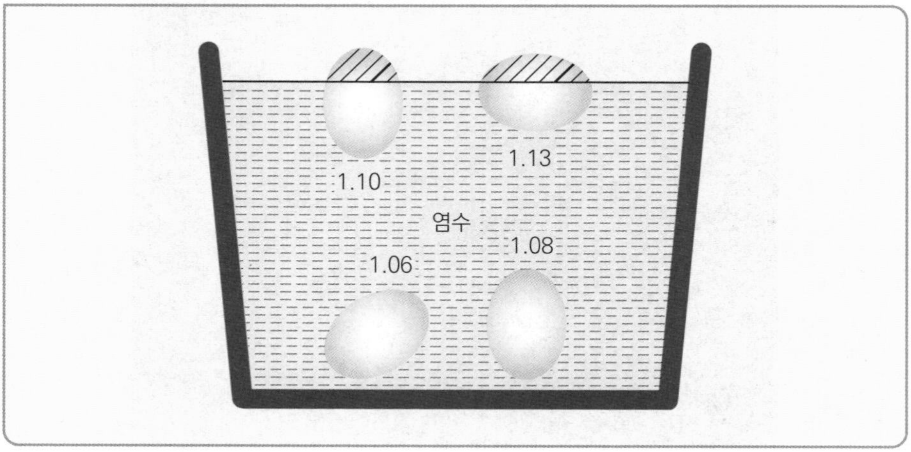

(이, 1988)

라 입모가 원활해진다.

유기벼 재배(organic rice cultivation)에 적합한 품종은 지역이나 토양 조건에 따라 다르겠으나, 농촌진흥청에서 건답직파용으로 추천한 조생종인 조령벼, 중생종인 화중벼·농안벼·주안벼·안산벼·광안벼, 그리고 만생종에 속하는 동안벼·대산벼·화명벼·농호과 호안벼가 적합할 것으로 생각된다.

종자 선별은 물 18리터에 소금을 4.5kg 녹인 간수(비중 1.13)를 사용한다. 그러나 알맞은 비중은 환경에 따라 다르며, 메벼의 몽근씨는 1.13, 까락씨는 1.10, 찰벼의 몽근씨는 1.10, 까락씨는 1.08로 한다. 가정에 비중계가 있으면 이것을 가지고 측정하고, 그렇지 않으면 신선한 중란(middle size egg)을 소금물에 띄운다. 계란이 뜨는 상태에 따라 그 비중이 다르다([그림 7-9] 참조).

종자 소독은 관행벼 재배에서는 종자전염병인 키다리병, 도열병, 모썩음병, 깨씨무늬병 등을 예방하기 위한 여러 가지 농약을 사용하고 있으나 유기벼 재배에서는 농약 사용이 불가능하므로 천연물을 이용해서 소독한다. 몇 가지 예를 요약하면 〈표 7-7〉과 같다.

태평농법은 보리를 수확한 후 종자를 직파하고 우리나라와 일본의 농법에

〈표 7-7〉 토착유기벼 재배에 이용되는 종자소독의 예

유기농법(한국)	유기농법(일본)	자연농법
• 맹물에 씨앗을 담가서 쭉정이를 건져낸다. • 4월 10일에 계란이 뜰 정도로 소금을 녹인 다음 그 염수에 2일간 냉침한다. • 4월 12일에 보리돌뜸씨 75g, 물 150L, 황설탕 250g 분량으로 희석·침종하여 2일간 담가 둔다. • 그 이후 2일에 한 번씩 물갈이를 두 번 한다. • 4월 16일 최아처리에 들어가 반자루씩 담아 물기를 뺀 후 20~23°C 방에서 바닥에 고임목을 놓고 3단으로 쌓아 보온덮개를 덮은 후 2일간 최아시키면 눈이 트기 시작한다.	염수비중선발→온탕살균냉각→종자침적, 냉수로 14일 이상→발아시 30°C 이하→5~10°C 냉장보관 10일→파종	염수비중 선발→자연농법식 처리액(한방영양제, 현미식초, 천혜녹즙약 500배, 미네랄 A액 1,000배)에 7시간 침지→파종

[그림 7-10] 유묘와 중묘의 차이점

구 분	유 묘	중 묘
육묘과정	파종 출아 모내기 ⌐2일⌐⌐8일⌐ (모 키우기)	파종 출아 모내기 ⌐2일⌐33일⌐ (모 키우기)
육묘 일수(일)	8~10	30~35
파종량(g/상자)	200~220	110~130
상자소요 수(개/10a)	15	30
모내기 당시 모 키(cm)	5~8	15~18
모내기 당시 묘령(본엽수)	1.5~2.0	3.5~4.0
모내기 당시 종자(배유)에 남은 양분(%)	30~50	0

(박 등, 1998)

서도 무논에 소독한 종자를 직파 또는 보리 입모 중 직파하기 때문에 별도의 육묘상을 만들 필요가 없다. 그러나 소위 토착유기벼 재배법에서는 우리나라와 일본 모두 못자리를 만들어 기계이앙을 한다. 기계이앙시 못자리는 이앙의 조만 여부에 따라 묘육성 기간이 다르다. 유묘(치묘)이앙은 8~10일, 성묘는 30~35일에 이앙하여 본답관리에 들어간다.

2 본답관리

이앙 후 수확 전까지 관리를 말한다. 제초, 관배수가 핵심적인 내용이다. 즉 관행수도작의 물관리는 모내기 직후에 깊게(6~10cm), 분얼기는 얕게(1~2cm), 출수 40일 전에는 낙수, 유수형성기에 다시 물걸러대기(깊게, 얕게 대는 것을 반복), 등숙기에는 얕게 걸러대기 그리고 출수 30일이 되면 완전히 물을 빼는 것이 핵심적인 관리이다.

그러나 토착유기벼 재배법에서는 각 농법마다 약간씩 다른 방법을 사용하고 있다. 즉 오리농법에서도 그 밖의 관행벼 재배법 물관리와 같다. 다만 오리가 있기 때문에 오리를 방사하지 않는 논에서 물을 빼고, 오리를 옮겨서 오리가 있던 논으로 물을 빼는 식으로 한다. 8월 이후는 오리를 논에서 철수

[그림 7-11] 오리농법의 예

[그림 7-12] 소위 토착유기벼 생산농가의 주요 관리 요약

월·일	4/20 5/1 10 20 6/1 10 20 7/1 10 20 8/1 10 20 9/1 10 20 10/1
성장단계	종실 / 영양생장기 → ← 생식생장기
	파종기 · 유묘기 · 이앙기 · 활착기 · 유효분얼기 · 무효분얼기 · 유수형성기 · 수잉기 · 등숙기
오리농법	새끼오리적응 · 오리입식 · 물관리 · 중간낙수 · 포획출하 · 낙수 · 수확기
우렁이농법	우렁이입식 · 물관리 · 중간낙수 · 피사리 · 낙수 · 수확기
태평농법	보리수확 · 벼파종 · 보릿짚피복 · 물대기 · 물빼기 · 물대기 · 물빼기 · (계속반복) · 벼수확 · 보리파종

시키기 때문에 그 후에도 관행벼 재배법에 따른다. 오리는 이앙 1~2주 후 일주령의 오리를 10a당 30수를 방사한다. 사료는 아침과 저녁 2회 주며 처음에

는 10a당 0.7kg, 중반기는 1.3kg, 후반기는 2kg의 사료를 급여한다. 물론 이때 사용하는 사료도 유기사료이어야 한다.

오리가 주간 사이에 이동이 쉽도록 평당 60~70주를 식재했으나 최근에는 평당 40주를 27cm 정도 육묘하여 소식 재배하면 좋은 결과를 나타낸다고 한다. 우렁이농법은 이앙 후 7일에 10a당 5~8kg의 종자 우렁이를 넣은 다음 논에 물을 깊이 댄다. 그리고 가능한 한 물을 높이 대어 우렁이의 활동을 진작시켜야 한다.

태평농법은 맥류를 수확하는 5월 중이나 6월 중순 중에 콤바인에 부착된 파종기를 이용하며, 수확과 동시에 벼를 파종한다. 파종 후 20~30일 경과한 후 관수(irregation)한다. 파종량은 파종시기가 늦을수록 증가시키는데, 5월 중하순이 5~7kg/10a 정도라면, 6월 하순에 파종할 때는 20kg/10a으로 대폭 늘린다(이, 2003).

태평농법 물관리는 파종 후 20일경 3일간 물을 끌어 댄 후 7~10일간 물

[그림 7-13] 자연농법의 벼관리

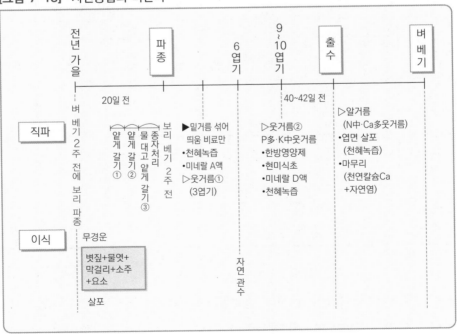

(조, 1995)

을 빼는 방식으로 9월 중하순까지 계속한다. 자연농법은 벼가 이앙 후 완전히 정착한 다음(제3본엽) 지면이 보일 정도로 물을 빼고, 본엽이 6장이 되면 완전 물을 뺀 후 자연관수를 한다. 자연농법의 상세한 벼 재배력은 [그림 7-13]에서 보는 바와 같다.

자연농법은 보리 수확 2주 전에 직파하거나 또는 무논에 직파하는 두 가지 경우가 있다. 보리와 이모작하는 경우는 [그림 7-13]에 상세히 제시되어 있으니 참고하기 바란다. 무논에 직파하는 경우는 파종 20일(5월 10일) 전에 얕게(2~3cm) 로타리를 치고 1주일 후 다시 로타리를 친다. 세 번째 로타리를 친 후 파종한다. 같은 작업을 반복하는 것은 발아하는 어린 잡초를 방제하기 위한 작업이다. 파종량은 직파는 2~3kg/10a, 이식은 5~6kg/10a의 종자가 필요하다(조, 2003).

③ 수확과 관리

유기농작물은 관행농작물 생산량의 약 50~90%에 지나지 않는다는 외국의 예를 이미 기술한 바 있다. 국내에서 유기농에 의한 벼 수량에 관한 연구는 그리 많지 않다. 특히 유기농업은 장기적으로 영농한 후 생태적으로 안정되었을 때의 수량이 중요한데, 이러한 국내의 연구결과는 현재까지도 보고되지 않고 있다.

〈표 7-8〉은 안(2009)이 발표한 결과다. 이 표를 보면 벼 이앙 후 왕우렁이, 오리 방사, 참게 투입, 쌀겨 살포, EM 퇴비 시용 및 기계로 종이 및 비닐을

〈표 7-8〉 친환경농법에 의한 벼 재배가 수량에 미치는 영향('06~'07)

처리	처리별						
	왕우렁이	오리	참게	쌀겨	EM퇴비	기계 종이멀칭	기계 비닐멀칭
벼 수량 (kg/10a)	462	464	400	448	476	454	447
광엽성 잡초 제거(%)	90	70	70	60	75	70	85

(안, 2009)

[그림 7-14] 깜부기병

멀칭했을 때의 벼의 수량 및 잡초제거 효과를 나타낸 것이다. 수량은 왕우렁이를 투입하였을 때 수량 및 광엽성 잡초의 방제에서 우수한 효과를 보였다는 것을 알 수 있다. 트랙터를 이용한 종이 및 비닐멀칭보다도 더 효과가 있었다. 특히 피나 사초과 잡초의 방제도 70%가 되어 벼생산 및 잡초제거에 왕우렁이 농업이 우수한 것으로 나타났다. 특히 기계를 이용한 비닐멀칭보다 광엽성 잡초의 제거 효과가 있어 친환경농법으로 권장할 만한 농법이었다. 그러나 유기벼 재배시 종자소독의 미비, 기타 원인에 의해 깜부기병이 발생하여 피해를 주기도 한다([그림 7-14] 참조).

〈표 7-9〉 시중 유통 오리쌀의 품질 및 식미

처 리	완전미율(%)	단백질(%)	식미치	유통가격(원/kg)
오리농법 쌀(3점)	93.5	7.3	67.4	2,792
일반 쌀(5점)	94.4	7.3	68.0	2,245

(강, 1999)

〈표 7-10〉은 왕우렁이농법의 수량과 경제성이다. 이 표 역시 우렁이농법은 527kg/10a, 관행은 530kg/10a을 나타내어 거의 차이가 없고, 소득은 오

<표 7-10> 왕우렁이농법의 수량과 경제성

(단위: 천 원/10a)

구 분	수 량 (kg/10a)	제초비용		조수입	경영비	소 비	
		재료비	노력비			소득액	지수(%)
왕우렁이농법	539	25	1.6	910	38	582	102
관행농법	530	40	8.8	930	360	570	100

(농촌진흥청, 1999)

<표 7-11> 보리 후작 벼 건답직파시 질소 시비량별 쌀 수량

구 분	시비량(kg/10a)			
	0	8	16	24
이삭 수(개/m³)	311	338	352	395
등숙비율(%)	83	85	81	66
쌀 수량(kg/10a)	344	425	436	375

<참고> 품종: 팔공벼, 시비량($P_2O_5-K_2O$). (1990, 영남시험장)

히려 노력 및 제초에 소용되는 비용이 적기 때문에 우렁이농법이 우수한 것으로 되어 있다. 그러나 이 농법 역시 화학비료를 시용하기 때문에 친환경의 이름으로는 가능할지 모르나 순수 유기벼 재배는 아니라는 지적을 받을 것이다. 화학비료를 전혀 시용하지 않고 유기적으로 시비하고 관리하여 재배했을 때의 수량과 소득에 대한 연구가 필요하다고 본다.

〈표 7-11〉은 미맥 2모작시의 수량이다. 이 방법은 기본적인 태평농법과 유사하다. 태평농법은 그 농사명과 방법으로 일반에 널리 알려졌으나, 그 수량에 대한 자료를 구할 수 없어 이와 유사한 농촌진흥청의 연구결과를 소개하였다. 이 표에서 특히 주목할 것은 질소를 전혀 사용하지 않았을 때의 결과이다. 관행법의 80%인 344kg/10a(관행벼 재배 425kg)의 수량을 나타냈다는 점에 주목할 필요가 있다. 즉 정식 유기농법에 의해 화학비료 및 농약 없이 재배했을 때 대략 관행농의 80% 정도 수량이 예상되며, 예는 앞에서 언급한 70%보다는 높은 수준이다.

우리나라에서 소개된 자연농법의 수량, 소득에 관한 정보가 없기 때문에 일본의 연구결과를 소개하고자 한다. [그림 7-15]에서 보는 바와 같이 자연

[그림 7-15] 자연농법에 의한 연도별 벼 수량 변화

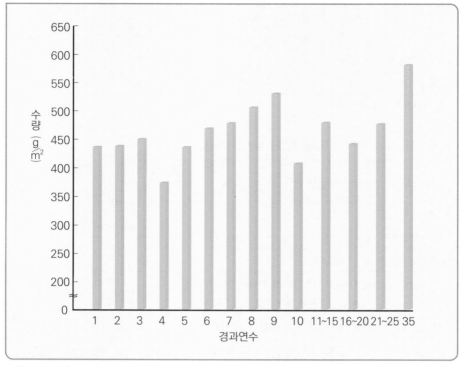

(片野, 1990)

〈표 7-12〉 자연농법 수량조사결과

처 리	현미중/m²	수수/m²	벼·볏짚비	볏짚중	현미중/벼중
자연농법 2년째	325g(78)	373본	1.30	0.981	0.756
4년째	389(94)	285	1.29	0.990	0.769
8년째	385(93)	315	1.15	0.901	0.781
20년째	377(91)	358	1.00	0.770	0.756
화학농법 밭	415(100)	334	1.03	0.780	0.753

〈참고〉 10a당 4.7kg 생산시. (片野, 1990)

농법은 연도별 차이가 크게 다르다는 것을 알 수 있고, 이것은 자연농법(유기농법)이 병충해에 쉽게 노출되어 이와 같은 결과가 얻어진 것으로 생각된다.

〈표 7-12〉는 밭에서의 결과로, 관행농법과 연차별 자연농법 수량과의 비교이다. 자연농법의 수량평균은 화학농법 육도의 89%의 수량을 나타낸다.

[그림 7-16] 보리+완두 재배 후 벼 유기재배 시험포

한국의 유기벼 재배는 잠재력을 가지고 있는 분야이다. 그러나 정식 유기농법에 의한 유기벼 재배에는 장기적인 연구가 요한다. 품종 적응성, 병충해 발생, 잡초방제에 관한 종합적인 검토가 필요하다고 하겠다.

2. 유기축산의 과제

(1) 유기축산에 관한 일반적 관점

유기축산은 유기농업과 밀접한 관계가 있으며, 단지 가축에 유기사료를 공급하여 축산물을 생산하는 이상의 의미가 있다. 즉 코덱스 기준의 '유기농업은 생물의 다양성, 생물적 순환 그리고 토양생물 활성을 포함하여, 농업생태계의 건전성을 촉진시켜 품질을 높이기 위한 종합적 생산관리 시스템'에 충실한 것을 지적하고 있다. 또 제2장의 해설과 정의에서는 유기축산에 대하여 다음과 같이 기술하고 있다.

"유기적 가축사육의 기본은 토지와 식물 그리고 가축의 조화를 어떻게 결합하여 발전시키느냐에 있다. 동시에 가축의 생리학적·행동학적 요구를 존중하여야 한다. 이것은 유기적으로 재배된 양질의 사료급여, 적절한 사육밀도, 행동학적 요구에 대응한 가축사육의 시스템, 스트레스의 최소 억제, 동물의 건강과 복지증진, 질병의 예방, 화학적 치료나 동물 약품의 사용을 하지 않는 등의 동물관리방법을 이용함에 의해 달성될 수 있다."

이 중에서 특히 유의할 것은 영양에 관한 설명이다. 즉 급여사료는 100% 유기사료를 공급해 주어야 한다. 그러나 유기축산물 생산과정 중 심각한 천재지변, 극한 기후조건 등으로 인하여 100% 유기사료 급여가 어려운 경우에는 국립농산물품질관리원장 또는 인증기관은 일정한 기간 동안 유기사료가 아닌 사료를 일정 비율로 급여하는 것을 허용할 수 있다. 반추동물은 담근먹이(사일리지)만으로도 사육이 가능하지만 그렇게 해서는 안 되며 생초나 건초 등을 함께 급여해야 하며 비반추가축에도 가능한 조사료 급여를 권장하고 있다. 이는 100% 유기사료 공급 조항을 완화하는 목적이라고 할 수 있다. 기타 유전자변형농산물을 급여하지 말아야 하나 비의도적으로 혼합될 수 있기 때문에 그렇다 하더라도 전체 사료의 1/10을 넘지 말아야 하는 규정을 준수해야 한다.

질병이 없지만 예방을 목적으로 동물의약품을 투여해서도 안 된다. 치료보다는 병의 예방에 치중하도록 규정되어 있다. 이를 위해서 병에 강한 품종 선택, 위생관리 철저, 생균제나 무기물 급여를 통해 면역기능을 강화시켜 질병을 예방할 것을 권하고 있다.

따라서 우리나라와 비슷한 일본의 유기축산을 비관적 시각으로 기술한 오오야마(大山, 2002)는 "유기축산을 하는 것은 소비자의 입장에서는 '생산물의 고부가가치화·차별화'라고 하는 판매전략상의 동기나 '환경보전이나 자원순환을 고려한 생산방법과 경영형태'로 해서 유기축산에 대한 기대를 높이고 있다. 그러나 이러한 소비자 및 생산자 측면의 기대에도 불구하고 이 이론에는 몇 가지 모순이 존재하게 된다."라고 지적한 바 있다.

즉 코덱스 기준에 식물에 대한 안전성에 대한 언급이 없이 유기축산물이 안전하다고 한다면, 이는 반대로 관행축산물이 안전하지 않다고 주장하는 인상을 줄 수도 있다는 것이다.

다른 한 가지는 유기축산물의 고부가가치화는 고품질에서 가능하다고 할 때, 유기축산물이 고품질이냐는 의문을 제시한다. 즉 조직에 지방이 적어 소위 지방교잡이 안 되어 지방 함량만 높은 축산물이 생산될 개연성이 높다. 이것은 마치 자연산 광어가 양식광어에 비해 양분조성(아미노산 등)이 나쁜 것과 같은 결과를 나타낼 수 있다. 이미지만 좋고 실제는 그렇지 않아 차별화가 곤란한 경우가 생긴다. 뿐만 아니라 유기축산의 동기가 환경보전이나 동물복지를 향상시키는 데 있다고 하나, 이것은 일반성을 갖지 못한다.

이러한 관점 이외에 생산자 측면에서 유기축산의 관점으로는 첫째, 사료포, 초지, 방목지가 있는 토지 기반을 충분히 확보할 수 있느냐이다. 이는 유기적 토지관리가 요구되기 때문에 가능하면 단지화되는 것이 바람직하다.

둘째, 유기사료 생산의 기술상 문제가 있다. 이는 단순히 무농약, 무화학비료 재배와 같은 뜻으로 받아들이고 있으나, 좀더 종합적이고 복합적인 영농기술이 필요하다. 여기에는 윤작이나 혼작 등의 경종기술, 생물적 방제, 기계적 기술이 포함된다. 목초재배와 방목기술도 필수적인 것으로, 우리나라 내에서는 선진적인 방목기술이 보급되어 있지 않고 농가는 이에 대한 개념이 전혀 없다.

셋째, 유기곡물의 확보문제이다. 현재 우리나라의 경지조건 규모, 그리고 토지가격을 고려하면 유기곡물의 생산경험이 없고, 생산된다고 하더라도 그 가격이 고가일 것이다. 국내 자급 유기곡물이 없는 유기축산은 마치 낙농업이 아니라 착유업만 있다는 말과 같이, 유기낙농업은 없고 착유업만 존재하게 될 것이다.

넷째, 판매망의 확보문제이다. 유기축산물 생산이 원료 조달 및 생산에 더 많은 경비가 소요되고, 따라서 그 생산물 가격은 관행축산물에 비해 더 고가에 판매될 수밖에 없다. 따라서 이러한 특수한 축산물의 고객층을 안정적으로 확보하는 것이 필요하다.

(2) 유기축산물에 대한 평가

한편 유기축산물은 각종 항생제, 제초제, 호르몬을 쓰지 않기 때문에 인체에 보다 안전한 식품을 공급할 수 있다. 그러나 기생충 감염의 위험성은 배재하지 못한다. 또 유기농업은 낮은 방목 강도를 유지하기 때문에 공해를 감소시키고, 농장 수준에서 영양소 손실을 최소화시킨다. 생태적 지속성이라는 연구는 우유당 온실가스(gCO_2 당량)와 산성화 잠재력(gSO_2)은 관행낙농축군(conventional dairy herds)보다 14% 및 40% 낮은 것으로 나타났다.

한편 덴마크 유기낙농군의 연구에 따르면, 동물복지 측면에서는 관행축산에 비하여 유기축산이 더 많은 혜택을 누리는 것으로 보고되었다. 가축 건강관리라는 측면에서 문제가 있는데, 관행축산에서 시행하던 수의약품을 사용할 수 없기 때문에 유기농에서 가장 흔한 기생충과 피부병 치료문제가 쉽지 않다는 것이다. 연구결과 고기의 질이 관행축산물보다 유기축산물이 우수하다는 설과(Lowman, 1989) 그렇지 않다는 상반된 결과(Kirk와 Slade, 2001)가 상존한다.

유기농산물을 구입하는 이유는 대부분 건강, 환경 그리고 식품안정성 때문이다. 그 중 유기축산물을 구입하는 것은 윤리적 관심도 빼놓을 수 없다. 즉 유기축산물은 동물복지를 고려한 생산물이기 때문에 선호하기도 한다(Bennedesgaard와 Thamsborg, 2000).

독일과 영국에서는 유기농산물을 구입하는 것은 건강 때문이라는 대답이 각각 70%와 46%였다고 한다. 그 밖에 환경과 맛 그리고 동물복지 때문이라고 답했다고 한다(Pathak 등, 2003).

(3) 한국 유기축산의 과제

1 유기축산 예비농가의 관심사

유기축산은 농토의 면적이 넓고 식량안보에 문제가 없는 서구에서 시작되었기 때문에, 관행축산에 익숙한 농가가 새로운 시도를 하는 것은 쉬운 일이

〈표 7-13〉 일본 유기축산물 생산시 과제 (단위: %)

구분	중요도					
	낙농	육용우	양돈	육용계	채란계	평균
1. 비용에 적합한 판매가의 확보	73	60	72	70	70	68
2. 노동력의 확보	16	10	8	9	10	10
3. 기술의 확립	15	16	13	20	9	14
4. 지도체제 및 상담창구의 성립	12	9	13	10	6	9
5. 안정적인 판로의 확보	20	24	26	24	35	27
6. 안정적인 유기사료의 확보	52	54	49	53	53	53
7. 타당한 가격의 유기사료 공급	40	42	43	44	43	43
8. 유기라는 기준이 명확히 정의될 것	19	19	21	17	19	19
9. 유기에 대한 관심이 더욱 높아질 것	17	24	12	17	16	18
10. 기 타	0	0	3	2	3	2

(오, 2003)

[그림 7-17] 유기축산 시범사업 모습(농협)

유기산란계사

유기양돈사

유기육계사

유기한우사

아니다. 유기축산을 할 때 봉착될 문제가 무엇일 것인가에 대한 국내의 조사는 없다. 다만 일본의 설문조사결과는 〈표 7-13〉에서 보는 바와 같다.

우리와 여러 가지 여건이 유사한 나라이기 때문에 우리도 이와 같은 결과가 예상된다. 즉 유기축산시 예상되는 가장 큰 관심사는 보다 많은 비용이 드는 유기축산물이 과연 그에 상응하는 가격을 보장할 수 있을 것인가에 대한 의문을 갖고 있다. 그리고 다음은 안정적인 유기사료의 확보 문제로 전체 축산분야 모두 50% 정도가 이에 대한 우려를 나타내고 있다. 또 외부에서 구입하는 유기사료에 대해 불안해 하고 있다는 것을 알 수 있다.

② 초식가축의 유기조사료 생산 소요면적

초식가축은 생리적 특성상 조사료를 섭취하도록 되어 있다. 따라서 유기 초식가축 사육의 관건은 어떻게 조사료를 저렴한 비용으로 생산할 수 있는가에 달려 있다. 초식가축이 어느 정도의 풀을 채식할 수 있는가는 상태에 따라 다르다. 그 기준은 대체로 〈표 7-14〉와 같다.

즉 생초는 체중의 10~15%, 건초는 2~3%, 엔실리지는 5~6%, 그리고 볏짚은 1~1.5% 정도이다. 유기조사료 생산에 소요되는 면적은 가축수를 알면 섭취 가능량으로 역산하면 될 것이다.

그러나 초식가축이라고 하더라도 어느 정도의 농후사료를 공급해야 생산성을 올릴 수 있기 때문에 대량 조사료와 농후사료를 70 : 30 또는 60 : 40 정도로 한다. 그리고 보다 정확한 계산은 필요한 가소화 영양소 총량(total

〈표 7-14〉 조사료의 종류별 섭취 가능량

구 분	섭취 가능량	
	체중비 기준(%)	체중 400kg 기준(kg)
생 초	10~15	40~60
건 초	2~3	8~12
사일리지	5~6	20~24
볏 짚	1~1.5	4~6

(조, 2003)

〈표 7-15〉 주요 사료작물의 건물 및 양분 함량과 이용 적기

주요 작물	생산량(kg/ha)		TDN(%)	이용 적기	이용 형태
	생초 수량	건물 수량			
옥수수	62,640	20,090	71.61	황숙기	담근먹이
수수류	90,350	21,460	60.27	개화기-유숙기	청예, 담근먹이, 건초
호 밀	37,240	12,490	64.17	개화기-유숙기	청예, 담근먹이, 건초
귀 리	40.540	9,760	65.03	개화기-유숙기	청예, 담근먹이, 건초
이탈리안 라이그래스	65,230	16,310	70.04	출수기-개화기	청예, 건초
유 채	52,400	7,334	77.61	개화기	청예

〈참고〉 TDN: 건물기준. (박, 2002)

〈표 7-16〉 일본 사료용 벼 품종별 TDN 함량

품종명	출수기(월, 일)		수량(kg/10a)		TDN 함량(%)
	이식재배	건답직파	이식재배	건답직파	
일본청(추청)	8.15	8.13	1,597	1,622	61.1
중국 146호	8.15	8.7	1,741	1,733	60.9
중국 146호	8.29	8.23	1,891	1,995	58.5
호시유타카	8.31	8.29	1,855	1,831	58.6
아케노호시	8.20	8.16	1,660	1,694	60.0

(박, 2002)

digestible nutrients, TDN)으로 한다. 〈표 7-15〉는 우리나라에서 많이 생산되는 사초의 TDN 함량이고, 〈표 7-16〉은 일본 사료벼의 TDN 함량이다.

옥수수에서 유채까지는 밭에서 생산되는 것이다. 그리고 많이 이용되는 볏짚은 약 50% 내외이다.

한편 쌀 생산 대신에 벼를 이용한 조사료 생산도 연구되고 있는데, 이때 수량과 가소화 영양소 함량도 제시하였다. 이러한 자료를 바탕으로 한 축종별 유기축산에 필요한 유기조사료포 소요면적은 〈표 7-17〉과 같이 환산하였다. 이는 조(2003)의 자료를 이용한 것으로, 가축의 크기나 성장단계, 생산능력에 따라 영양소 요구량이 달라지므로 필요에 따라 계산할 수 있을 것이다.

〈표 7-17〉 10두 사육시 축종별 유기 조사료포 소요면적

작부체계별 \ 항목	축 종	관행사료포 총생산량 (ton)	유기사료포 총생산량 (ton)	1두당 TDN 요구량 (kg)	급여손실량(%)	10두당 소요 유기조사료포(ha)
유기벼(볏짚) + 보리	한우[1]	5.85 + 6.40 = 12.25	12.25 + 0.8 = 9.8	2.88×0.2 $= 2.88 + 0.72$ $= 3.60$	2.88	1.34
사료용 벼 + 호밀	유우[2]	6.79 + 5.6 = 12.39	2.39 + (0.8) = 9.9	6.81×0.25 $= 6.81 + 2.48$ $= 9.28$	6.81	3.42
목초지	한우[3]	5.0	5.0×0.8 $= 4.0$	2.88×0.25 $= 2.88 + 0.72$ $= 3.60$	2.88	3.29
고구마줄기 + 호밀	염소[4]	12.1 (6.5 + 5.6)	12.1×0.8 $= 9.68$	0.30×0.25 $= 0.075$ $0.03 + 0.8$ $= 0.83$	0.30	0.14

〈참고〉 1) 체중 350kg, 0.4kg 증체하는 한우에 조사료 70%, 농후사료 30% 급여시의 유기조사료 소요면적, 유기조사료는 관행조사료의 80%(홍성규 등, 2003)를 생산하며, 급여 중 손실을 25%로 계산(성, 1998).
2) 젖소 체중 650kg, 3.5% 유지율로 조사료 70%와 농후사료를 30% 급여하는 것을 기준, 생산량 및 손실량은 1)과 동일.
3) 1)과 동일.
4) 체중 20kg의 염소로 조사료 90%와 농후사료를 10% 급여하는 것을 기준.

즉 350kg 체중에 1일 증체 0.4kg을 하는 한우 10두에 필요한 유기조사료포는 1.34ha가 필요하며, 여기에 벼와 보리를 재배하여 해결할 수 있다.

사료용 벼와 호밀을 재배하여 착유 중인 젖소 10두를 사육하는 데는 3.42ha, 그리고 한우 10두를 유기적으로 사육하는 데 필요한 목초지는 3.29ha, 염소는 0.14ha가 필요하다는 것이다.

물론 이것은 조사료로 공급하는 데 필요한 사료포이고, 유기곡물사료포 소요면적은 따로 계산해야 된다.

항목 축종	관행보리 생산량	유기보리 생산량 (관행의 80%)	유기보리 TDN 생산량 (68% TDN)	두당 소요 TDN	10두 소요 유기 보리 포장면적
한 우	3,500kg	2,800kg	1,904kg	0.86kg	1.65ha
유 우	3,500kg	2,800kg	1,904kg	2.04kg	3.91ha
염 소	3,500kg	2,800kg	1,904kg	0.03kg	0.06ha

3 유기곡물사료포 소요면적

〈표 7-18〉은 TDN이 68%인 보리를 사용하여 한우 필요 TDN의 30%, 육우 소요 TDN의 30%, 그리고 염소에서 10%의 TDN을 충족시켜 준다고 가정하고, 이를 보리를 유기재배하여 그 곡류로 사육할 때를 가상한 것이다. 이때 생산량도 관행재배의 80%를 수확한다고 가상하였다. 이 경우 유기한우 10두를 사육하기 위해서는 1.65ha, 유우 10두는 3.91ha, 염소는 0.06ha가 필요한 것으로 추정되었다.

즉 한우 10두를 유기적으로 사육하는 데 필요한 포장은 조사료와 곡류사료 생산을 위해 2.99ha(약 9,000평), 유우는 7.33ha(약 22,000평), 염소는 0.2ha(약 600평)가 소요된다는 계산이 된다.

이러한 추정에서 알 수 있듯이 우선 사료 생산에 많은 토지가 소요되기 때문에 지가가 저렴한 곳에서만 유기축산을 시도할 수 있다. 이와 같은 맥락으로 제3장에서 유기농업 적지는 도시 근교가 아닌 산지나 오지라는 것을 이미 언급한 바 있다. 현재 일부 시도되고 있는 유기낙농은 조사료나 농후사료를 전부 도입유기사료에 의존하는 것으로 계획되어 있다. 그러나 이것은 양분의 지역순환이라는 유기농업의 대원칙에 어긋나며, 그래서 자칫 유기낙농이 아닌 유기낙농착유업에 지나지 않는다는 비판을 면하기 어렵다.

물론 앞의 계산 예가 완벽한 것은 아니나, 제시한 방식이나 자료를 이용하면 조건에 알맞는 소요면적을 추정할 수 있을 것이다.

3. 유기염소의 사육

(1) 염소의 유기사육 가능성

유기축산에서 가장 중요한 문제는 고가 판매와 유기사료 확보의 여부라는 것은 앞에서 이미 설명한 바와 같다. 우리나라와 같이 농지가격과 노임이 높은 나라에서 국내 생산 유기사료를 이용한 유기축산은 상당한 장애를 안고 있다는 것도 부인할 수 없는 사실이다. 유기사료는 곡물이든 조사료이든 생

〈표 7-19〉 산란계의 체중별 사료 섭취량

연령(주)	White-Egg-Laying Strains		Brown-Egg-Laying Strains	
	체중(g)	사료 섭취량(g)	체중(g)	사료 섭취량(g)
0	35	2,600	37	3,640
2	100	7,280	120	8,320
4	260	13,520	325	14,560
6	450	17,860	500	18,200
8	660	18,720	750	19,760
10	750	19,760	900	20,800
12	980	20,800	1,100	21,840
14	1,100	21,840	1,240	23,400
16	1,220	22,360	1,380	24,440
18	1,375	23,400	1,500	26,000
20	1,475	26,000	1,600	28,600

〈표 7-20〉 돼지의 사료섭취량

연 령	사료섭취량(kg)
3주령~8주령	18.5~20.0
8주령~14주령	60.0~70.0
14주령~20주령	170.0~180.0
3주령~20주령까지 합계	260.0~270.0

산이 용이하지 않고(권, 2003), 따라서 우리나라에서 유기축산은 사료 소모량이 적은 축종으로 제한시키는 것이 바람직할 것이다.

이미 앞 장에서도 언급했지만 유기사료를 도입하여 축산을 하는 것은 산업으로서의 가능성 여부를 떠나 양분의 지역순환이라는 대원칙에 맞지 않는다는 점을 상기할 필요가 있다. 몇몇 축종의 연간 농후사료 소요량을 보면 〈표 7-19〉, 〈표 7-20〉과 같다.

이와 같은 사료 섭취량을 유기사료로 비육할 때 1두를 3주에서 20주까지 사육하여 출하하는 데 270kg가 필요하다면, 돼지 1두의 사육에는 약 300평이 필요하며, 10두면 3,000평이 소요된다는 결론에 이르게 된다. 즉 유기사료 확보라는 측면에서 농후사료 위주의 단위동물이나 체구가 큰 가축보다는 체구가 작거나 또는 초식가축이 더 유리한 위치에 있다는 것을 알 수 있다. 따라서 유기축산에 적합한 가축은 양계나 염소와 같은 축종으로 제한시킬 수밖에 없다고 할 것이다.

염소는 초식동물이기 때문에 독초를 제외한 대부분의 풀을 이용하고 험한 계곡이나 산악지대에 잘 적응하여 토지 활용성이 좋으며, 한약제나 보신재로 각광을 받기 때문에 유기축산의 가능성이 어느 가축보다 높다고 하겠다(배, 2000).

(2) 사육동향 및 유망 유통분야

사육두수의 변화를 보면 1989년에는 가장 적은 마리수인 21만 두를 사육했고 이러한 경향은 25년이 지난 2012년에도 약간 증가한 수치를 보인다. 그 후 2015년 28만 두 그리고 2018년에는 54만 두로 증가하는 추세를 보이고 있으며 사육농가는 큰 변화 없이 1만 4,000여 농가가 사육하고 있다. 사육규모는 100두 미만이 90%를 차지하여 부업적으로 사육하고 있으나 점차 전업농으로 전환되고 있다. 지역별로 볼 때 농가수는 경상남도가 21%, 전남이 15% 순이며, 지역별로는 전남이 21%, 전북 17% 그리고 경북이 15%를 차지하고 있다.

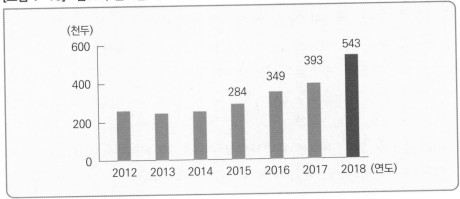

[그림 7-18] 염소의 연도별 사육두수

(천두)

- 2012
- 2013
- 2014
- 2015: 284
- 2016: 349
- 2017: 393
- 2018: 543

(연도)

　가격은 생체 kg당 5,000원에서 최대 6,000원까지 변동이 심하며 그 가격의 변화가 심한 특징을 가지고 있다. 국내에서 사육하고 있는 품종은 재래흑염소를 필두로 외국에서 도입한 자아낸, 알파인, 토켄부르그, 누비안, 보어, 키고 그리고 페럴 등이나 사육지역에 따라 그 특징이 다르나 대부분 난교잡이 되었고 농장별로 혼합도가 다르게 나타나고 있다(전북산학, 2020).

　시중에서 거래되는 염소는 크게 고기용과 중탕용 두 가지로 대별된다. 지육용은 수도권에서는 크게 각광을 받지 못하고 있으나, 영남과 호남에서는 전문음식점이 호황을 누리고 있다. 어떤 목적으로 유기염소를 사육할 것인가는 대단히 중요한 문제이다. 여러 가지 사정을 고려할 때 지육보다는 중탕(보신용) 약제 원료로 제공하기 위한 사육이 더 바람직할 것으로 생각된다. 특히 약제 원료부터 유기적으로 재배하고, 여기에 유기염소를 첨가하여 중탕으로 개발하여 무공해 유기염소중탕이라는 브랜드로 상류층을 대상으로 마케팅을 한다면 충분히 승산이 있을 것으로 생각된다. 이에 비하여 유기염소고기라고 하더라도 특유의 냄새를 제거할 수는 없기 때문에 고가로 판매하는 데는 한계가 있을 것으로 생각된다.

(3) 유기염소 사육의 설계

　기존 관행사육농가가 유기염소로 전환하기 위해서는 목구(paddock)의 일

〈표 7-21〉 유기염소 사육시 유기사료포 부분 전환 모델(각 포장 1ha)

전환 1년차	전환 2년차	전환 3년차	전환 4년차
A 곡물포	B 곡물포	C 곡물포	D 곡물포
관행초지 E	관행초지 F	관행초지 G	관행초지 H

〈표 7-22〉 유기염소축군의 구성(예)

구 분	총사육두수에 대한 비율(%)
암 컷	50
수 컷	10
육성축	45
미경산	(24)
이 유	(13)
젖먹이	(8)

부를 초지로 전환한 후 1년 또는 2년 후에 전환기 유기염소 또는 유기염소 사육으로 전환시킨다. 이때 축군 중에 이미 어미가 된 것은 유기염소가 될 수 없기 때문에 유기초지 또는 사료 생산포에서 유기사료가 생산되는 시점과 그 시점부터 출생한 새끼에게 유기사료를 급여하는 시점부터 시작한다.

〈표 7-21〉에서 보는 바와 같이 유기사료포로 지정하여 유기농법에 의한 관리를 하는 데 첫 번째 해는 A포장, 두 번째 해는 B포장, 세 번째 해는 C포장을 유기농법으로 재배한다. 그리하여 3년째도 A사료포에서 생산한 유기사료를 이용한 유기염소 사육을 하고, 4년째는 A포장에서 생산된 유기사료를 이용하여 규모를 확대하는 방식이다.

〈표 7-22〉는 유기염소축군의 구성 예를 제시하였다. 염소 사육에서 적정 축군비율, 암수비 등에 대한 연구결과로 발표된 자료가 거의 없어 이 표는 한 가지 안에 지나지 않는다. 이것은 낙농우군 구성비율에서 발췌해 온 것이기 때문에 적정 유산양축군 구성비율 산출에는 참고자료로 이용할 수 있을 것이다. 그러나 서(2003)는 사육 염소 800두 중 400두가 모축이라는 설명으

로 미루어 근사치에 가까운 염소축군 구성이라고 생각된다. 이러한 축군 구성에서 유기염소 전환 초기에는 약 20%만이 유기염소 사육대상이기 때문에 800두 규모의 염소농장이라고 해도 그 대상은 160두의 자축만이 유기염소로 사육될 수 있을 뿐이다.

(4) 유기염소 사육의 조건

1 사 료

사료는 유기적으로 생산된 것으로 3년 동안 무농약, 무화학비료 및 유기적 작물재배기간을 거친 후 4년째 생산된 사료를 급여해야 한다. 전체 사료의 85%를 유기적으로 재배한 사료(농후 및 조사료)를 급여해야 한다. 천연사료 급여를 원칙으로 하며, 비단백태질소화합물과 합성질소는 급여할 수 없다. 뿐만 아니라 유전자변형농산물(GMO)의 사용도 금하며, 사일리지만으로 사육하는 것도 금하고 있다.

2 번 식

종축을 사용한 자연교배를 권장하고, 인공수정을 허용하며, 수정란 이식, 호르몬 처리 및 유전공학적 기법의 사용은 금하고 있다.

3 치 료

약초 및 미량 물질을 이용한 환축의 치료는 가능하다. 구충제 및 전염병 예방을 위한 예방백신만을 허용한다.

4 사육관리

물리적 거세만을 허용하고 제각은 허용하지 않으며, 적절한 밀도가 보장되어야 한다. 사육밀도는 30kg 이하는 1.3m²/두로 하고, 운동장은 축사면적의 3배 이상이어야 한다. 축사는 깔짚을 깔아야 한다.

 **전환기간**

식육은 생후 6개월 이상 것을 유기염소라고 하며, 착유는 유기사료를 급여한 후 90일 이후에 생산된 것을 말한다. 또 미경산 산양은 6개월 이상된 개체에서 착유한 산양유를 의미한다.

(5) 유기염소 사육의 실제

적지 선정

앞에서 언급한 대로 유기사료의 조달에 관심을 두어야 한다. 따라서 산지나 오지 등 지가가 싸고 오염이 안 된 곳을 선택하는 것이 좋다. 이런 지대는 산야초를 이용할 수 있기 때문에 유기조사료 생산기간을 1년으로 단축할 수 있을 뿐만 아니라 외부인의 출입이 적어 전염병으로부터 차단될 수 있다.

규모 및 자축 확보계획

가족전업농으로 적합한 규모는 대략 400~500두 규모(조, 2002)로 보고 있다. 유기염소는 생후 6개월 이상의 것을 원칙으로 하기 때문에, 시장에서 새

[그림 7-19] 염소의 집단사육

끼를 구하여 6개월간 사육하여 판매하거나 또는 관행적으로 사육한 어미가 출산한 새끼를 유기적 방법으로 출하하는 방법의 두 가지를 생각할 수 있을 것이다. 어떤 방법을 선택하느냐는 농장의 사정에 따라 다르다. 유기축산으로 인증을 받기 위해서는 이를 증명할 수 있는 기록이 필요하다. 가축관리기록, 분뇨처리 기록, 시용일자, 경영 관련자료 등을 보관하여 인증에 이용하도록 한다.

(6) 일일관리

1 오전관리

아침에 축사에 가서 환축 발생여부를 확인한다. 관찰부위는 코와 입 그리고 눈이며, 자축은 항문이다. 떼로 몰려다니는 습성이 있기 때문에 무리에서 떨어진 개체, 걸음걸이가 활발하지 못한 것들은 격리하여 치료해야 한다. 방목은 이슬이 마른 다음인 아침 10시 이후에 실시한다. 방목지에서 가장 중요한 것은 신선한 물을 여하히 공급할 수 있느냐이다. 산지인 경우, 목책을 설치할 때 흐르는 냇물이 목구에 잘 연결되도록 해야 한다.

2 오후관리

방목한 축군은 대개 4시경이면 축사 내로 되돌아오는데, 이때 상처가 났거나 또는 병에 걸린 개체가 있는지 살핀다. 사료통에 농후사료 및 건초를 충분히 공급해 준다.

(7) 계절별 관리

계절별 관리는 관행염소 사육시의 관리와 크게 다르지 않다. 봄철은 분만과 발정이 많이 오는 시기이다. 가을에 교배한 것은(임신기간 5개월) 이듬해 2월에서 4월 사이에 출산하게 된다. 2월에 분만한 것은 아직 외부온도가 낮으므로 적당한 보온을 해주어야 한다. 봄이 되면 풀이 다시 자라 방목에 적합한 시기이다. 처음 방목할 때는 종일 방목하지 말고 조금씩 방목시간을 늘려가는 방법을 이용해야 한다. 어린 새끼들은 아직도 바깥의 공기나 사료에 잘 적응하지 못하므로 특히 호흡기 및 설사병이 있는지를 관찰하도록 한다. 폐사를 줄이기 위한 방법은 봄철에는 생후 2개월령 이전에는 방목을 피하고 운동장을 이용한 사육법이 효과적이라고 한다(최, 2003). 염소관리에서 문제는 생육단계나 성에 따른 축군분리를 하지 않아 왕성한 개체와 빈약한 개체의 차이가 있고, 근친번식에 의한 각종 질병 및 기형축의 출현으로 생산성이 떨어지기 때문에 암컷과 육성축만을 방목시키고, 수컷은 축사 내에서 사사(barn feeding)하는 방법이 권장되고 있다(최, 2003 ; 서, 2003).

우리나라와 같이 강우의 50~60%가 하절기에 집중되는 조건에서 여름철을 잘 넘기는 것은 염소 사육 성공의 열쇠라고 해도 과언이 아니다. 특히 여름철 방목시 고창증이나 설사병은 흔히 경험하는 질병이다. 소금의 준비, 청결한 물, 그리고 건조한 축사는 여름철을 잘 넘기기 위해 필요한 조건이다.

가을철은 발정기이면서 동시에 봄에 교배된 것이 분만하는 시기이다. 따라서 어린 염소를 잘 돌보는 것이 필요하고, 또 종목하는 시기이기도 하다. 겨울철에는 축사 내에서 사육하게 되는데, 이때 과밀하지 않도록 유기축산 축사규정을 준수해야 한다. 또한 보온과 건조를 동시에 만족시킬 수 있는 축사를 짓도록 한다.

(8) 사육관리

사육관리는 포유기, 이유기, 육성기, 성축기로 나누어 설명할 수 있다. 포유기는 분만하여 이유할 때까지의 기간으로 보통 생후 80~90일의 기간을 말한다. 분만 후는 물기를 잘 닦아 주고 보온에 힘써야 한다. 그 후 다른 가축과 마찬가지로 초유를 먹여야 하는데, 분만 후 어미가 1주일 동안 분비하는 젖을 초유라고 한다. 여기에는 여러 가지 면역성 물질 및 고농도의 영양분이 함유되어 있어 반드시 먹여야 한다. 20일 이후에는 사료를 급여하고, 특히 질이 좋은 조사료를 급여하여 반추위의 발달을 도모해야 한다. 이유 후

〈표 7-23〉 체중별 유지에 필요한 양분 요구량(방목형)

체 중(kg)	건물량(DM)(kg)	조단백질(CP)(kg)	가소화 양분총량(TDN)(g)	소화 에너지(DE)(Mcal)	칼슘(Ca)(g)	인(P)(g)
10	0.43	33	239	1.05	1	0.7
20	0.72	55	400	1.77	2	1.4
30	0.98	74	543	2.38	4	2.8
40	1.21	93	672	2.97	4	2.8
50	1.43	110	795	3.51	4	2.8
60	1.64	126	912	4.02	5	3.5

〈표 7-24〉 사료 급여량

구 분	급여량	건물량(DM)	조단백질(CP)	가소화 양분 총량(TDN)	칼슘(Ca)	인(P)
볏짚	0.2kg	0.18kg	9g	75g	0.66kg	0.24g
육성비육사료	0.35	0.31	49	248.5	2.45	1.75
계	0.55	0.49	58	323.5	3.11	1.99

(최, 2003)

에는 체중이 10kg 내외가 되고, 이때 200g 정도의 농후사료가 필요하다고 한다. 육성기는 이유 후 초산까지의 염소인데, 체중의 1.5~2%의 농후사료를 급여한다. 교배는 10개월 이상된 암컷이 좋고, 15~20두(새끼 포함)의 그룹에 1마리의 수컷을 집에 넣어 50일 정도 합사한다(서, 2003). 이때 80%의 수태율을 보이며, 2년에 세 번 정도 하고, 쌍태아를 임신할 확률은 50% 정도이다 (배, 2000).

　　NRC 사양표준에 의하면, 염소의 영양소 수준은 사사형(舍飼型)과 방목형 그리고 임신기의 영양소 요구량이 제시되어 있고, 방목형의 경우는 〈표 7-23〉과 같다. 그리고 사료 급여량은 체중이 10kg이고 1일 증체량이 100g인 경우 〈표 7-24〉와 같다(최, 2003). 기타 육성 중이거나 성축인 경우의 급여량은 다른 농후사료(유기보리)를 체중의 2~3% 수준을 급여하고, 양질의 건초를 자유채식하도록 한다.

구 분	제 각	거 세	거세＋제각	비거세
개시체중(kg)	15.17±0.82	14.25±1.94	14.42±1.16	15.58±0.86
종료체중(kg)	25.17±3.86	24.58±2.80	23.42±1.02	23.50±1.38
총증체량(kg)	10.00±3.16	10.33±2.64	9.00±1.14	7.92±1.16
일당 증체량(g)	57.14	59.05	51.43	45.24

(최, 2003)

염소고기는 특수한 냄새가 나기 때문에 이 냄새를 줄이기 위해 거세를 한다. 체중이 약 20kg 되었을 때 하는데, 고환을 집게로 찝는 물리적 거세를 한다. 거세를 하면 거세하지 않은 것보다 증체율이 떨어진다. 거세했을 때의 성적은 〈표 7-25〉와 같다(최, 2003). 유기축산에서는 동물복지 차원에서 제각은 하지 않는 것으로 되어 있다.

(9) 질 병

유기염소의 사육시 질병치료는 화학약품이나 약물은 사용하지 않는 것이 원칙이기 때문에 치료보다는 예방에 주력해야 한다. 이를 위해서는 건조한 조건에서 사육하고, 양질의 사료를 급여하며, 내부기생충과 같은 흡혈해충을 방지하는 사육체계를 갖추어야 한다. 발병시는 치료가 불가능하고 폐사할 경우가 많기 때문에 보다 세심한 사육관리가 필요하다.

● 유기농업이란 생태계를 이용한 지력유지와 병충해 방제, 그리고 물질의 지역순환이 기본이다. 제7장에서는 실제로 어떻게 유기농업을 할 것인가를 크게 작물과 축산으로 나누어 살펴보았다. 먼저 작물로는 유기벼의 재배에 관하여 설명을 하였는데, 무엇보다 지력유지를 통하여 건강한 토지를 만드는 것이 필요하다. 벼를 재배할 때 수확되는 성분에서 탈취하는 성분과 볏짚으로 환원되는 성분의 차이를 질소성분을 중심으로 예시하였다. 연구결과에 의하면, 볏짚을 그대로 넣었을 때 250kg의 현미 생산에 필요한 질소만 보충되는 결과가 되기 때문에 부족되는 부분을 퇴비 또는 녹비작물재배 등을 통하여 보충해 주어야 한다. 그 밖에 부식이나 객토 또는 미량 원소공급을 통하여 부족분을 충족시켜 주어야 한다.

● 벼는 우리나라의 기후조건에서 가장 잘 적응하여 약 73만 ha(남한)에서 재배되고 있다. 생육기간은 130~180일이며, 그 성장기간을 생리적으로 구분하면 영양생장기와 생식생장기로 나눈다. 영양생장기는 유묘기, 활착기, 분얼기로 나누고, 생식생장기는 신장기, 출수기, 등숙기로 나눈다.
국내에 토착된 유기벼 재배기술은 오리농법, 우렁이농법, 태평농법, 자연농법인데, 그중에서 가장 많이 알려져 있는 것이 오리농법이다. 이것은 관행벼 이앙 1~2주일 후에 새끼 오리를 집어넣어 제초와 해충구제를 하도록 하고, 출숙기 이후에 철수시키는 농법이다. 태평농법은 직파재배법과 유사한 점이 많고, 앞으로 이 농법을 정착시키기 위해서는 더 많은 연구와 노력이 필요할 것으로 보인다. 유기벼 재배는 종자소속에서부터 일체의 농약이나 비료를 쓰지 않은 것으로, 그 후 기계이앙이냐 혹은 직파냐에 따라 다른 관리방법을 이용할 수 있다. 그 밖에 오리쌀의 수량과 품질 그리고 식미에 관한 내용이 설명되어 있다. 특히 보리 후작으로 건답직파시 수량은 질소 시비시에 비하여 무질소구는 80%의 수량을 나타냈으나, 일본의 결과는 89%의 수량을 보였다.

● 유기축산의 가장 큰 과제인 유기사료를 어떻게 생산하느냐에 대하여 자세히 언급하였다. 연구결과에 의하면, 체중이 350kg인 한우 10두를 사육할 때 유기조사료포 1.65ha 및 유기곡물사료포 2.99ha가 필요한 것으로 나타났다. 그만큼 우리나라에서 유기축산은 어렵다는 것을 시사한다.

● 체중이 가볍고 조악한 사료에 대한 적응성이 좋은 염소는 유기축산의 가능성이 어느 가축보다 높다. 사육두수는 연도에 따라 변동이 많으며, 특히 경기와 밀접한 관계가 있다. 고기와 중탕용으로 사용되는데, 앞으로 유기염소를 사육하여 중탕용으로 판매하는 것이 바람직할 것으로 보고 있다. 관행염소 사육농가가 유기염소로 전환하기 위해서는 우선 사료포를 조성해야 하고, 1년 또는 2년 전부터 서서히 준비해야 한다. 생후 6개월간 사육하면 그 후부터 유기염소로 인정된다. 관리는 질병발생시 투약이 불가능하기 때문에 건실하게

사육하는 것이 좋고, 습한 것을 싫어한다는 점을 알아야 한다. 특히 축사를 건축할 때는 유기축산의 규정에 맞는 넓이를 준수해야 한다.

연구과제 💡

1. 오리농법 농가의 시비방법을 관찰하고, 유기농업생산 규정과의 차이점을 조사하라.

2. 주변의 산양농가를 찾아가 어떤 사료를 급여하는지 조사하고, 유기염소 사육시 사료문제를 어떻게 해결할지 연구해 보라.

📚 참고문헌

• 강양순. 1999. 『오리농법』. 유기 · 자연농법 기술지도자료집. 농촌진흥청.
• 고종열 등. 2003. 『흑염소 사양관리 가이드북』. 농업협동조합.
• 국립농산물품질관리원. 2021. 친환경농어업 및 유기식품 등의 관리 · 지원에 관한 법률시행규칙. 국립농산물품질관리원.
• 권두중. 2003. 『유기축산의 현황 및 연구방향』. 환경농업총람. 농경과 원예.
• 김광은. 2003. 『쌀겨농법』. 친환경농업총람. 농경과 원예.
• 김충현. 2003. 『수입조사료의 수입절차, 관세 및 검역, 수입조사료의 유통현황 및 개선방향』. 한국초지학회. (사)한국단미사료협회.
• 농촌진흥청. 1999. 『유기 · 자연농법 기술지도자료집』. 농촌진흥청.
• 농촌진흥청. 2009. 녹비작물을 이용한 친환경적 비료 절감 연구.
• 박광호 등. 1998. 『알기 쉬운 벼재배기술』. 향문사.
• 박근제. 2002. 『양질조사료 이용기술, 논에서 사료작물재배 및 이용기술』. 농촌진흥청 축산기술연구소.
• 박상태 등. 1999. 『실용 벼 직파재배기술』. 영남농업시험장.
• 배대식. 2000. 『염소(흑염소)』. 내외출판사.
• 서윤교. 2003. 『염소』. 성공적인 염소사육과 마케팅 전략. 농협 안성교육원.

- 성경일. 1998. 『조사료의 확보방안 및 농산부산물의 활용』. IMF 시대의 조사료 대책. 한국초지학회. 축산기술연구소.
- 안길환. 2009. 벼의 친환경 농법별 실증시험연구. 전남대학교 대학원 석사논문.
- 오상집. 2003. 『유기낙농의 사례와 발전 가능성』. 낙농연구회 세미나.
- 이명문. 2003. 『태평농법』. 친환경농업총람. 농경과 원예.
- 이정복. 2003. 『염소』. 최근 염소산업과 주요 질병예방 및 치료. 농협 안성교육원.
- 李鍾薰·吳潤鎭. 1996. 『食用作物學』. 한국방송통신대학교출판부.
- 이종훈·이영열. 1988. 『벼기계이앙재배의 이론과 기술』. 荷山出版社.
- 李鍾薰·太田保夫. 1997. 『벼와 쌀의 지혜』. 한국방송통신대학교출판부.
- 전국귀농본부. 2000. 『생태농업을 위한 길잡이』. 전국귀농본부.
- 전북대학교 산학협력단. 2020. 『염소 종축 개량방향 설정을 위한 산업 및 소비자 수요 분석』. 전북대학교 산학협력단.
- 정연규. 2000. 『생명산업으로서의 수도작』. 有機農業事典. 한국유기농업협회.
- 조영상. 2003. 『자연농법』. 친환경농업총람. 농경과 원예.
- 조익환. 2002. 『유기흑염소의 관리』. 경북농업기술원.
- 조익환. 2003. 『지역별 순환농업의 유형에 관한 연구』. 유기농학회지 11(3): 91~
- 조한규. 1995. 『조한규의 자연농법』. 자연을 닮은 사람들.
- 최순호. 2003. 『염소』. 염소사양관리기술. 농협 안성교육원.
- 최정식. 1999. 『왕우렁이농법』. 유기·자연농법 기술지도자료집. 농촌진흥청.
- 홍성규·김경량·김석중. 2003. 『한국형 유기낙농의 경제성 분석과 정책방안연구』. 대산농촌 11: 287
- 高松 修. 2000. 『有機稻作の基本技術』. 有機農業ハンドブツク. 日本有機農業研究會.
- 大山利男. 2002. 『ユーデツクス有機畜産ガイドテトンと日本の有機畜産』. 日本有機農業學會.
- 西尾道德. 1997. 『有機栽培の基礎知識』. 農文協.
- 星川淸親. 1967. 『解部圖設イネの生長』. 農山漁村文化協會.
- 星川淸親. 1975. 『イネの生長』. 農文協.
- 片野學. 1990. 『自然農法のイネつくり』. 農文協.
- Benndsgaard, Torben and S.M. Thamsborg. 2000. *Comparison of welfare assessment in organic dairy herds by the TGI 200-Protocol and a factor model based on clinical examinations and production parameters*. Proceeding of the Second NAHWOA Workshop. Cordoba, Spain. 9~11, January.

- Kirk, J. and K. Slade. 2001. *An investigation into consumer's perception of organic lamb.* Book of Abstracts of the International Conference on Organic meat Milk from Reminants. Athens, Greece. 4~6, October. P.33 as quoted in pathak ect, 2003.
- Lowman, B.G. 1989. *Organic Beef Production.* In organic meat production in the '90s. Canterbury, Chalcombe Publication.
- Macey, Anne. 2001. *Organic Livestock Handbook.* Canadian Organic Growers.
- Pathak, P.K, M. Chander and A.K. Biswas. 2003. Organic Meat: an Overview. *Asian-Aust J. Anim. Sci.* 16(8): 1230~1237.

찾아보기